廻り道の進化

生命の問題解決にみる創造性のルール

アンドレアス・ワグナー【著】
和田 洋【訳】

Andreas Wagner

Life Finds a Way :
What Evolution
Teaches Us
About Creativity

丸善出版

LIFE FINDS A WAY

What Evolution Teaches Us About Creativity

by

Andreas Wagner

Printed in Japan

訳者まえがき

本書では、「創造性」は困難な問題を解決することと定義される。現代社会は、地球温暖化に伴う気候変動、社会格差の拡大と分断、急速に進むデジタル技術と人間性の乖離など、困難な問題が山積している。まさに創造性が必要とされている。原著のタイトルは"*Life Finds a Way*（生命は道を見出す）"である。そう、生命はヒトの歴史の約1000倍の長い歴史の中で問題を解決してきた。生命の創造性は何を教えてくれるのか。

ダーウィンは、生命の問題解決戦略のひとつとして、自然選択を説いた。生命の集団は、環境が許容できる以上の子を産む。そして、子には違いがあり、その違いが生き残ることや配偶相手を得ることに影響する。そして、その性質が遺伝するとすると、生存に有利な遺伝子型をもつ個体が選抜される。つまり自然選択が働くことで、環境に適応した個体が選抜される。こうして、変動する環境下でも次世代を残すという困難な問題を解決し、生命のバトンが引き継がれてきた。ただし、生命の問題解決戦略は、この自然選択だけではなかった、そこが本書のポイントである。

例えば、部屋の模様替えを考えてみよう。今の配置から少しずつ場所を変え、机の位置をずらしたり、本棚の向きを変えたり、少しずつ改善して快適な部屋にできる。でもときどき、一度ものをすべて外に出して、大きく配置を変えてみたくなることもある。机と本棚の位置を入れ替えてみたいとすると、一度机を部屋の別の位置に移動させるか、部屋の外に出すかする必要があるだろう。しかし、自然選択は、そのようなプロセスを許さない。一時的に机を使えない位置に置いている間に、捕食者の餌食になるからだ。生命の問題解決が自然選択だけであると、常により快適になるようなプロセス、より適応的なプロセスを続けながら模様替えするしかない。

著者ワグナーは、生命には、自然選択とは別の解決法が備わっているからこそ、生命の創造性が花開き、豊かな自然が生み出されたと説く。その解決法には、性も大きく関わっている。そして驚くことに、その解決法は生命だけでなく、地球の内側でダイヤモンドがつくられたり、美しい雪の結晶がつくられる過程でも、さらにはピカソが《ゲルニカ》を描き上げる過程にも見られる。困難な問題を解決し、創造するという過程には、化学、生命、ヒトの心、社会にまで通底する深遠な共通性があるのだ。自然選択＝競争だけでは、困難な問題を解決することはできない。時には坂を下り「廻り道」をする勇気も必要だ。

この深遠な洞察は、我々の社会への提言で締めくくられる。「多様性」「自律性」「失敗を受け入れる寛容性」。これらの重要性には多くの人がすでに気づいている。しかし、なぜそれが大切なのか、創造性に通底する深遠な共通性が教えてくれる。

２０２４年10月

和　田　　洋

目次

プロローグ

プロローグ

自然界では、生命が誕生するはるか以前から、渦巻く銀河、核融合エンジンで輝く太陽が、創造されてきた。光り輝くダイヤモンドの結晶も、地球の胎内で何百万年もかけて育まれてきた。そして、星間ガスや隕石、深海の噴出孔では複雑な有機分子も生まれ、やがてそれらは生命を構成するようになった。ひとたび、これらの分子のスープから細胞が誕生すると、ダーウィン的進化が動き出した。生命は、太陽光やエネルギー豊富な分子からエネルギーを得て、飽くなき飢えを満たすようになった。分子の発電所を備えた生命は、赤道直下の海から極寒の北極の棚氷まで、高温の地下の岩石から果てしなく続く乾燥した平原や氷に覆われた山々まで、この惑星のあらゆる場所を征服した。

時が経つにつれ、単一の細胞であった生命は、数千、数百万、そして最終的には数十億のメンバーからなる多細胞のチームを構成するようになった。多細胞の生命は、匂い、音、光によって世界を探索するセンサーを進化させ、穴を掘ったり、泳いだり、歩いたり、飛んだりして敵から逃げたり獲物を攻撃したりすることも覚えた。やがて、このページを埋めている抽象的なシンボル（文字）を創造し、それを理解する複雑な脳を進化させた。ラスコー洞窟壁画やモネの風景画、単純なそろばんから複雑なスーパーコンピュータ、シュメールの算盤、ジェイムズ・ジョイスの『ユリシーズ』、ピタゴラスの定理やシュレーディンガーの方程式も、すべて脳が生み出した。

見かけは異なっていても、これらはすべて自然の創造性が生み出したものである。創造性と聞くと、隠れている昆虫をほじくり出すために道具を使うフィンチや、ガラゴを狩るために原始的な槍をつくるチンパンジーを思い浮かべるかもしれない。しかし、ここでは、化学、生物学、文化に現れるより普遍的な意味での創造性について述べる。

人間の創造性について、心理学者は「創造的なアイデア、創造的な製品とは、独創的かつ適切な方法で問題を解決するものである」という定義を用いている。[1] 紙の束をどのようにまとめるかというような単純な問題には、ホチキスやクリップという単純な解決策がある。また、囲碁のような戦略ボードゲームで相手を打ち負かす方法になると問題は気が遠くなるほど複雑になり、AlfaGo（アルファ碁）のような人工知能の助けを借りることになる。創造性を問題解決と定義すると、このような技術に関するものだけでなく、芸術を含む他の多くの分野にも適用を広げることができる。20世紀を代表する美術史家であるイェール大学のジョージ・キューブラーは、「重要な芸術作品はすべて、……なんらかの問題に対して苦労の末に編み出された解決策とみなすことができる」という。[2] そう考えるのは彼だけではない。後述するように、人工知能による問題解決戦略によって、メロディを組み合わせて芸術的な作品を生み出すことができる。今日の人工知能は、まだ人の芸術家には勝てないし、心理学の創造性の定義では、モーツァルトの交響曲やピカソの絵画、ロダンの彫刻を説明することはできないかもしれない。それでも、創造性の心理学的定義は、適用範囲は広く、人間の創造的表現を幅広くカバーできる。

さらに重要なことに、この定義であれば、適用範囲は人間にとどまらない。脳が誕生する以前の生命が直面してきた問題にも適用できる。高エネルギーの分子の化学結合を切断する酵素は、いかにエネルギーを得るかという問題に対するひとつの解決策である。光学的に研ぎ澄まされた眼は、捕食者から逃れたり、獲物を狩るという問題に対する解決策であり、寒冷地の外温性動物の不凍タンパク質は、氷点下でいかに生き延びるかという問題に対する解決策である。この創造性の定義に当てはめれば、生命が誕生するはるか以前に、宇宙が解決していた問題にも適用できる。例えば結晶は、原子や分子の安定した配置をいかに見つけるかという問題に対する解決策といえる。

私は進化生物学者であり、微細な藻類、セコイアの巨木、腸内細菌やアフリカゾウに宿る生物進化の創造的な力を理解することをライフワークとしている。今日生きている何百万という種は、生命の起源に始まる創造的な営みの無限の連鎖によって結びついている。すべての生物は、細胞内の分子装置から身体の構造まで、数え切れないほどのイノベーションの産物である。電光石火の速さで動く生命、完璧にカモフラージュした生命、ソーラーパネルで覆われた生命も、こうしたイノベーションの賜物である。このような生命の溢れんばかりの創造性に、私は魅了されてやまない。

私は、スイス・チューリッヒの研究室で、20人ほどの研究者とともに、多様な生物のＤＮＡを調べて、自然がどのようにして新しい形の生命や新しい種類の分子を創造するのかを研究している。私たちは、実験室で何千世代にもわたって微生物を培養し、観察することを通して、生物がどのようにして不可能にも見える難題を克服し、進化するかを研究している。また、そのような微生物の進化と、結晶の形成や分子の自己組織化、アルゴリズムの問題解決など、他の分野における創造的プロセスに、類似点が見られるかについて調べている。

一方、私は科学者であるだけでなく、父親でもあり、教育者でもある。子どもを育て、次世代の科学者を教育し、創造的な研究者を雇用し、チームをつくり、維持するためのより良い方法を模索している。このような関心から、私は心理学、教育学、組織マネジメント、イノベーション経済学に関する膨大な文献に目を通すようになった。そして、自然の創造性と人間の創造性の間に驚くべき共通点があることに気づいた。

本書では、このような共通点とそこから導かれる洞察について述べる。これは、チャールズ・ダーウィンですら気づいていなかったことである。ダーウィンの自然選択による進化論は歴史的な偉業であったが、それは始まりにすぎなかった。ダーウィンが知らなかった——知りえなかった——ことのひとつとして、自然選択だけでは乗り越えられない障壁が存在する可能性について述べる。本書では、その障壁とは何か、そして、それを克服するためにどのようなメカニズムが進化に備わっているかについても説明する。

次に、人間の創造性と、現代版ダーウィン進化論との類似性を説明する。本書の後半では、心理学、歴史学、生物学的研究から、さまざまな創造性に見られる数多くの類似点を挙げ、さらにそれらの類似性がどれほど深遠なものであるかについても論証していく。

最後に、そしておそらく最も重要なことだが、このような議論に基づいて、私たちが現代社会の中で直面している問題を解決するうえでの処方箋を述べる。子どもたちの充実した人生のため、ビジネスにおけるイノベーション強化のため、イノベーションに牽引される世界に向けて、参考にできることがある。

図1

自然と文化における創造性に共通点があることには理由がある。規則正しいダイヤモンド結晶、エネルギー効率の良い捕食者、高感度な無線アンテナをつくるにはどうしたらよいかなどの困難な問題には、基本的な共通点が見られるからだ。困難な問題には無数の解決策があるが、その多くは使えない。少しはましな方策もあるが、良いものは少なく、本当に使えるものはわずかである。このような解決策のあり方は、地形に例えることができる。この地形で、低い丘は使えない解決策を表し、本当に使える解決策は最高点のピークとして表される（**図1**）。

これは、「適応度地形」と呼ばれ、ハーバード大学で学んだ遺伝学者シューアル・ライトによって提唱された。20世紀初頭、ライトは米国農務省で働き、ウシ、ブタ、ヒツジの品種改良実験を行っていた[3]。この実験を通じてライトは、ダーウィン進化論に基づく自然選択による選抜では、優れた品種を作出できないという根本的で不可解な問題に直面した。やがて、彼はその理由を見出し、彼は自分の洞察を説明するために、適応度地形という概念を生み出した。

エネルギーを節約しながら狩りをするサメ、抗生物質を無力化するバクテリア、栄養の乏しい葉を食べて生き延びる草食動物など、進化する生物の集団は、多かれ少なかれ手探りで問題を解決しながら生きている。ライトは、このような問題解決を、適応度地形の中で、ピークを目指して坂を登ることに例えた。ダーウィン流の方法は、どんなに悪手で、稚拙でも、まずは少しでも改善する方法を探ることから始まる。良いものを残し、悪いものを捨てるということが、自然選択の本質である。人間社会の人や組織の間での競争においても同じだろう[4]。常に坂を登ろうとする自然選択は、ピークが1つしかない地形の中では優れた戦略である。このような地形であれば、登り続ければ必ずピークにたどり着ける。しかし、ピークが2つ、数個、数百個、あるいは数え切れないほどあるような複雑な地形では、自然選択は不完全であるばかりか、大失敗するかもしれない。進化途上の生物は、あるピークから次の少し高いピークへ、つまりある解決策からより良い解決策へと到達するために、その間にある谷を横切る必要がある。ここで、自然選択は行き詰まる。自然選択は、今の策よりも劣る策を選ぶことができない、つまり、坂を一歩も下りることができないのだ。そして、エベレストの頂上のはるか手前のピークで立ち往生してしまう。これはとても大きな問題だ。進化の過程で創造された100万を超える種は、すべてこのような地形を旅した終着点にいる。この旅は、自然選択に導かれてきた。しかし、険しいピークの連なる地形では、自然選択だけで旅を続けることはできない。

シューアル・ライトは、この問題を発見しただけでなく、解決策も見つけていた。それは「遺伝的浮動」と呼ばれる進化のメカニズムである。その解決策は、人間社会になぞらえて考えるとわかりやすい。プロの音楽家や芸術家、あるいはスポーツ選手のパフォーマンスが頭打ちになり、いくら練習してもそこから抜け出せなくなったケースを考えてみよう。そのような状況で、プロは、最も基本的なテクニックに立ち返り、やり直すことが多い。ゴルフ界の王者タイガー・ウッズがまさにそのようにして、1997年にゴルフ・スイングのフォームを立て直した。1998年のシーズンは精彩を欠いたが、その後の数年間で新記録を樹立した。物事には、改善に向かうために、一度悪くなるような選択をしなければならないこともある。

遺伝的浮動によって、まさに同じことが生命にも起こる。遺伝的浮動は、進化にとって自然選択と同じくらい重要である。さらに、「遺伝物質の交換」という別のメカニズムによって、進化する生物は適応度地形の中で大きな跳躍をし、最高点のピークに向かう途中の谷を越える。人間はもちろん、バクテリアや植物のような奇妙で神秘的な性をもつものでも、遺伝物質の交換は起こる。

適応度地形は現代科学においては基本的な概念であり、生物学を超えて重要なものとなっている。進化途上の生物が適応度地形を旅するように、結合する原子や分子もエネルギー地形と呼ばれる地形を旅する。エネルギー地形の険しさも、適応度地形に勝るとも劣らない。エネルギー地形を研究することで、自然がどのようにしてきらめくダイヤモンドや雪の結晶を生み出すかを明らかにできるだけでなく、私たちがどうやって有用な分子をつくり出すことができるのかも展望できるようになる。

混雑する空港での飛行機の発着や、囲碁の対局など、コンピュータ科学の問題にも複数の解決策があり、解決策の地形を想定することができる。そしてコンピュータは、生物の進化と同じ方法で複雑な問題を解く。そして、特許をとれるような電子回路や、人の作曲に匹敵する楽曲など、さまざまな創造的な作品を生み出すようになる。

しかし、人工知能よりもさらに興味深いのは、私たちにとって最も身近な問題解決者である人間の心である。生命や分子、アルゴリズムが地形を探索するときと同様のダーウィン的プロセスで、心も地形を探索する。ラファエロやゴーギャンのように、さまざまな国や大陸を旅することもあるが、心の旅は内面にも向かう。1891年、物理学者で医師のヘルマン・フォン・ヘルムホルツが、流体の理論物理学の問題を解決した心の旅もそのひとつだ。

私は、何度も試行錯誤を繰り返し、幸運な推測が積み重なって、初めて問題の解決策を見出した。その道のりは、知らない道を、苦しみながらゆっくりと登っていき、しばしば進めなくなって引き返すアルプスの登山家に例えることもできるだろう。時には理性に導かれて、時には偶然に、新しい道を見つけることができ、少しばかり前に進むことができた。そして、ゴールにたどり着いたとき、最初からわかっていたら、ここを通ってきたであろうと思う王道を見つけて、いらだちを覚える。[5]

20世紀初頭ライトの理論が発表される約30年も前に、この理論は人間の心に適用されていたのである。確かに、私たちの心は、遺伝的浮動や遺伝物質の交換とまったく同じではないが、似たようなメカニズムを使って創造を行っている。生物の進化が教えてくれた適応度地形の思考は、個人や集団の心理を良い方向に導くための指針を示してくれる。人の考え方や、子育てにも、適応度地形の思考は役立つし、学校や大学を改善し、ビジネス、政府でのイノベーションを促す方策も教えてくれる。適応度地形の思考は、イノベーション、生産性、経済効果に好影響を与えるだけではない。広大で複雑な地形を探索する能力が、どのようにして創造性を生み出すのか、新しいもの、有用なもの、美しいものが生まれる場所であればどこにでも当てはまる究極の基本原理を教えてくれる。優れた科学はすべて、私たち自身と私たちの世界について、深遠なことを教えてくれる。

第1章

進化の地形図

第1章　進化の地形図

1915年春、ドイツ軍は第一次世界大戦で初めて連合軍の兵士に対して塩素ガスを兵器として用いた。このときジョン・バードン・サンダーソン・ホールデンは自ら塩素ガスを吸引しつつ、何千人もの連合軍兵士の命を救ったといわれている。J・B・Sと呼ばれた彼は、オックスフォード大学で数学と古典の教育を受けた後将校となり、ドイツ軍によるガス攻撃が始まったときには、23歳の将校としてフランス戦線で従軍していた。残念なことに、英国軍が部隊に支給した9万個のガスマスクは使い物にならなかった。そのため、J・B・Sは、オックスフォード大学の生理学者であった父とともに、より効果的なガスマスクの開発を託された。そこで彼は、小さなガス室をつくり、その中で自らの肺の限界まで、塩素ガスを吸いながら、ガスマスクの試作を続けた[1]。

ホールデン家で、自分の体を使った人体実験が行われたのは、これが初めてではなかった。ホールデンの父は英国政府のもとで鉱山の調査も行っており、幼いJ・B・Sを鉱山に連れて行き、失神するまでシェイクスピアを音読させ、メタンガスの作用を教えた。その後も、ホールデンはオックスフォード大学のフェローとして、血液の酸性度への影響を調べるため、塩酸などの有毒化学物質を摂取した。強烈な痛みや、激しい下痢に襲われたり、数日間喘ぎ続けたりしたこともあったという[2]。

しかし、ホールデンは決してただの自己人体実験好きの変わり者の科学者ではなかった。彼は当時、最も博学なひとりだった。3歳までに読書を覚えた早熟な子どもであったホールデンは、科学だけでなく古典にも精通しており、ある同時代の人から「知るべきことをすべて知っている最後の男」と評されたほどである。[3] 科学の分野では、生理学、統計学から遺伝学、さらには進化学や生化学にわたる分野で功績を残している。興味深いことに、どの功績が最も重要かと問われたときの彼は、盲目とまではいわないまでも、少々近視眼的であった。もっともこれは、後述する他の著名な創造力豊かな人物たちにもいえることである。彼の答えは、呼吸に重要な酵素であるチトクロム酸化酵素の発見だったが、歴史の評価は異なる。[4]

今日ホールデンの名は、20世紀の生物学でひときわ輝く数学的業績とともに記憶されている。英国の統計学者ロナルド・フィッシャー、米国の遺伝学者シューアル・ライトとともに、ホールデンは、進化生物学を、ダーウィンのようなナチュラリストの領域から、厳密で数学的な科学へと転換した三人衆のひとりとして記憶されている。

すべての生命は、共通の祖先から生まれ、自然選択の力を借りて進化してきたというダーウィンの洞察はよく知られている。その一方で、彼の洞察が、ナチュラリストとしての感性からもたらされた幅広い証拠に基づいて論じられていることはそれほど知られていない。[5] 彼は、美しいバラや生産性の高い小麦、さらにはパグやロットワイラーのような犬種を人為選択によって生み出した育種家の華々しい成果なども取り上げている。[6] また、太古の岩石中の原始的な蠕虫《ぜんちゅう》の痕跡から、アンモナイトのような複雑な無脊椎動物、そして魚類、両生類、爬虫類、最終的には哺乳類といった最近出現した動物まで、刻々と変化する化石も証拠として取り上げている。ネズミとコウモリを取り上げ、外見は大きく異なる動物も、解剖学的に見ると、同じつくりの骨格をもち、これは祖先を共有していた証拠であると論じている。暗い洞窟に住むようになった祖先をもつ魚が退化した眼をもっていること、鳥の胚に見られる歯（胚期に形成されるが、成長に伴ってなくなる）が爬虫類の祖先の名残を伝えるなど、現在は役に立っていない痕跡的な形質も自説の証拠として取り上げている。

ダーウィンは、ハワイやガラパゴスのような離島で見られる雑多な種のコレクションについても論じている。離島では、鳥類や昆虫、コウモリの珍種が豊富な一方で、哺乳類や両生類は少ない。このような違いは、島の動物相が創造者の夢物語でつくられたものだとすると説明が難しい。そうではなく、大陸にいた種の中で、風や飛行によって離島にたどり着くことができたものが、競争から解放され、新たな形態へと多様な進化を遂げたと考えれば説明できると論じている。[7]

ダーウィンの理論に触発されたナチュラリストは、進化が実際に起こっていることを示すより強力な証拠を探し求め、やがてオオシモフリエダシャク（*Biston betularia*）を見つけた。生物学者が好んで観察する小さなショウジョウバエやさらに小さな大腸菌と同じく、オオシモフリエダシャクにも派手さはない。この地球上ではまったく目立たない存在であり、実はそこがポイントだ。灰色の翅にあるごま塩のような斑点は、英国の地衣に覆われた樹皮では完璧なカモフラージュになっている。この蛾は、「適者生存」という言葉を最も字義通りに体現している。[8] 翅がまだら模様の蛾は、樹皮の質感に最もよく適応しており、捕食する鳥の鋭い目から逃れられる可能性が高い。蛾を木に固定し、鳥に食べられる頻度をモニターする実験で、まさにそのことが証明されている。明るい樹皮の木が生い茂る森では、黒っぽい蛾のほうが食べられる頻度が高い。つまり黒い蛾は、明るい森の環境では、適応的ではないのだ[9]。

黒い蛾は、翅の色に影響を与える遺伝子の突然変異によって偶然生まれる。このような突然変異で、遺伝子の新しい形――新しいアレル（対立遺伝子）――が生まれ、翅が黒くなった蛾が捕食者の前に現れる。この不幸な黒い蛾の運命が、産業革命後、樹木が黒い煤に覆われるようになると好転する。むしろ、明るい色の蛾のほうが捕食者の鳥から見つかりやすくなったのだ。この新しいアレルをもつ黒い蛾は、汚染された樹木によく適応し、より多くの黒い蛾が鳥の攻撃を逃れて生き延びた。大気汚染が進み、より多くの樹木が煤で覆われるようになると、黒い蛾は明るい色の蛾が減った分を穴埋めするように広がり、汚染された地域では黒い蛾が主流となった。

短命で大きな集団をもつ蛾と急速に変化する環境の組合せが、ホールデンのような数学に明るい科学者に味方した。マンチェスターのような工業都市では、明るい色の蛾から黒い蛾へと半世紀のうちに完全に入れ替わった。このことを知ったホールデンは、明るい色の蛾が黒い蛾よりも鳥に食べられる確率がどれくらい高いかを計算できる数式を考案した。そして、算出した答えは、約30％であった[10]。この程度の適応度の差で、人間の寿命の範囲内で集団全体の翅の色が完全に入れ替わってしまうのだ[11]。

オオシモフリエダシャクの翅の不連続な色の違いは、色に影響する1つの遺伝子の違いによって生じる。しかし、自然界の多様性の多くはそのような不連続なものではなく、連続的なもののほうが多い。例えば、森の木々の緑の色合いや、イヌの毛の茶色の色合い、小麦の粒の大きさ、背の低いピグミー族から背の高いオランダ人までのヒトの身長の違いなど、連続的な多様性のほうが多い。これらの多様性は、1つの遺伝子では決まらず、何百もの遺伝子の影響を受ける多遺伝子変異と呼ばれる。

ここで三人衆の2人目、ロナルド・フィッシャーの登場である。ケンブリッジ大学で学んだ数学者である彼は、近代統計学だけでなく集団遺伝学の父でもある（そして8人の子の父でもある）。フィッシャーはローザムステッドの農業研究所で10年間働いた。そこで彼は植物育種家のデータを分析し、その経験に基づいて、蛾の色のような不連続の変異に対して用いられてきたホールデンの数学的手法を、丈の高さや収量など多くの遺伝子の影響を受ける連続的な形質にも使えるようにした。彼は、ウシの群れからどれだけの個体を間引くと、乳量が1世代でどれだけ進化するか、小麦の株の何分の1を生き残らせると粒の大きさが1世代でどれだけ進化するか、数学的に提示した。フィッシャーの研究は有用であっただけでなく、その数学的な正確さから、ダーウィンの業績を絶頂に導くものとなった。

三人衆の3番目シューアル・ライトは、フィッシャーやホールデンと同世代の研究者だ。フィッシャーと同様、ライトも農業における実用的な問題、彼の場合は生産性の高いウシ、ブタ、ヒツジの品種改良に取り組んでいた。しかし、理論家のフィッシャーとは異なり、ライトは数学的な能力に長けていただけでなく、生粋の実験家でもあった。3万匹以上のモルモットで繁殖実験を行った（モルモットの乳量には誰も興味を示さないかもしれないが、モルモットは小型で繁殖が早く、大きな群れで飼育できるため、繁殖実験にはウシよりもはるかに適している）。このような実験の中で、ライトは奇妙なことに気づいた。品種改良のために最適な動物を選んで繁殖させるというフィッシャー流の選抜を何世代も繰り返しても、必ずしも優れた品種をつくり出すとは限らないということだ。例えば、ウシの肉質や乳量といったある1つの形質を向上させるために選抜を続けていると、生存率や繁殖力など他の重要な形質が低下することがよくある。そうなると、育種家は、進化の袋小路で立ち往生してしまう。

ライトは、100年以上にわたる血統書や動物育種家の記録の調査も行った。これらのデータから、彼は理論家のフィッシャーが見逃していたあることに気づいた。遺伝子は驚くほど複雑に影響し合っているということだ。乳量を増加させる遺伝子は肉質を低下させ、肉質を良くする遺伝子は繁殖能力を低下させ、繁殖能力を増加させる遺伝子はウシが病気で死亡するリスクを増加させる。ライトは、進化において自然選択は不可欠ではあるが十分ではないことの理由が、このような相互作用にあることを数学的分析によって明らかにした[12]。

モルモットや乳牛が、自然の創造力について何を教えてくれるのか、と思う人もいるかもしれない。動物品種改良の創造力が生み出したウシの品種やトウモロコシの品種と、何百万種という生命の多様性を比較すると、自然の創造力は圧倒的だ。一方で、ダーウィン自身が『種の起源』の中で、人間の品種改良がどれほど多様な種を生み出したかについて言及している。現代のトウモロコシは、中米の祖先種テオシンテの子孫であるとは誰も想像がつかない。チワワとグレート・デーンを同じ種と呼ぶにはかなりの想像力が必要である。品種改良は進化の創造力の縮図であり、進化が40億年近くにわたって採用してきた原理のもとで行われたものである。だからこそライトの洞察は、より大きなスケールで、自然の創造性を理解する助けとなったのである。

1932年、ライトは第6回国際遺伝学会議に招待され、幅広い生物学者を前に自分の研究を発表した。しかし残念ながら、多くの生物学者は彼の数学を理解できなかった。そのため、ライトはもっとわかりやすい方法で自分の考えを伝える必要があった[13]。

こうして適応度地形が誕生した。

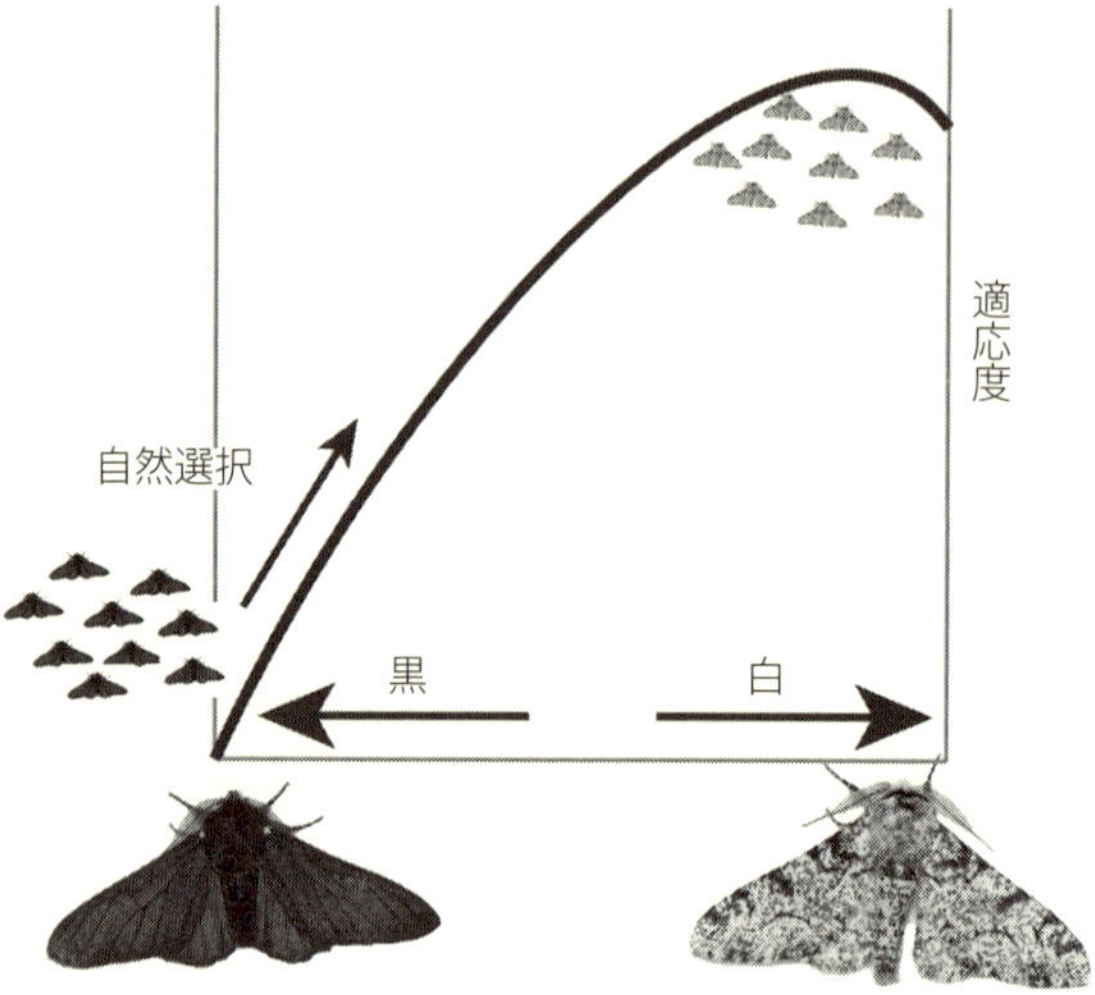

図 1.1

「適応度地形」は、進化がどのように動作するかを視覚化したものである。山の地形図によく似ているが、軸は東西南北に対応しているのではなく、連続的な値で変化する生物の形質を表している。例えば、キリンの身長、バラの花びらの色、**図 1・1** の横軸に示されているオオシモフリエダシャクの翅の色などの形質である。地形図のある位置の生物は、翅の色の明るさのような特定の形質値をもつ。生物は、翅色の明るさを変えるDNAの突然変異によって、地形図の1つの軸に沿って移動する。地形図の縦軸は高度ではなく、形質値に対応した適応度を示している。工場からの煤煙で英国の森林が汚れる前の時代には、明るい色の蛾のほうが黒い蛾よりも樹皮の色に近く適応的であったため、地形図のピークに近い高い値をとる。

図1・1のような単純化された2次元の地形図でもすでに有用な情報を与えている。例えば、

この地形図では明るいほうの端に近いところに1つの山、つまり「ピーク」がある。真っ黒な蛾は鳥に捕まりやすいため、左端の蛾の適応度はピークよりはるかに低い。もう一方の端の真っ白な蛾も、地衣類に覆われた木々の斑点模様とは合わないため、不利になっている。

進化を続ける蛾の集団は、何世代にもわたってさまざまな進化の力によって地形図を行ったり来たりする。その原動力のひとつが、新しいアレルをつくり出すDNAの突然変異である。突然変異には方向性がないので、蛾はどちらが適応的かにかかわらず、明るくなったり黒くなったりする。第2の力は自然選択である。ピークから遠く離れて坂の下のほうにいる個体は鳥に食べられる可能性が高い。突然変異と自然選択は協力して、集団をピークに向かって押し上げるため、集団はよく似た適応的な個体から構成されるようになる。そして自然選択は、坂を下りるような突然変異をもつ個体を間引くことで、集団をピーク付近に保つ。

環境が変われば、地形図のピークの位置も変わる。例えば、気候が蛾にとって合わなくなったり、新しい捕食者が現れたり、地衣類に覆われた樹皮が汚染によって煤に覆われたりする。樹皮が煤に覆われると、**図1・2**に示すように地形図が変化して、明るい蛾よりも黒い蛾が適応的になる。突然変異と自然選択の協力は続き、今度は集団を反対方向、つまり新しいピークに向かわせる。

自然選択が行っていること、つまり自然選択が集団を地形図のピークに押し上げるということをシンプルに視覚化したことで、ライトの考えは生物学者の間に広まった。ライトは地形図をメタファーとして使い、形質については意図的に曖昧なままにしたことが、思わぬ幸運を生んだ[14]。地形図の概念が、文字通り進化生物学者のロールシャッハテストとなり、基本的な概念に関する咀嚼が促されるこ

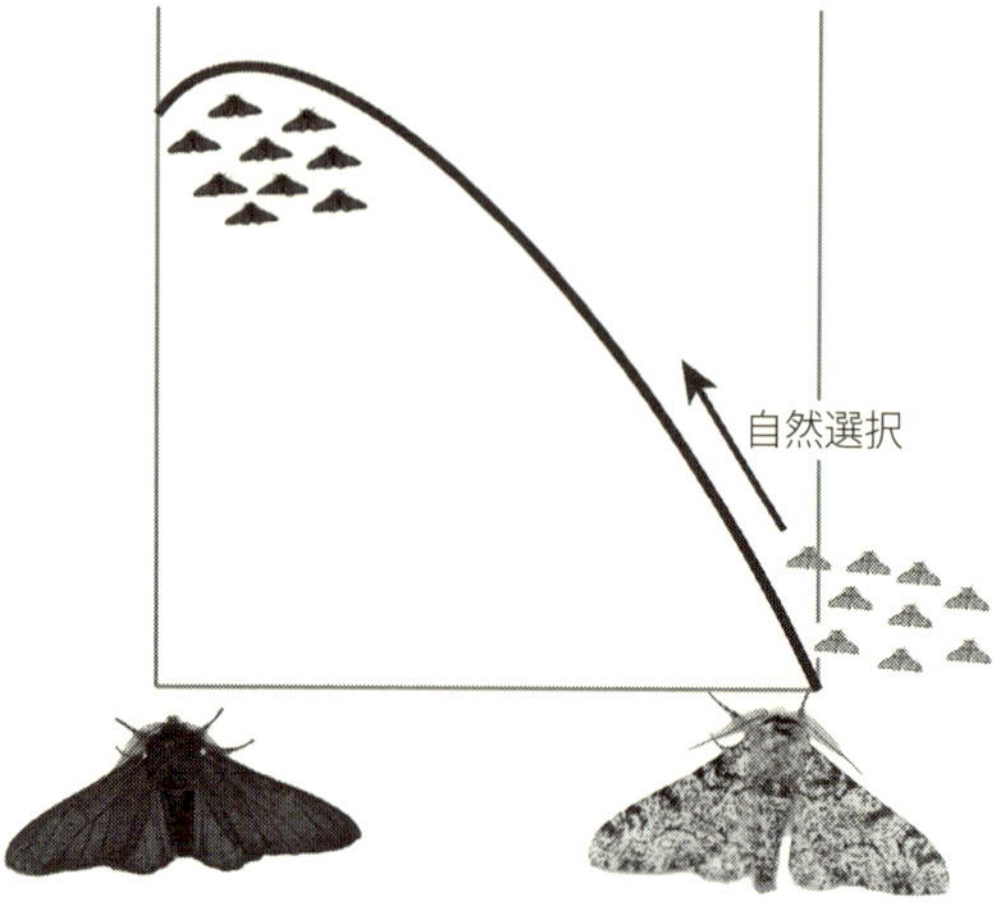

図1.2

ととなった。古生物学者のジョージ・ゲイロード・シンプソンは、その広範な説明力に最初に気づいたひとりである。彼は、オオシモフリエダシャクのような最近の急速な進化ではなく、もっと古くゆっくりとした進化の変遷の説明に適応度地形を用いた。シンプソンは1944年に出版した著書 *"Tempo and Mode in Evolution"* の中で、小さな祖先から5500万年かけて進化したウマを取り上げ、適応度地形の考え方を説明した[15]。小さな祖先とは、イヌほどの大きさの「曙のウマ」という意味のエオヒップスである。その歯には、磨耗を防ぐための硬いエナメル質はごく薄いものしかなく、これは、柔らかい葉を食べる動物に典型的に見られる特徴である。約2000万年前の中新世に、草原が拡大し、森林が後退すると、ウマは新しい生息場所に直面することになった。森林の木々の葉ではなく草原の草を食べるためには、より硬い草による磨耗に耐えられる歯が必要となる。そこで、エナメル質がしだいに厚

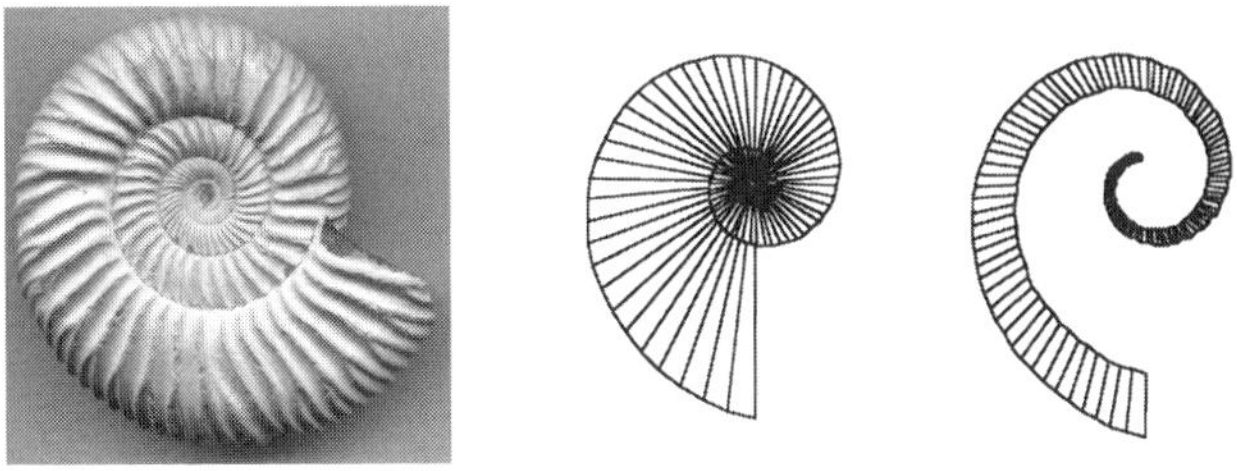

図 1.3

くなるように進化することで、ウマは新たな適応のピークに達した[16]。

ライトはまた、適応度地形には、図1・1のような単一ピークのものだけでなく、遺伝子間の複雑な相互作用によって2つ以上のピークが見られるものもあることを示した。2つのピークをもつ適応度地形は、軟体動物のアンモナイトという古代生物の説明にも用いられた[17]。アンモナイトは成長するにつれて、殻の縁に基質を追加して殻を大きくし、やがて殻の開口部と内部を隔てる壁をつくる。この壁は、殻の外からは縫合線として見えることがある。成長と壁の形成を何度も繰り返すことで、だんだんと大きくなる隔室が、中心軸を中心に螺旋状に連なるような構造になる（**図1・3**）。カタツムリの殻とは異なり、アンモナイトの殻には、いくつもの区画（隔室）ができるが、動物本体が入っているのは一番外側だけである。他の隔室とは、細い管である連室細管を介してつながっている。これらの隔室は、潜水艦のバラストタンクのように用いられ、空にしたり水で満たしたりして浮力を調整することができる。その仕組みを使って、アンモナイトは表面に浮かんだり、深海に潜ったりすることができた。

アンモナイトの軟体部が化石に残ることはほとんどないが、現生の近縁種であるオウムガイから、どのように水中を泳いだかを推測することができる。オウムガイは、祖先が使ったジェット推進の原理を今も利用している。口の近くの筒状の漏斗から水を噴出して、後方に進む。[18] 殻に入った体を海水中で動かすには多くのエネルギーが必要で、オウムガイやアンモナイトは可能な限り効率的に泳ぐ必要がある。この効率的な泳ぎを実現するためには、殻の形状が重要である。

アンモナイトにはさまざまな大きさや形があるが、古生物学者のデイヴィッド・ラウプは1967年アンモナイトの形は2つの単純な数値によって分類できることに気づいた。1つ目は、アンモナイトが成長して隔室を増やす間に殻本体の直径（殻の中心（へそ）から開口部の中心までの距離）が大きくなる速度であり、2つ目は、殻の開口部の直径と関連した値である。[19] 祖先のアンモナイトは図1・3の左側の写真のような形をしているが、別の形も見られる。[20] 例えば、直径の拡大は非常に遅く、開口部の直径の大きいアンモナイトは図1・3の中央のような形をしており、反対に、殻本体の拡大は速く、開口部の小さいアンモナイトは図の右側のような形をしている。

この2つの量を、3次元の適応度地形の2つの軸で示し、アンモナイトが海でどれだけ容易に泳ぐことができるかを高さで示してみよう。ラウプの研究室の大学院生であったジョン・チェンバレンがこの遊泳効率を初めて計測した。[21] 彼はさまざまな形のアンモナイトの模型をアクリル樹脂でつくり、水槽の中で引きずって泳がせて抵抗係数を測定した。抵抗係数は、水中を泳ぐために必要な力と比例しており、抵抗係数が大きければ大きいほど、泳ぐために大きなエネルギーが必要になる。[22]

チェンバレンは、イカや魚やイルカのような内骨格をもち流線型をした動物に比べて、アンモナイトの泳ぎの効率が10倍も悪いことを発見した。[23] これは、外骨格で体を守ることの代償ともいえる。そ

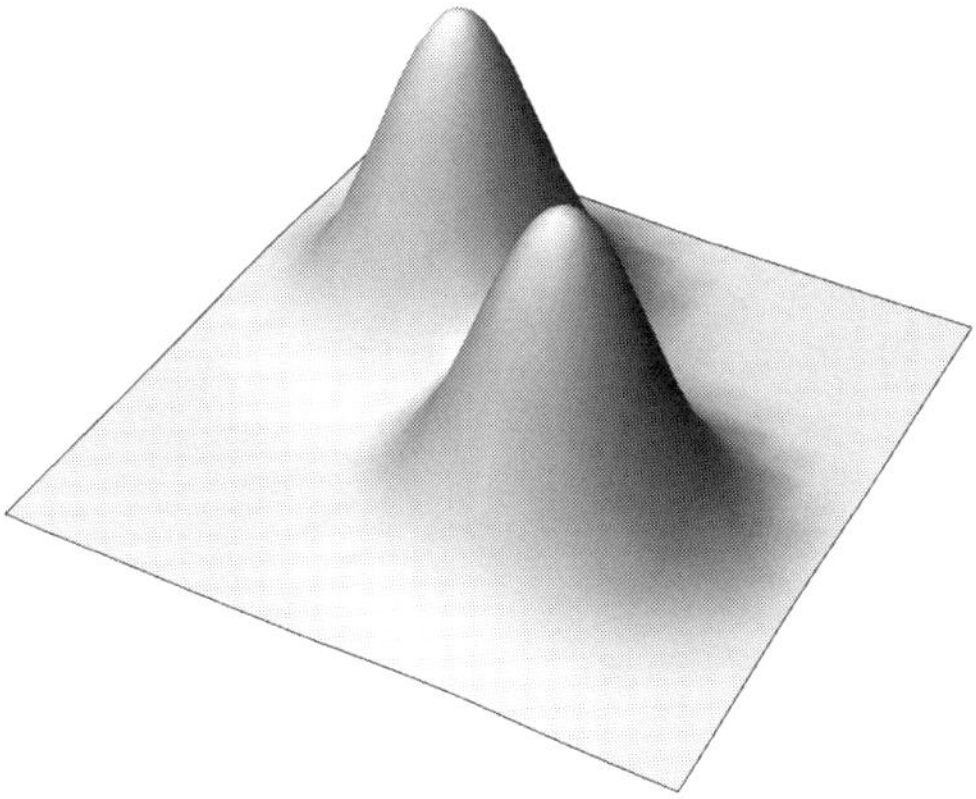

図 1.4

して、その遊泳効率もまたアンモナイトの形によって異なる。つまり、遊泳効率の3次元適応度地形は平坦ではないということである。実際、この地形には、**図1・4**のように2つのピークがあることがわかった。[24] この2つのピークに相当する形のアンモナイトはそれ以外の形のものよりも効率的なのだ。適応的な形状のピークは、より劣った形状の谷によって隔てられている。進化によってアンモナイトの形状が効率よく泳げるように最適化されたのであれば、実際のアンモナイトの形状はピークの近くに集まっているはずである。そうでなければ、山と谷に無造作に散らばっているはずだ。

ラウプらは、このどちらであるかを突き止めるために何百ものアンモナイトの形態データを分析した。すると驚いたことに、アンモナイトが1つのピークだけに集まっていたのだ。もう1つのピークは不思議なことに空っぽだったのだ。突然変異が、その空のピークの形態をつくり出せなかったのかもしれない。その場合、そもそも自然選択が選択すべきものがないため、空っぽのピークの近くのアンモナイトの形態ができない。しかし、答えはもっと平凡なものだった。データが不十分だったのだ。２００４年になり、他の科学者たちが何百ものアンモナイトの形態を記録したところ、やはり2番目のピークもしっかりと埋まっていることがわかった[25]。やはり、アンモナイトの殻の形が取りうるものの中から、進化は最も効率よく泳ぐ2つの形を選んでいたのだ。ライトの言葉を借りて、遺伝学風にいうと、この2つのピークは、泳ぎ方の2つの異なる最適解に対応した遺伝子の異なる組合せに相当する。残念なことに、アンモナイトは数千万年前に絶滅してしまったので、アンモナイトのどの遺伝子が、どのようにしてそのピークに登ったのか、私たちは知ることができない。

アンモナイト、ウマの歯、オオシモフリエダシャクの適応度地形は、泳ぎの流体力学、咀嚼の力学、カモフラージュの光学など、ハードな物理学に基づいている。しかし、他の適応度地形の中には、動物の行動というソフトなものに基づいているものもある。例えば、熱帯の鮮やかな模様のドクチョウ（*Heliconius*）の例を見てみよう。

チョウのようにゆっくりと飛ぶ繊細な生き物が、なぜ何千年もの間生き延びられたのだろう。オオシモフリエダシャクのように隠れるという戦略はとっていない。むしろ、ドクチョウは正反対の戦略をとった。鮮やかな模様で目立とうとしているのだ。黒一色の翅に赤い縞模様が1本入ったミニマリストのようなエレガントな翅もあれば、黄色を散らしたような模様、胴から赤い模様が扇状に伸びるもの、鮮やかなオレンジと黄色の斑点が日輪のように並ぶものなどさまざまだ。

なぜ派手に自分の存在をアピールする動物がいるのか、同じようなことをする他の生物を見て、考えてみよう。派手で毒をもつサンゴヘビや、ヤドクガエルなどだ。彼らのメッセージは明確だ――

「近寄るな」。

ドクチョウに危険な牙はないが、敵を寄せつけないための特別なトリックがある。幼虫期にトケイソウを食べて、シアン化合物のような危険な自己防衛化学物質を生成するのだ。ドクチョウの幼虫はこの毒に耐性があり、トケイソウを食べた幼虫は体に毒を蓄える[26]。

ハイウェイの看板広告が何度も目にすることで効果を発揮するように、警告模様――専門用語では警告色――も多くの動物が示すことで記憶に残りやすくなる。つまり、毒をもつ動物には数の力が重要だ。森で多くの有毒のチョウが同じ色彩パターンで見られれば、食べられるリスクを減らすことができる。ウブな捕食者が、1匹の苦いチョウを噛んで生き延びた場合、その経験を生涯忘れず、他の同じ模様のチョウを避けるようになる。別の模様のチョウなら喜んで齧ることは、ワシントン大学の動物学者ウッドラフ・ベンソンが1972年に行った実験で証明している。ドクチョウの翅にある赤いストライプを黒い色で塗りつぶして野外に放つと予想通り、何もしていないドクチョウよりも多くが捕食された。生き残ったものにも、鳥や爬虫類、哺乳類に噛まれた跡があった[27]。

このことを念頭に置いて、2つの軸でドクチョウの模様を表した適応度地形を考えてみよう。例えば、一方の軸で黒の背景に対する赤の量を、もう一方の軸で黄色の量を表すことができる。多くのドクチョウが同じような模様を共有していれば、その模様のドクチョウは適応度地形にピークをつくる。ピークから外れた色をもつドクチョウが突然変異で生まれた場合には保護されず、飢えた捕食者の餌食となる。

警告模様の適応度地形では、数の力が重要なため、進化するチョウはピークに引き寄せられる。このピークに引き寄せる力は非常に大きく、触角や生殖器などの特徴で区別できる異なる種のドクチョウでさえ、同じ警告模様を示すようになる[28]。適応度地形のピークに集まってくるのだ。これは、自然選択によって異なる種が似てくる収斂進化の顕著な例で、ミュラー擬態と呼ばれる。ある有毒種が他の有毒種に擬態する現象で、発見者である19世紀のドイツのナチュラリスト、フリッツ・ミュラーにちなんで名づけられた。

　オオシモフリエダシャクの場合には、翅の色を樹皮の色に合わせる必要があったが、ドクチョウの警告模様は、他の多くのチョウがそれを共有し、捕食者がそれを認識できれば、どんな模様でもよい。したがって、異なる地域に生息するドクチョウが同じ模様である必要はない。ある集団では、すべての個体が1本の赤いストライプの入った黒い翅を共有しているかもしれないし、別の集団ではオレンジと黄色の日輪型の模様をしているかもしれない。

　アマゾン流域の数千平方キロメートルに及ぶ地域では、2つどころか10種類以上の異なる模様が見られる。異なる地域で異なる模様が見られるだけではない。ある地域で互いに擬態する2種が、別の地域でも擬態している。もし2つの地域の警告模様が同じであれば、その種が地域間を移動しただけだとも考えられる。ところが、異なる地域のチョウの模様はまったく異なるのだ。つまり、異なる地域で、2種が警告模様を収斂的に進化させたのである。このように収斂進化が複数回起こっていることから、警告模様によって強く保護されていることがわかる[29]。

　警告模様が各地域でどのように多様化を遂げたのか、理解するのは容易ではないが、２５０万年ほど前から始まる更新世に地球がはるかに冷涼な気候であったことからヒントを得られる。地球上の広い地域が氷に覆われていたこの時期、ドクチョウの分布はアマゾンで縞状に見られる森林に限定されていた。その森林は、ドクチョウが渡ることができない広大な草原に隔てられていた。[30] このような隔離された森林が進化の温室となり、森林ごとに異なる警告模様を進化させたと考えられないだろうか。地球が再び温暖化すると、このような縞状に隔てられた森林は広大で連続した熱帯雨林へと置き換わった。それとともにチョウの個体数は拡大したが、川や山といった自然の障壁によって隔離されたままであった。

異なる模様がどう進化したのか正確にはわからないが、ドクチョウの模様の適応度地形は単純ではないことは覚えておいてほしい。そこには複数のピークがあり、それぞれがアマゾン流域の異なる地域で見られる複数種の警告模様に対応している。[31]

❄　❄　❄

シューアル・ライトは、アンモナイトやチョウを念頭に置いて適応度地形を考案したわけではなく、自身で行った交配実験での遺伝子間の複雑な相互作用について考えていた。そして、このような相互作用は、適応度地形に複数の、時には10以上のピークを生じさせるだろうことを数学的に示した。彼は、適応度地形は想像以上に複雑である可能性があることに気づいていた。

ライトの考えていたことを理解するために、オオシモフリエダシャクの例をもう一度見てみよう。蛾の翅はいろいろな明るさにすることができるが、集団内の個体の翅の色は2つのタイプに分けられることがわかった。明るい色を *typica* と黒い色を *carbonaria* と呼ぶことにしよう。[32] 遺伝学の専門用語では、これらの蛾は2つの異なる表現型（生物の観察可能な特徴を指す用語）をもっており、これらの表現型は2つの異なる遺伝子型（観察できる特徴の原因となるDNA）によってコードされると記述される。この2つの遺伝子型は、同じ遺伝子の2つの異なるアレルである。遺伝子は、グレゴール・メンデルが修道院の庭でエンドウを交配させて発見したもので、それ以上分割不可能な原子のような様式で遺伝する。[33] 蛾の翅は基本的に明るい色か黒い色なので、図1・2の地形図の明るさの軸を**図1・5(a)**のように、両端の2つの点に置き換えることができる。この2点にはそれぞれに、その色の蛾がどの程度生き残り繁殖できるかを表す適応度の値が与えられる（図にはその値は示していない）。

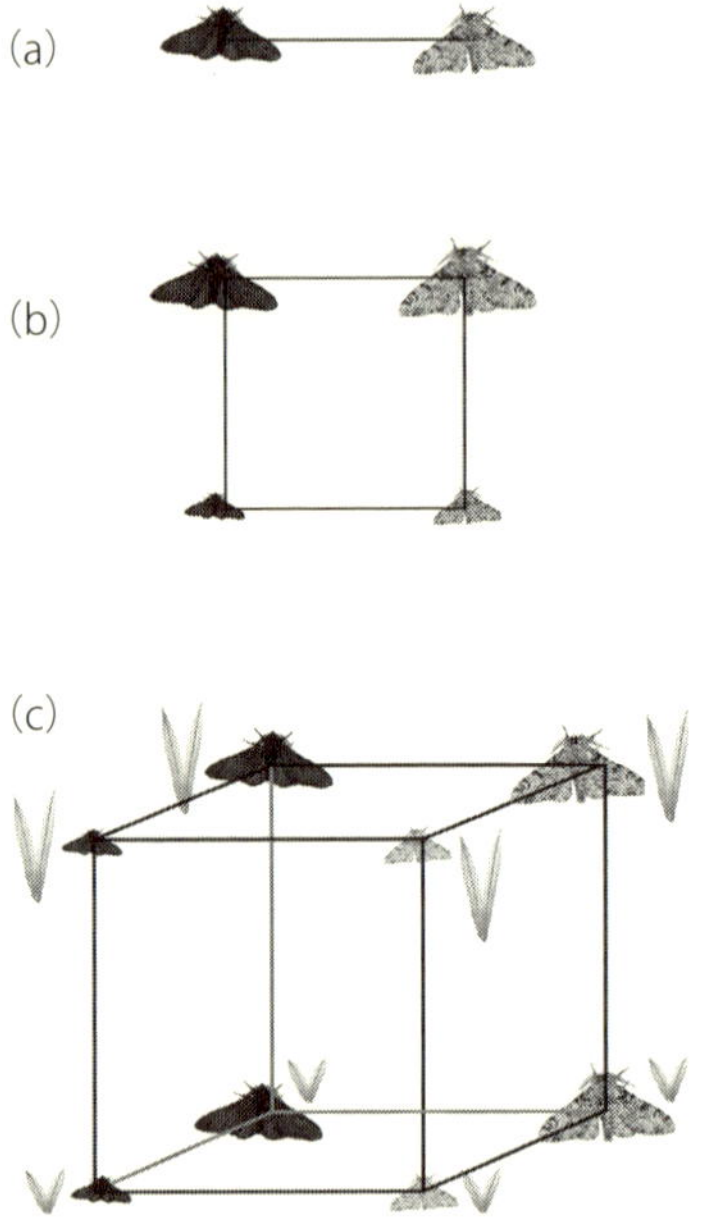

図 1.5

蛾の生存に重要なのが翅の色だけなら、話はここで終わってしまう。しかし、他の形質も寄与しているため複雑になる。そのひとつに翅の大きさがあり、それを変化させる遺伝子も見つかっている。

この遺伝子の一方のアレルをもつ蛾は通常の大きな翅をもち、もう一方の変異型のアレルをもつ蛾は小さな翅をもつ。翅が小さいと揚力が減少し、うまく飛べないため適応度が下がる。2つの翅の色のアレルと、2つの翅の大きさのアレルで、4通りの遺伝子型が見られる。それらを**図1・5(b)**に示す正方形の4つの角として表すことができる。

もう少し複雑にして、3つ目の遺伝子、蛾の触角の大きさに影響する遺伝子を考えてみよう。この素敵な感覚器官によって、オスは何マイルも離れたメスの居場所を突き止める。1立方メートルあたりほんの数分子しかないメスのフェロモンのかすかな匂いをたどっていくことができるのだ。ある型の触角遺伝子をもつ蛾は通常の触角をもつが、別の型の遺伝子をもつ蛾の触角は小さく感度が低いため、メスを見つけられない可能性がある。言うまでもないが、交尾相手を探せないと繁殖はおぼつかなくなり、適応度に影響する。触角の大きさのアレルを加えると、8つの遺伝子型が考えられる。つまり、触角の大きさについて2つ、翅の色について2つ、翅の大きさについて2つである（2×2×2＝8）。これらを**図1・5(c)**の立方体の頂点に示す。対になった葉のようなものが触角を表している。（図1・5(a)や図1・5(b)と同様、この図には遺伝子型の適応度の値は示していない。）

他にも、視力、飢餓に耐える能力、攻撃をかわす能力、蜜からエネルギーを抽出する能力などさまざまな形質の違いが遺伝子によってもたらされる。新しい形質とそれに関わる1組のアレルを加えるごとに、遺伝子型の数は倍増する。形質が1つ、2つ、3つの場合、可能な遺伝子型をそれぞれ直線の端点、正方形の角、立方体の頂点として表すことができた。しかし、4つの形質と16の遺伝子型を表すには4次元の立方体が必要になる。数学者はこのような高次元の立方体を超立方体と呼ぶ。私たちはそれをうまく可視化することはできないが、数学的には単純な法則でそれを記述することができる。例えば、超立方体の頂点の数は、次元が増えるごとに2倍になる。4次元の超立方体の頂点数は16個、5次元の超立方体の頂点数は32個、6次元の超立方体の頂点数は64個といった具合だ。

蛾は初期の進化生物学で主導的な役割を果たしたが、やがて小さなショウジョウバエ（*Drosophila melanogaster*）にその座を譲った。遺伝学者がショウジョウバエを大切にしている理由はいくつかある。小さいので、何千匹ものハエを簡単に飼うことができる。グルメでもないので、酵母、コーンミールに砂糖を少し食べていれば幸せそうだ。繁殖も速い。そして、小さなサイズでも、翅の形、眼の色、触角の大きさなど、低倍率の顕微鏡だけで研究できる特徴をたくさんもっている。

こうした利点を生かして、トーマス・ハント・モーガンなどの遺伝学者は、何千匹ものショウジョウバエから突然変異遺伝子を探し出した。モーガンは1908年から2年間研究に没頭し、通常の赤いハエの眼を白くする *white* というアレルを発見し大ブレイクを果たした。[34] この最初のアレルの発見後、何年にもわたって立て続けに他のアレルも発見した。眼の色だけでなく、翅や体の大きさと形、眼や触角、剛毛といった重要な感覚器官の構造、繁殖力や寿命といった形質など、あらゆる種類の形質に関する変異体が次々と発見された。

ライトが1932年に適応度地形の概念を提唱した時点で、ショウジョウバエではすでに400種類の遺伝子の突然変異体が同定されていた。[35] これら400種類の遺伝子がそれぞれ2つのアレルしかもたないとしても、2^{400} 種類、つまり 10^{120} 種類の遺伝子型が存在することになり、それぞれの遺伝子型が異なる適応度をもつ可能性がある。これはとてつもない数であり、宇宙に存在する水素原子の数 10^{90} が小さく見えてしまうほどであろう。図1・5のように、これらの遺伝子型のそれぞれを立方体の頂点で表すことができる。ただしその立方体は400次元である。その適応度地形は、見慣れた3次元の山のようには見えない。立方体の各頂点は適応度地形の1つの「場所」（特定のアレルの組合せをもつハエ）に対応し、その適応度はその場所の高さで表される。

私たちの日常的な地形図とはかけ離れたこの抽象性こそ、ライトが地形図の概念を導入したときに考えていたものだ。しかし、私たちと同じように、彼も3次元の世界ではそれを可視化できなかった。私たちは、理解をはるかに超えた複雑さに直面すると、無視してしまう。そしてライトもそうした。彼は、あたかも適応度地形が3次元であり、私たちがよく知っている山や谷があるかのように語り続けた。誰が彼を責めることができるだろう？　幾何学に関する直感はすべて、私たちが住んでいる3次元の世界から来ている。高次元のものとは異なるかもしれないが、それが私たちにとってすべてなのだ。

このような限界もあるが、高度に単純化された適応度地形とそのピークの概念は非常に役に立つ。生物の進化においてどのようにイノベーションが生まれるのか、そしてその創造的プロセスによって、いかにしてうまくカモフラージュされた蛾や、効率よく泳ぐアンモナイト、派手なドクチョウが生み出されたのかについて知る手がかりが、この地形図にはある。さらに後半で述べるように、この地形図の概念は他の意味での創造性についても示唆を与えてくれる。特に、3次元の地形図ではうまく表せないところにこそ、創造性についての重要なメッセージが隠されている。

進化の地形図の複雑さは実は、もうひとつのことを教えてくれる。モーガンやライトのような遺伝学者が遺伝学の複雑さを垣間見たとき、彼らは当初の想定以上のものを見出した。

しかし、実は、彼らにはまだ何も見えていなかったのである。

第2章 分子生物学革命

第2章　分子生物学革命

モーガンと彼の研究仲間たち（フライボーイズとも呼ばれる）の活躍は、*white* 遺伝子の発見にとどまらなかった。彼らは、遺伝子が染色体に乗っていることも発見し、これにより、モーガンは1933年にノーベル賞を受賞している。さらにモーガンは遺伝子マッピングの方法を考案し、*white* などの遺伝子がショウジョウバエの5本の染色体のどこに位置しているかを特定できるようにした。モーガンの研究は、半世紀後に乳がんなどの疾患に関わる遺伝子をヒトゲノム上に位置づける研究にも応用されている。ただし、アレルが、どのようにして異なる表現型を生み出すのか、という問題は積み残されていた。この問題は、モーガンの業績から数十年後に起こった分子生物学革命によって解明されることになる。

その革命は、1944年オズワルド・エイブリーの実験から始まる。彼は、肺炎球菌から抽出したDNAが無害な球菌を危険な殺人バクテリアに転換させることを示した。そして1953年、ジェームズ・ワトソンとフランシス・クリックが、初めてDNAの二重らせん構造を解明し、遺伝子型の化学的な実態を明らかにした[1]。この有名なDNA二重らせんの2本の鎖は、アデニン、シトシン、グアニン、チミンの4つの塩基によって特徴づけられるヌクレオチドから構築されており、A、C、G、Tの文字でDNA分子の文章を綴っている。この構造をもつ分子は、文章のように4つの文字の配列で異なる情報をコード化し、それを親から子へと受け渡すことができる理想的な情報伝達物質である。

　遺伝子のＤＮＡ情報は、まずＤＮＡの文字列をＲＮＡ（リボ核酸）に転写することで読み取られる。このＲＮＡ分子はほとんどの場合単なる中間産物である。その役割は、タンパク質を構成するアミノ酸の文字列に翻訳されることである。いったんアミノ酸の文字列がつくられると、この紐状につながったアミノ酸は、近くの分子との衝突により絶えず振動し続ける（この振動は熱としても知られている）。この衝突のエネルギーによって、タンパク質は、生化学者が構造とか折りたたみと呼ぶ複雑な３次元の形状に折りたたまれる。折りたたまれたタンパク質も熱で振動し、この振動によってタンパク質は多様な機能を担うことができる。タンパク質でできた酵素は、この地球上の生物で起こる何千種類もの化学反応を触媒する。酵素は特有の３次元構造をもつことで、多様な化学反応を触媒することができる。タンパク質は、何百種類もの栄養素を細胞内に取り込み、同じくらいの種類の老廃物分子の排泄も担う。タンパク質が物理的な骨格をつくるおかげで私たちの細胞の形状を保持することができる。脳細胞と肝細胞の外見上の違いもタンパク質の違いに起因する。タンパク質の中には、血糖値をコントロールするインスリンや、母乳の分泌を司るプロラクチン、痛みを軽減するエンドルフィンなどホルモンとして私たちの体を調節しているものもある[2]。そしてタンパク質には、バクテリアの鞭毛（それ自体もタンパク質でできている）を回転させたり、哺乳類の筋肉を収縮させたりと、生命の動きを担っているものもある。これらのタンパク質がなければ、生命が有機分子の濃縮した原初のスープから這い出てくることはなかっただろう。このようなタンパク質はすべて、生物の遺伝子にコードされている。私たちヒトは２万以上の遺伝子をもっており、ショウジョウバエは１万５０００個、大腸菌のような単純な生物でも数千の遺伝子をもっている。[3]

これらの遺伝子はＤＮＡの塩基配列のどこかで突然変異を起こす可能性がある。突然変異は、高エネルギーの粒子や原子がＤＮＡにぶつかったり、代謝で生じる副産物がＤＮＡと反応したり、ＤＮＡ複製酵素（これも重要なタンパク質のひとつ）がＤＮＡをコピーする際に間違いを起こすことでも生じる。このような過程で起こる突然変異には、さまざまな種類のものがある。点突然変異と呼ばれ、遺伝子の1文字だけが変化するものもある。このような分子的なタイプミスがどのくらいの数のアレルを生み出すかは、容易に計算できる。ヌクレオチドの文字が１０００文字ほどある遺伝子であれば、最初の文字はＡ、Ｃ、Ｇ、Ｔ4つのうちの1つである。仮にＣとすると、その文字は他の3つの文字（Ａ、Ｇ、Ｔ）のどれかに変化する可能性がある。したがって、最初の文字が変化してできる配列は3種類ということになる。２番目の文字についても同様に3種類に変化でき、3番目から１０００番目の文字まで同様である。したがって、これらの可能性をすべて足し合わせると、ＤＮＡの1文字のタイプミスだけでも３０００種類の新しいアレルができることになる。この数は、より長い遺伝子や、一度に複数の文字を変化させる突然変異ではさらに多くなる。

こう考えると、数個の遺伝子とひと握りのアレルを想定していたライトの適応度地形と比べて、今日の生物学者は驚異的に複雑な地形図を考える必要があることがわかる。ショウジョウバエの1万5000個の遺伝子の1つに1文字のタイプミスが起きて生じる変異の種類を考えるだけでも（1遺伝子のＤＮＡを１０００文字とすると）、3000^{15000} 種類の遺伝子型が生じるのである。[4] これは、1万２０００桁の数字であり、書くとこの本の十数ページの長さになる。この点を超立方体の頂点に配置することはできるが、ライトが想定した立方体の頂点の数よりもはるかに多い。ライトの超立方体は、すでに宇宙の原子の数よりも多い数の頂点をもっていた。私たちの宇宙に存在するそれぞれの原子の中に別の宇宙が含まれており、その宇宙の原子の中に別の宇宙が含まれているとしても、原子の総数は想定されるショウジョウバエの遺伝子型の数よりもまだ少ない。

分子生物学革命によって、突然変異が遺伝子型と表現型をどのように変化させるかについても明らかになった。遺伝子の1文字を変化させる突然変異は、すべてのDNA配列からなる広大な超立方体上で、ある頂点から隣接する頂点へと遺伝子型を変化させる。そのような変化はしばしばコードされるタンパク質を変化させ、表現型を変化させる。例えば、*white* 遺伝子はショウジョウバエの眼の色に影響を与えるが、それは *white* 遺伝子が眼の色の色素をコードしているからではない。*white* 遺伝子は眼の色素を生成する材料を運搬するタンパク質をコードしている。この遺伝子に変異があると、色素の材料が眼に届かなくなるため、眼が白くなる。[5]

❄　❄　❄

分子生物学革命は私たちの生命観に深い影響を与えたが、ライトの適応度地形に込められた原理は手つかずのまま残された。生物学者は、生物がなんらかの適応度をもっていると考えている。生物の遺伝子型は場所であり、その適応度は適応度地形における標高であり、そして生物の集団が、効率的に泳ぐ方法や捕食者から逃れる方法など、直面する問題に対して創造的な解決策を求めて、適応度地形を探索し、そのピークを登ることを想定している。そして、私たちは多次元の超立方体を考えることができないため、未だに3次元の地形図の中のピークを想像している。

厳しい競争の中で、一部の人間が競争に勝ってトップに立つように、自然選択によって生物の集団は、適応度地形のどのピークにも登ることができる。そのためには自然選択が必要である。しかし、分子生物学革命によって、実際の適応度地形はもっと複雑で、自然選択だけでは十分でないことが明らかになったのだ。アンモナイトの適応度地形には2つのピークがあり、ドクチョウの適応度地形には数十のピークがあった。複雑な適応度地形にはピークがもっとたくさんあることだってあるのだ。ピークの高さが異なるだけでなく、地形もさまざまに変化する。なだらかなピークもあれば、急峻なピークもある。孤立したピークが点在している地形もあれば、尾根や稜線でつながった連続したピークをなす地形もある。

このような地形では、自然選択の力に制限が加わることがある。自然選択が盲目だからだ。山の斜面に点在する集団に自然選択が働くと、斜面を下る突然変異個体はすべて淘汰され、斜面を登る突然変異個体だけが選択される。そのため、集団は常に近くのピークに向かって盲目的に登ってしまう。低い丘のふもとから出発した集団は、一番近いピーク（局所的なピーク）に到達することはできるが、そこで行き詰まる。自然選択は、坂を登ることしか許さない。つまり、集団がこの局所的なピークから、谷を下って、隣の高いピークに向かうことを決して許さない。捕食者によってピークの警告模様から変化したチョウが淘汰されるように、自然選択は劣った個体が生き残ることを冷酷に阻止する。さらに最も高いピークを目指していた集団でさえ、途中の小さな丘から動けなくなるかもしれない。さらに上昇するためには、少なくとも数歩下ってから登頂を再開しなければならないが、自然選択はそれを許さない。プロローグにある図1のような険しい地形では、世界の最高峰はすぐそこにあるのに、永遠にたどり着けないかもしれない。自然選択は登ることしか許さないエンジンだからだ。

ライトは、適応度地形に多くのピークがあることに悩んでいたが、1987年さらに事態を悪化させる発見があった[6]。生物学者のスチュアート・カウフマンとサイモン・レヴィンは、遺伝子型の適応度が一定の範囲でランダムな値をとるという最も単純な理論的仮定のもとで、ピークの数を推定した。単純な仮定から始めたのは、現実問題として、すべての遺伝子型の適応度を測定することは不可能だからだ。10^{120}の遺伝子型からなるライトの最初の適応度地形を考えてみよう。現在生きている70億の人間が今やっていることをすべて止めて、ショウジョウバエの適応度を測定するという極めて重要な仕事に今後100年間専念し、1秒間に1匹の速度でそれを行ったとしても、処理できるハエは10^{20}匹である。確かにすごい数ではあるが、ライトのショウジョウバエの適応度地形にあるハエの10^{100}分の1にも満たないのである[7]。

カウフマンとレヴィンの計算によれば、すべての遺伝子にアレルが2つしかないとした単純化した理論的な地形図でさえ、約1万5000の遺伝子型の組合せごとに1つのピークがあると計算された。そんなに多くないようにも思えるが、組合せの総数が莫大であることを思い出そう。ピークの数は4000桁の数字になるのだ[8]。このように、適応度地形の大きさも想像を絶するが、ピークの数も違わず膨大なのだ。さらにいえば、このピークの数は可能な遺伝子型の数とともに爆発的に増加するのだ[9]。

この無数のピークに囲まれて世界最高峰のエベレストがある。自然選択が最も適応した生物を見つけることができるのは、エベレストまでの距離はいくら長くても、常に登り続ける道を通って到達できる場合に限られる。そのような経路が存在するかどうかを調べるために、カウフマンとレヴィンはまず、ある任意の場所から出発した集団が、最も近いピークに到達するのに要する平均歩数を計算した。自然選択だけでは、そこから動けなくなる。その結果、最も近いピークまでの歩数は15歩にも満たず、エベレストにはとても到達できないことがわかった[10]。ほとんどの集団が近くのモグラ塚に吹き上げられるだけで終わる。

このような理論的計算も、実験を通じて真の適応度地形を描き、そのピークを数え、そこへのすべてのアクセスルートを追跡する研究の代わりにはならない。しかし残念ながら、現実的にそのような実験で適応度地形を完成させることもできないだろう。ゲノムの変異は非常に膨大だからだ。ただし、1つの遺伝子の変化に的を絞ればうまくいくかもしれない。遺伝子がコードするタンパク質は細胞機能の担い手であるだけでなく、遺伝子型と表現型の仲介者でもある。それぞれの細胞には何千種類ものタンパク質が存在し、それぞれが遺伝子によってコードされ、異なる機能を担っている。タンパク質は、生物の最も小さな構成要素の表現型として研究してみる価値がある。

各タンパク質はDNAの文字列によってコードされており、可能な文字列は、遺伝子型の超空間のような巨大な空間における1点として表現される。配列空間とも呼ばれる。進化の歴史の中で出現してきたタンパク質配列だけでなく、進化が将来発見する可能性のあるすべてのタンパク質の配列の図書館のようなものだ。その図書館は、自然が生化学的機械のための新しい部品を探しに行くための空間ともいえる[11]。

この空間の適応度地形は、それぞれのＤＮＡ配列、あるいはそれがコードするアミノ酸配列が、特定の機能をどれだけ効率よく果たすことができるかを測定することで作成できる。つまり、タンパク質酵素が糖分子を切断する速さや、モータータンパク質が筋肉を収縮する力、あるいは輸送タンパク質が細胞内に栄養素を運ぶ速さを測定すればよい。また、この地形図でも、常に上り坂の方向に向かわせるという自然選択が自然の創造性に対して課すのと同様の制限が課される。

残念なことに、このタンパク質配列の図書館でさえ、完全に探索するには広すぎる。１００個のアミノ酸からなる配列でも、タンパク質の種類は 10^{130} 種類にのぼり、実際のタンパク質の多くは１００以上の長さである。そのため、実験では、より種類の少なくなるもっと短い配列に焦点を絞るか、あるいは地形図の中の一部の経路に焦点を絞る必要がある。いずれにせよ、多数のＤＮＡやタンパク質を作成する技術が必要であり、それが可能になったのは21世紀に入ってからだ。ライトが適応度地形のアイデアを生んでから80年が経っていた。

タンパク質の膨大な図書館を巡る進化の例として、私たちの敵である病原菌の革新的進化を取り上げよう。病原菌の中には、β-ラクタマーゼと呼ばれるタンパク質を合成できるものがあり、このタンパク質は医師が病原菌を殺すために使う抗生物質を無力化する。ペニシリンなどの抗生物質に見られる原子の環β-ラクタムから名づけられたもので、β-ラクタマーゼはこの環を破壊し、抗生物質を無力化する。β-ラクタマーゼは病原菌を死から救うため、自然選択によって集団に瞬く間に広がる。逆に、患者にとっては感染が広がり命が危険にさらされることになる。常に新しい攻撃兵器を開発する医学研究者に対して、その兵器を無力化する新しい方法を求めて、膨大な数の病原菌が自然のＤＮ

Ａ図書館を探し回り、終わりのない軍拡競争を繰り広げる。β-ラクタマーゼは、そのような中での自然の革新的な防衛手段として生まれた。

特に重要な攻撃兵器はセフォタキシムで、多くの病原菌を死滅させる抗生物質であり、世界保健機関（ＷＨＯ）の必須医薬品リストにも入っている。しかし、間もなくリストから外れるかもしれない。病原菌がセフォタキシムを無力化するには、現在のβ-ラクタマーゼのタンパク質に少し手を加えるだけでよいからである。

従来のβ-ラクタマーゼはセフォタキシムをゆっくりとしか破壊できず、そのスピードが遅すぎて、医師が高用量のセフォタキシムを処方すると、病原菌は生き残れなかった。しかし、そのようなβ-ラクタマーゼにたった５文字の変化を加えるだけで、セフォタキシムを破壊する効率が１０万倍も向上することが判明した[12]。この新しいタンパク質の変異体は、セフォタキシムを破壊するタンパク質の適応度地形の中で、最高点ではないにせよ、おそらくかなり高いピークである。このピークに到達するのは難しいのだろうか？　途中に小さなピークがたくさんある起伏の激しい地形なのか、シュガーコーンのようなピークがそそり立つ地形なのか？　この疑問に答えるためには、このピークの周辺にあるすべてのタンパク質配列を合成し、セフォタキシムを破壊する活性を測定すればよい。そうすれば、どこかに自然選択の歩みを止めるような低いピークがあるかわかる。しかし、またしても数が多すぎる。　従来のβ-ラクタマーゼとアミノ酸が１〜５個異なるタンパク質は１兆個以上あり、現在の技術で簡単に合成できる数ではない。しかし、局所的な山や谷をすべて調べることはできなくても、個々の経路をたどることで全体を垣間見ることはできる[13]。こう考えればよい。

目の見えないあなたが山のふもとに立っていて、その山に登りたいと思っているとする。山頂への最良の道は見えないが、上り坂と下り坂の区別はつく。山の斜面が完全に滑らかであれば、どの上り坂も最終的には山頂に至る。蛇行しながら登っていく道、螺旋を描きながらゆっくり登っていく道もあれば、まっすぐ登っていく道もある。その山の起伏が激しい場合は違う。その場合、ほとんどの道は山頂にたどり着く前に低いピークで立ち往生することになるだろう。登り続けるだけで到達できる道は少ない。山がどの程度起伏が激しいかを知るためには、登山をいろいろなルートで何度も試してみるとよい。方向は違ってもとにかく登り続けることにし、立ち往生する回数を数えるのだ。立ち往生することがなければ、その山は完璧に滑らかだといえる。毎回立ち往生するなら、その山は最高に起伏が激しい。

2006年、ハーバード大学のポスドク研究員であったダニエル・ワインライヒは、まさにこのアイデアをラクタマーゼの実験に応用し、最初のラクタマーゼタンパク質から、5つのアミノ酸の文字が変わって、セフォタキシムを破壊する変異型β-ラクタマーゼタンパク質へ変化する経路を追跡した。それぞれの文字の変化がピークへの一歩となる。5つの文字がどの順に変わったかはわからない。2つの文字を変えて、BOLTをGOLDにする際、BOLT→BOLD→GOLD、またはBOLT→（意味のない）GOLT→GOLDというように、異なる順で変えることができる。5つのアミノ酸変化が起こりうる順序は120通り（5×4×3×2＝120）あり、それぞれがセフォタキシムのピークに向かう異なる経路となりうる。ワインライヒと共同研究者たちは、どの経路であれば立ち往生してしまうかを特定するために、各経路に沿ったタンパク質をすべて合成し、セフォタキシムを破壊する活性を測定した。
その結果、ほとんどが立ち往生したのだ。90％以上の経路では、ピークに向かってある程度登ったところで、それ以上一歩も進むことができない（1アミノ酸の変化では活性が高くならない）タンパク質になってしまった。自然選択は坂を下ることを許さないため、進化の登山はそこで終わってしまうのだ。[14]
分子や生物が進化する適応度地形に関して、10以上の同様の実験が報告されている。同じ餌でより速く増殖するバクテリア、より効率的にヒトの細胞に感染するHIVウイルス、植物の新しい防御物質を合成する酵素などで実験が行われている。カウフマンやレヴィンのような理論研究者が調べた地形図ほど絶望的に起伏が激しかったわけではないが、それでもシュガーコーンよりははるかにでこぼこで、[15]ピークにたどり着ける経路は数少なかった。多くの経路は、ピークのはるか手前で立ち往生した。進化の地形図では、登山家がベースキャンプ付近で立ち往生するリスクは非常に高いのだ。

❄　❄　❄

何十億年もの間、タンパク質は着実に革新的な進化をしてきた。しかしその歴史は、むしろＲＮＡのほうが長い。分子生物学の醜いアヒルの子ともいえるＲＮＡは、長い間、ＤＮＡの単なるコピーであり、タンパク質をつくる手助けをしているだけだと考えられていた。しかし、１９８０年代生化学者が、もっとすごい機能があることを発見し、白鳥に変わったのだ。
ＲＮＡは、タンパク質のように化学反応を触媒することができる。それだけでなく、タンパク質とは異なり、その文字配列でDNAと同じ種類の遺伝情報を保存することもできる。その特別な能力によって、RNAは生きた細胞内で繰り広げられる目に見えないドラマの主役に抜擢された。例えば、RNAは、タンパク質と協働でテロメラーゼと呼ばれる酵素の機能を担い、テロメアという染色体の末端を維持する手助けをしている。テロメアは時間の経過とともに短くなる傾向がある。その意味で、靴紐のほつれのようだが、靴紐よりももっと深刻な影響が出る。テロメアの維持が間に合わなくなると、細胞はすぐに分裂を停止し、老化し、死んでしまう。逆に、テロメラーゼの働きが強すぎる場合には、細胞分裂が制御不能になり、がん化する可能性もある。

RNAを搭載した生化学的機械には、生命の起源の初期段階を彷彿させるものもある。それは、タンパク質を合成するリボソームで、複数のRNA分子と50以上のタンパク質から構成される非常に複雑な装置である。リボソームの中で、アミノ酸の1文字1文字をつなげてタンパク質をつくるという最も重要な役割をRNA分子が担っている。リボソームは、初期の生命がRNAワールド、現在の生命でタンパク質が担う機能をRNAが担っている世界であったことを示す証拠のひとつである。

この失われたRNAワールドのもうひとつの名残は、遺伝子が複数のタンパク質をコードすることを可能にする巧妙なプロセスにも見られる。遺伝子のDNAがRNAに転写された後、その一部が切り出され、残りの断片がつなぎ合わされることがある。同じ遺伝子が転写された後、このような切り出しが異なる部位で起こり、異なるRNAがつくられ、異なるタンパク質に翻訳されることもある。選択的スプライシングと呼ばれるこの巧妙な過程によって、同じ遺伝子から異なる機能をもつタンパク質をつくり出すことができる。あたかも、長い詩のあちこちの一節を、異なる組合せでつなぎ合わせて、短い詩をたくさんつくるようなものだ。人間の言葉では、このような短い詩の多くは意味がわからないものになるだろうが、タンパク質の言葉では、意味のある有用なタンパク質がつくられることもある。また、選択的スプライシングは奇妙なメカニズムのようにも思えるが、非常に重要な場合もある。例えば、音を聴き分けるために必要な複数種類のタンパク質が選択的スプライシングによってつくり出されている。そのようにしてつくられた複数種類のタンパク質が内耳での異なる周波数の音を感知するために働いている。[16] 選択的スプライシングがなければ、バッハもバルトークもベートーヴェンも聴くことができない。

ヒトのような複雑な生物のスプライシングには、スプライソソームと呼ばれる別の複雑な生化学的機械が用いられている。しかし、バクテリアのような単純な生物は、スプライソソームを必要としない。[17] 驚くことに、バクテリアの遺伝子の中には、タンパク質の助けを借りることなく、転写されたRNA自身で切り出しをするものもある。自分で一部の文字を切り出して残った部分をつなぎ直して、短い分子になるのだ。このような不思議な現象は、RNAが酵素である（リボザイムと呼ばれる）という表現でも十分ではない。RNAは自分自身を変形する能力がある分子なのだ。それは、詩が自分自身で言葉を並べ替えて新しい詩をつくるようなものだ。

タンパク質が20種類のアミノ酸文字で書かれているように、RNAは4種類のヌクレオチド文字という分子アルファベットで書かれた文章であり、想像を超える膨大な種類がある。その文章の中には、自己スプライシングが可能なものもあり、そのひとつが脱窒細菌（*Azoarcus*）と呼ばれる土壌細菌に見られる。チューリッヒ大学の私の研究室の若手研究者エリック・ハイデンは、脱窒細菌のリボザイムをベースキャンプとして、適応度地形のピークに登る実験を行った[18]。

このRNAはスプライシングの機能を用いて、特定の文字列をもつ別のRNA分子と自身（RNA分子）を結合できるが、異なる文字列のRNAには結合できないという性質がある。この性質をエリックは利用した。彼は以前の実験で、本来は結合できないはずの文字列と自身を結合できる変異型のRNAを発見していた。このRNAを、適応度地形のピークに見立てた。この変異型のRNAは、脱窒細菌のリボザイムからわずか4文字しか変化していないものだった。エリックは、脱窒細菌のリボザイムとこのピークのRNAの中間段階にあたる分子をすべて合成し、ピークに至る24（4×3×2＝24）の可能な経路をひとつ残らず調べた。その結果、そのうちの1つだけがピークに至ることができることを発見した。他の経路は自然選択では通過することのできない、適応度地形の谷を通らなければならなかった。この実験から、RNAの適応度地形もタンパク質のそれと同じように起伏の激しいものであることがわかった。

エリックの行ったような研究では、適応度地形を探索し、ピークに至るすべての経路を調べるため、1つひとつの分子を合成するという困難な作業を乗り越えなくてはならない（彼は、研究室で1年以上をかけてこの地道な作業を行った）。現在では、自動合成装置で大量の分子コレクションを合成することもできる。ただし、β-ラクタマーゼや*Azoarcus*のリボザイムでは200文字以上の配列を使って実験が行われたのに対し、この技術では、はるかに短い分子のコレクションしか使えない。

短いといっても相対的なものだ。ハーバード大学の研究者たちは、24塩基の長さのRNA分子で可能な配列280兆種類以上をすべて合成し、この中から、生命にとって不可欠な機能である他の高エネルギー分子と結合できる分子を探索した。

生体内では多くの化学反応がエネルギーを必要とする。このエネルギーの多くは、原子をつなぐ化学結合にエネルギーを蓄えた分子から得られる。そして、そのエネルギーを利用するためには、酵素（タンパク質やＲＮＡ）はまず、エネルギーが豊富な分子に結合しなければならない。そこで、何兆個もある短いＲＮＡ分子の中で、エネルギーを利用する最初のステップを実行できるのはどれだろうか、という問題を設定した。

実験では、グアノシン三リン酸（ＧＴＰ）と呼ばれる、すべての生物に見られる高エネルギー分子が使われた。実際にＧＴＰと結合するＲＮＡ分子は数千個も見つかっている。[19] 24塩基のＲＮＡを用いた実験の結果、高エネルギー分子との結合についての適応度地形ではピークは１つではなく、15の高さの異なるピークがあることがわかったのだ。ピークが高いほど、ＲＮＡのＧＴＰに対する結合力が強いことを意味する。そして、そのピークは地形図全体に広く散らばっていた。低いピークに登った分子は永遠にそこから抜け出せない可能性がある。

すべての生物進化が、高エネルギーを求めるＲＮＡ分子や抗生物質を破壊するβ-ラクタマーゼのような新しい分子の創造を伴っているわけではない。古い分子が場所と時間を変えて合成されるだけでよいこともある。卵から新しい生命が誕生し、発生していく過程は、特定のプログラムに沿って起こる。料理のレシピのようだが、想像を絶するほど洗練されており、何千ものタンパク質の材料を適切なタイミングでシチューの鍋に入れる必要がある。これらの材料を加えるタイミングと場所を変えるだけで、進化はまったく新しい形態の生物を生み出すことができる。魚類から四肢類が誕生し、恐竜から鳥類が誕生したように。その方法はこうだ。

私たちの体には何兆個もの細胞が存在するが、種類としては数百程度である。脳で電気信号を伝達する細胞、腕の筋肉を収縮させる細胞、血液中の酸素を運搬する細胞などだ。それぞれの細胞には、異なる分子（多くはタンパク質）が含まれている。指紋がその人に固有のものであるように、細胞ごとに固有の分子がある。言い換えれば、それぞれの細胞は、私たちのゲノムの2万個の遺伝子の一部だけを転写し、タンパク質を合成しているのだ。ある遺伝子は肝臓で、ある遺伝子は脳で、またある遺伝子は筋肉で、といった具合だ。遺伝子がいつ、どこで、どれくらいの頻度で転写され、翻訳されるかは、転写因子として知られる特殊なタンパク質によって制御されている。これらのタンパク質は、遺伝子をＲＮＡに転写する生化学的機械と協力して働いている。この協力関係の詳細は複雑だが、基本原理は簡単である。まず、転写因子は、転写を行う生化学的機械が転写を開始する場所、つまり遺伝子の転写開始点の近くにいる必要がある。これは非常に単純なメカニズムで達成される。このような転写因子タンパク質はそれぞれ、ゲノムの中のCATGTGTAやAGCCGGCTのような短いＤＮＡ配列を認識し、それに結合する。特定の文字列が遺伝子の近くに存在すると、その遺伝子の転写を増やしたり減らしたりする。さらに、私たちのゲノムの何千もの遺伝子が、同じ転写因子によって認識されるＤＮＡ配列を含んでいる。このようにして、1つの転写因子が多数の遺伝子を制御する。

受精卵が発生を経て私たちの体となり、成長するとき、何百種類もの転写因子が、複雑なレシピに従う料理人のように働く。何千もの遺伝子が適切な量で転写され、適切なタンパク質が適切な量、適切なタイミングで合成されるようにする。このレシピに忠実に従わなかった場合には、先天性疾患になってしまう。そのため転写因子は重要だ。些細な不具合であれば、口唇裂や癒着した指のような軽度の疾患ですむが、場合によると、心臓の奇形のような深刻な疾患や、生まれる前に死んでしまうこともある。

単純なクラゲから複雑な霊長類、微細な藻類から巨大なセコイアに至るまで、すべての多細胞生物の体は、このような遺伝子転写制御の仕組みでつくられているので、新しい種類の体や、体の一部に新しいものをつくるには、新しい転写制御の仕組みが必要だ。ヘビの筒状の体は、何百もの肋骨を含むグロテスクなほど長い胸部によって支えられており、ウマの長い脚は、捕食者から逃れるために巨大化した第3指によって支えられている。また、一部のランでは、花弁がメスの昆虫に似た精巧なルアーのように変形し、メスを求めて飛び回るオスの受粉媒介者を引き寄せている。これらの多様な形態はすべて、遺伝子がタンパク質を少し多めに、あるいは少なめに、少し早めに、あるいは遅めにつくるようにレシピを変更されて創造されたものである。

進化はこのようなレシピを簡単に操作することができる。というのも、1つの転写因子は1種類のDNA配列だけでなく、何百種類の配列と結合できるからだ。そのうちのいくつかとは強く結合し、長い間DNA上に留まり、音量ダイヤルを最大まで回すように、近くの遺伝子の転写を強くオンにする。また、弱く結合する配列もあり、そこからはすぐに離れてしまうため、遺伝子は弱くオンになるだけで、音もすぐに聞こえなくなる。DNAの1文字を変えるだけで、転写因子の結合の強さが変わり、遺伝子がどのくらい転写されるか微調整することができる。このような小さな変化の積み重ねが、新たな形態、すなわち進化の創造的産物を生み出すのである。

これらのＤＮＡ配列はすべて、それぞれが特有の遺伝子型であり、遺伝子制御の適応度地形の中で考えることができる。しかし、これまで見てきた絶望的に広大な適応度地形とは異なり、この地形図は完成させることができる。転写因子の結合する配列が通常はＤＮＡ10文字程度と短いためである。例えば、１００個のアミノ酸をもつタンパク質の種類は10^{100}と天文学的な数字であるのに比べ、12文字のＤＮＡ配列の種類はわずか１６００万である。

　これは、私たちのように分子の適応度地形を研究する者にとっては福音だ。この程度の数であれば、転写因子が１つひとつのＤＮＡ分子にどれだけの強さで結合するかを測定できる技術があるからだ。これはマイクロアレイ技術あるいはＤＮＡチップ技術として知られている。単純な計算を同時に行うコンピュータのチップのように、マイクロアレイでは一度に多くの測定を行うことが可能だ。マイクロアレイは、小さな点が格子状にたくさん並んだものだと考えてほしい。それぞれの点には、特定の配列のＤＮＡ分子がたくさん貼りつけてある。これを転写因子のタンパク質が入った溶液に浸す。すると、転写因子はＤＮＡに結合し、各点のＤＮＡ配列に対する結合の強さを測定することができる。[20]つまり、１回のＤＮＡチップの実験で、適応度地形を調べ尽くすことができるのだ。もしランの花が最も魅惑的になり、ショウジョウバエの翅が最大の揚力を生み出し、あるいはウマの脚が最も効率よく体を支持するためには、ある転写因子が特定の遺伝子を最大にオンにするとよいのであれば、この適応度地形のピークは、転写因子が最も強く結合した配列の位置になる。このマイクロアレイ技術では、適応度地形全体の測定が非常に簡単であるため、植物、菌類、マウスといったさまざまな生物から、１０００以上の転写因子の適応度地形の作成に使われている。[21]

このようなマイクロアレイデータを使って、チューリッヒの私の研究室にいる2人の研究者、ジョシュア・ペインとホセ・アギラール・ロドリゲスは、問いを立てた。もうおわかりだろう、「この適応度地形にはいくつのピークがあるのだろうか？」[22]

その答えは、私たちが他の適応度地形で見たことと同じだった。遺伝子転写制御の適応度地形は多少起伏はあるが、ピークに到達するのは不可能ではない。多くはピークが1つしかなく、自然選択によって登頂しやすいが、高さの異なるピークが10以上あるものもある。それぞれのピークは、遺伝子をさまざまな強さでオンにするDNA配列に対応している。しかし、そのピークから別のピークへは谷を下りないと到達できない。進化が新たな形態を探索する適応度地形も、抗生物質を無力化する新たなタンパク質や、RNA配列をスプライシングする新たなRNA酵素など、他の創造的産物を生み出した地形図と同じなのである。

進化の地形図について推測することしかできなかったシューアル・ライトの時代から、生物学は長い道のりを歩んできた。彼の想像の中にあった粗い地形図は、砂粒ひとつを見分ける衛星画像のように、高解像度の地形図に取って代わられた。しかし、解像度よりももっと重要なのは、創造性の科学にとって中心的な課題が見つかったことである。ライトはその一般性に気づいていなかったが、私たちは後の章で何度もこの課題に向き合うことになる。その課題は、地形図の地形に集約される。滑らかな単一ピークの地形はまったく問題にならない。そのピークは、唯一の最良の解を示し、登り続ければたどり着ける。問題は、ピークがたくさんある地形だ。ピークが多ければ多いほど難しくなる。最も難しい課題は、最も創造的な解決策を必要とする。ピークの袋小路に突き当たったとき、どのようにして谷を下り、より高いピークを探し始めるか、という課題である。

これまでに本書では、アンモナイトの効率的な泳ぎ方からバクテリアが抗生物質を無力化する例まで、自然が解決した適応度地形の事例を紹介してきた。簡単な問題であれば、登り続ければよい。フォン・ヘルムホルツの心の旅では行き止まりのピークから戻ることができたが、自然選択は、ピークで立ち往生した集団が一度下りるということを許さない。これは、自然選択が万能だと言う人々にとって重要なメッセージである。自然選択の執拗な上方向への推進力は、真に困難な問題を解決するうえで致命的な障壁となる。これは、より速く、より良く、より優れたものを常に追い求める超競争的な社会が人間に課す力でも同様である。選択と競争だけでは、困難な問題を解決することはできないのだ。

そこで私たちは重大な疑問を抱くことになる。自然はどうやって行き止まりのピークから抜け出しているのだろうか。

第3章 地獄を経験することの重要性

第3章　地獄を経験することの重要性

1922年、ツタンカーメン王の墓を発見した英国の考古学者ハワード・カーターは、そこで130本の杖を見つけた。王は19歳で亡くなったにもかかわらず、である。当時の人は、あの世でこの杖を使うと考えていたのだろうか。その理由は1世紀後に明らかになった。エジプトの考古学者ザヒ・ハワス率いる研究チームがCTスキャンによって調べたところ、ツタンカーメン王が左足の内反足、右足の指の欠損、口蓋裂、遺伝性の骨の病気など、さまざまな奇形に苦しんでいたことがわかったのだ。王は生前その杖を本当に使っていたのかもしれない。歴史的な記録やDNA鑑定から、ツタンカーメン王の血統では近親婚が頻繁に行われていたことがわかっている。例えば、ツタンカーメン王の両親は兄妹だった。DNA鑑定によって、もうひとつの謎も解明された。ツタンカーメン王の墓に埋葬されていた2人の死産胎児がツタンカーメン王の子どもであることが判明したのだ。王の血統は絶えてしまったのだ[1]。

おそらくツタンカーメン王の家系は、近親婚で血統の危機に陥った最初の王家だったのだろう。しかし、それは最後でもなかった。それから3000年後、同じような運命がヨーロッパのハプスブルク王朝を襲った。

ハプスブルク家は容姿に特徴のある家系だった。ヨーロッパの主要な美術館に入れば、ラベルを読まなくても彼らの肖像画に気づくだろう。ハプスブルク家の下唇として知られている突き出た下唇でわかる。

ハプスブルク家の不幸は外見的なものにとどまらず、もっと深刻な病気も抱えていた。ハプスブルク家の下唇は、下顎前突症（下顎が突出し、下の歯と上の歯が噛み合わなくなる）によって生じた。この奇形は、6世紀にわたる王家の近親婚が原因だ。彼らの結婚は、政治的同盟を結び、戦争を防ぎ、新しい領土を獲得するためのものだった。20世紀の遺伝学者が、近親婚が悲惨な結果をもたらす原因を説明するずっと前に、貴族の家系はその影響を身をもって体験していた。スペインのハプスブルク家だけでも、15世紀のフェリペ1世から17世紀のカルロス2世に至るまで、11組の結婚のうち9組がいとこ同士、あるいは男性と姪の間で行われている。遺伝学にまったく無知でも、何かがおかしいと気づいただろう。王家の小児死亡率は50％にも達し、これは一般スペイン人の2倍以上であった[2]。

この多世代にわたる実験の果て、カルロス2世の問題は下唇だけではなかった。4歳まで話すことができず、8歳まで歩くことができなかった彼は、背が低く、弱く、やせており、舌が大きかったため、何を話しているのかわからなかった。また、下顎が出ていて噛むことができなかった。彼はまわりの世界に興味がなく、王家の血統にとって致命的なことに性的不能だった。スペイン・ハプスブルク家の血統は彼とともに絶えた[3]。

近親交配は、しばしば心身に悪影響をもたらすが、近親交配がすべてひどいものだと誤解しないでほしい。近親交配は良い方向に働くこともある。例えば、家畜やペットの品種改良のために近親交配は行われている。近親交配は自然選択とは異なり、特徴の良し悪しには無関係だ。単に極端な特徴を引き出すだけなのだ。ウシの育種家が、特別に長い角をもつテキサス・ロングホーンの雄ウシ1頭を複数の雌ウシと交配させると、その子ウシはすべて異母兄弟または異母姉妹で、そのうちの何頭かは父親と同じくらい長い角をもっていることがある。育種家は、長い角の個体同士を交配させ、残りは間引く。このような選択的交配を何世代か続けると、その子孫では長い角が当たり前のように生えてくるようになる。

このような選択的近親交配は、家畜やペット、植物でも、昔から行われてきた。しかし、ハプスブルク家やツタンカーメン王が示すように、意図しない結果をもたらすこともある。このような結果は、基礎的な遺伝学から理解することができる。説明しよう。

雄ウシのゲノムには、2万を超える遺伝子が2コピーずつある。1つは母親から、もう1つは父親から受け継いだものである。突然変異はゲノムのどんな場所でも起こるので、2つのコピーのDNA配列は異なっていることが多い。遺伝子の中には、コピーの一方が突然変異で損傷していることがある。それでも、もう一方のコピーが無傷であれば、問題ないことが多い。しかし2コピーとも損傷すると遺伝病を発症する。[4] 通常、このようなことはまれだ。例えば、雄ウシがすでに両親から損傷を受けた1コピーを受け継いでおり、もう一方のコピーが雄ウシが生きている間に突然変異を起こした場合などには起こりうる。ところが、同じ家系の子孫が交配を繰り返すと、遺伝病が頻繁に起こるようになる。ある雄ウシから生まれた子孫は皆、異母兄妹であり、父親から同じ遺伝子の損傷コピーを受け継ぐ確率は50%である。この異母兄妹の交配で生まれた子が病気にかかる確率は遺伝学的に正確に25%である。育種家は定期的に別の系統と交配を行ったり、病気の個体を間引いたりして、発症する個体の数を減らす工夫をしているが、完全になくすことはできない。

損傷を受ける可能性のある遺伝子はたくさんあるため、近親交配による症状は、家系ごとに異なる。その中には、ウシの尻尾の房毛の欠損のように、軽度のものもある（育種家にとっては美的欠陥とされるが、ウシにとっては、虫を追い払えなくなる）。また、ウシの毛が短くなるだけの、あまり害のないものもある。冬場の保温性が低くなり、子ウシの体重増加が遅くなるので、無害とはいえないかもしれない。しかし、早死や繁殖能力の低下など害の大きいものもある。まれなことではない。例の王家のように。

近親交配は良い形質にも悪い形質にも影響するため、ウシ、イヌ、ネコ、その他の家畜のさまざまな血統は、長所もあるが（しばしば隠れた）問題も抱えている。

ジャーマン・シェパードは股関節が変形していることが多く、骨が関節のソケットにしっかりはまらない。そのため、この美しいイヌは、痛みに耐えながら歩き、階段を上ったり立ち上がったりするのに苦労し、高齢になるにつれて足が不自由になることが多い。

さらに悪いのは、アメリカン・バーミーズと呼ばれるネコだ。バーミーズは、幅広で大きな目をして、どことなく子どものような好奇心旺盛に見えるゴージャスなネコだが、悲しいことに、致命的な奇形に苦しむバーミーズもいる。鼻や頭部の骨に異常が出ることがある。彼らの不幸は、多くの受賞歴のある子孫を産んだ1匹の血統書付きのネコから続いている。その血統ネコの名前はグッド・フォーチュン・フォーチュナータス。哀れな子ネコたちにフォーチュン（幸運）をもたらすことはなかった。

選抜してきた遺伝子が不幸な結果をもたらすこともある。オホス・アズレス（*Ojos azules*）は、深い青の瞳をもつメキシコ産のネコの血統である。ある遺伝子の突然変異で、虹彩から色素が失われるために青い眼になる。2つある遺伝子のコピーのうち片方が変異しているだけなら問題ない。眼が青く、ネコは健康である。しかし、両方のコピーが変異していると、かわいそうだが、頭蓋骨が変形し、生まれてくることができない[5]。

自然界では、近親交配を避けるメカニズムが発達してきた。子の親離れもそのひとつだ。ライオンでは、オスはすべて、メスも一部は群れ（プライド）を離れ、繁殖を求めて離れていく[6]。マウスやウズラ、ハタネズミなどでは、同腹の子や近親で交配することはないので、少なくとも近親には性的な魅力を感じていないようだ[7]。ヒトの場合、この現象はフィンランドの人類学者にちなんでヴェステルマルク効果と呼ばれる。一緒に育った者同士は性的な魅力を感じない。イスラエルのキブツでは、子どもが集団で育てられるが、同じキブツで育った数千人の男女の間での結婚はほとんどない[8]。近親交配は植物にも悪影響を及ぼし、発育不良や発芽しない種子の形成、光合成できない「アルビノ」になったりする[9]。植物の中には、飛来する花粉粒の指紋のような分子を検出するものもある。指紋が自分のものと似ている、つまり近親あるいは同じ植物から飛来したものである場合、花粉は受精せず、種子は形成されない。これらの行動には近親交配を避ける以外の理由もあるかもしれない。例えば、ライオンは放浪することで性的な競争を避けることができる。しかし、すべて近親交配を避けることにも役立っていることは確かだ[10]。

残念なことに、自然界では、近親交配が避けられないこともある。ある集団が大嵐で壊滅的な影響を受けたり、狩猟のため絶滅寸前まで追いやられたり、小さな離島に流されたりして、わずかな個体で集団を存続し、遺伝子プールを維持しなければならないこともある。このような集団にとっては災難だが、小さな島への隔離された集団は、生物学者にとってとりわけ魅力的である。美しい砂浜や手つかずの森でのフィールド調査はもちろん魅力的である。しかし、それ以上に、離島は孤立した実験室のようなものであり、そこで進化の現場を観察することができる。そしてこの現場で起こっていることこそが、自然の創造性を理解する鍵であり、後の章で述べるように、自然以外のものも含めた創造性を理解する鍵なのである。

太平洋の小さな環礁に漂着した2人の男性と2人の女性を想像してみてほしい。4人は赤の他人だ。スペースも、水も、食べ物もない。デートの相手を選ぶ余地はなく、彼らは2組で子どもをもうける。別の親から生まれた子どもたちは遺伝的なつながりはなく、成長した後、親の異なるメンバーとのみ子どもをつくれば、その子どもたち（第2世代）もまた遺伝的なつながりはない。しかし、その第2世代が子どもをもつようになると、近親交配は避けられなくなる。その理由は簡単で、第2世代はすべて同じ2組の祖父母の子孫で、遺伝子の約4分の1を共有しているからである。その世代以降は、島のすべての個体が同じ家族の一員となる。

たとえスタート時の母集団が多少大きくても、やがて同じことが起こる。最終的にはみんなが近縁者になる。多少時間がかかるだけである。おおよそ、最初の個体が10人であれば10世代、100人であれば100世代を経て、1つの大きな、しかし遺伝的には幸せとはいえない家族になる。個体数が多ければ多いほど時間はかかるが、最終的にはどのような規模の集団も同じ運命をたどる。近親の度合いに差はあれ、みんなが家族になる[11]。

環境によって強制されるにせよ、育種家によって強制されるにせよ、近親交配がもたらす結果は同じである。マン島産のネコのマンクスは、アイリッシュ海に浮かぶ570平方キロメートルのケルト原住民の住んでいた小さな島にちなんで名づけられた。ツタンカーメン王のような内反足はないが、何世代にもわたる近親交配から生まれたこのネコは尻尾がない。そのため、マンクスはバランスがうまくとれず、ネコが得意とするアクロバティックな動きができない。しかし、これだけではない。子ネコの多くで背骨が変形していたり、死産になったりする。一般的に繁殖能力は低く、生まれる子は少ない。このような欠点はあるが、長所もある。マンクスは狩猟がうまく、農場のネズミ捕りとして知られ、イヌのような茶目っ気も飼い主に愛される要因である。

ヒルタ島の近親交配のソアイヒツジの厳しい命脈にも、同じような物語がある。ヒルタ島はスコットランドの西海岸沖に浮かぶセント・キルダ諸島のひとつで、風が吹き荒れ、木々がなく、厳しい環境の島だ。セント・キルダ諸島は、1930年に最後の36人の住民が過酷な生活に耐えられず本土に避難して以来、無人島となっている。古ノルド語で「羊の島」を意味するソアイのヒツジたちは逃げ出せなかった。そして、細々と生き延びてきたが、楽ではなかった。乏しい栄養を吸いとる腸内寄生虫に悩まされたからだ。過酷な冬に多くの個体が死んだ。最悪なときは70%もの個体が寄生虫のために死んだ。近親交配によって免疫力が低下していたためである[12]。

同じようなことが、カナダのブリティッシュ・コロンビア沖にある面積6ヘクタールほどの本当に小さな島、マンダルテ島でも見られる。100羽ほどのウタスズメが生息しているが、その数は毎年変動している。1989年の厳しい冬の嵐では11羽しか生き残らなかった。近親交配の個体の多くが死んだ[13]。

内反足のツタンカーメン王、寄生虫に悩まされたヒツジ、その他近親交配の数々の事例は、自然選択が万能ではないことを示している。容赦なく坂を登ることを強要する自然選択は行き詰まるのだ。いつ、なぜ行き詰まるのか、それを理解するためには、生命の誕生以来、影響を与え続けてきたある現象を理解する必要がある。その現象に気づいたのも、20世紀初頭になってからのことで、このとき、シューアル・ライトら生物学者が、進化を理解するためには個体だけでなく集団全体を研究することが重要であると初めて認識したのである。今日この現象は「遺伝的浮動」と呼ばれているが、その発見に貢献したライトに敬意を表して、しばらくの間はシューアル・ライト効果とも呼ばれていた[14]。

ライトは、集団を単に生物の集まりとしてではなく、遺伝子やアレルのプールとして捉えた最初の人物のひとりである。この視点の転換が遺伝的浮動を理解する鍵である。小さな集団には小さな遺伝子プールがあり、大きな集団には大きな遺伝子プールがある。アレルが4つしかない非常に小さな集団を想像してみよう。ヒトの眼の色を例にとり、この小さな遺伝子プールには、茶色の眼のアレルが2つ、青い眼のアレルが2つあるとする。世代を経るごとに、遺伝的浮動によって、これらのアレルがどのような運命をたどるのか、この遺伝子プールを、2色の玉が2つずつ入った皿と考えて説明しよう。**図3・1**の左側では、黒と灰色の丸で表している[15]。

20世紀初頭、遺伝学者たちはすでに、次の世代へと遺伝子を受け継ぐこと、つまり次世代の遺伝子プールをつくることは、ちょうどこのような皿から無作為に玉を選ぶのと同じことであることに気づ

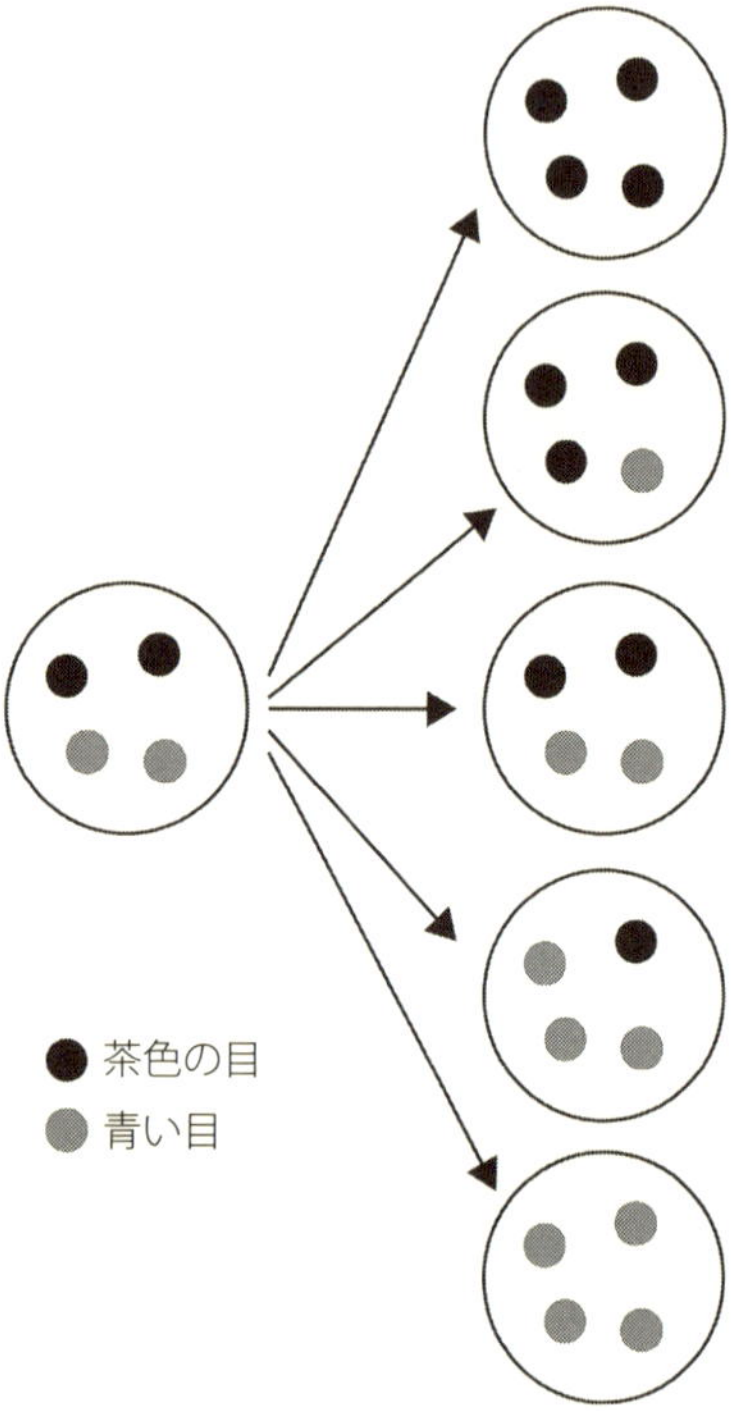

図 3.1

いていた。そこで、新しい遺伝子プールをつくるために、まず無作為に玉を取り出し、その色——茶色か青——を記録して皿に戻し、次に別の玉を（やはり無作為に）取り出し、その色を記録して戻し、3回目、4回目と繰り返して、4つの遺伝子からなる新しいプールをつくることにしよう。（もう一度取り出す前に玉を戻すことは、遺伝の重要な特徴を捉えている。複数の精子や卵細胞が、両親の一方から同じアレルを受け継ぐこともあるのだ。）このようにして4つの玉を選んだ。自分でも試してみれば、新しい4つの玉が、親の遺伝子プールと同じ色の組合せ（茶色2個、青色2個）になるとは限らないことがわかるだろう。茶色が3個に青が1個、茶色が4個のこともあれば、逆に青が3個に茶色が1個、青が4個のこともある（図3・1）。玉の数の割合は、異なるアレルの割合を示している。大切なことは、その割合がランダムに変化するということである。

このような遺伝子プールは、世代を経てどのように進化していくのだろう。新しいプールからまったく同じ方法で4つの玉を取り出して、第3世代の遺伝子プールをつくり、それを繰り返して第4世代をつくり、と無限に繰り返せばよい。

20世紀初頭の集団遺伝学者たちは、この遺伝子プールが長期的にどのように変化するかを調べるために確率論の数学を用いた。この数学は複雑だが、メッセージは簡単だ。まず、どの色の玉も、つまりどのタイプのアレルも、その数は予測不可能に変化し続ける。そして、やがて茶色か青か、どちらか一方のアレルだけになる。どちらか一方だけになると、つまり2つのアレルのうち一方がなくなると、集団遺伝学の専門用語では、残ったアレルが集団に固定されたといわれる。そうなると、DNAの突然変異によって他のアレルが再び誕生しない限り、遺伝子プールは変化しない。そして、突然変異はまれにしか起こらない[16]。

数学的には、最終的にある1つのアレルが固定されることは確実であるが、どのアレルがその幸運に与るかは、コイントスのように予測不可能である。集団は50％の確率で、青いアレルが固定され、すべての個体が青い目をもつようになる。残りの50％では、すべての個体が茶色の目になる。

ヒトの体の中でも、精子や卵が体内でつくられるときに、遺伝子は複雑な方法でシャッフルされる。皿から玉を取り出す様子は、アレルが世代から世代へと受け継がれていく様子を正確にとらえている[17]。ヒトは遺伝子それぞれに2つのアレルをもっているので、4つのアレルのプールは2人の集団ということになる。2人がそれぞれ2コピーの遺伝子をもっていると考えればよい。ここで説明したのは、この2人が女の子1人と男の子1人の2人の子どもを産み、その子どもたちが成長してまた女の子と男の子を産み、またその子どもたちがまた女の子と男の子を産む、ということを繰り返した場合のことである。最終的に、この近親交配が進んだ家族は、眼がすべて青か茶色になる。[18]

遺伝的浮動は大きな集団にも影響する。おおよその目安でいえば、10個の遺伝子のプール、つまりアレルを2個ずつもつ5個体では、アレルの割合は世代ごとに約10%変動する。100の遺伝子プールでは1%、1000の遺伝子プールでは0・1%しか変動しない。さらに、青い眼のアレルか茶色の眼のアレルが遺伝子プールに広がって固定されるまでの時間は、大きな集団ほど長くなる。10倍の遺伝子プールでは、すべての個体が同じアレルをもつまでに10倍の時間がかかる。確かに遺伝的浮動は10億の遺伝子プールにも影響を与えるが、アレルの数にわずかな変動を与えるだけで、世代ごとに0.0000001%しか変動しない。[19]

DNAの突然変異は、集団の中の1個体の1つのアレルに新たなコピーをつくり出すだけである。2つの悪いアレルが同じ個体内にそろった場合にのみ発症する潜性遺伝病では、この稀なアレルは、自然選択に影響されることなく、世代を重ねるごとに遺伝的浮動によって集団に広がっていく。アレルの割合が増えて、2コピーをもつ個体が出現し始め、死ぬ個体が出始めると、自然選択の出番となる。個体数が少ないほど、自然選択の出番が早まる。そして、私たちには非常に多くの遺伝子があるため、そのうちの1つで悪いアレルがそろってしまう可能性は低くない。[20]

近親交配で病気になるのはそのためだ。また、集団によって異なる病気が発生するのもそのためである。もし進化の時計を巻き戻して、同じ小さな集団を近親交配させたとしたら、遺伝的浮動によって広がる悪いアレルが毎回異なることに気づくだろう。

つまり、近親交配の悪影響は、小さな集団における遺伝的浮動の結果なのである。島への移住で集団の規模が小さくなろうが、王族の政治的な意図や気まぐれで婚姻相手を制限しようが、山脈が村人の集団を孤立させようが、近親の個体と交配を繰り返すと、結果は同じである。一掃されるはずの遺伝子が、集団の中で存続し、拡散する可能性があるのだ。

繰り返しになるが、これは遺伝的浮動や近親交配が必ずしも悪い結果をもたらすという意味ではない。遺伝的浮動も近親交配も、遺伝子の良し悪しには無関係に、良いものも悪いものも広げてしまう。さらに、遺伝的浮動が必ず近親交配と関連しているわけでもない。単細胞の菌類や藻類の中には、それぞれの遺伝子が1コピーしかないものがある。2つの悪いアレルがそろうということが起こりえない。バクテリアも遺伝子を1コピーしかもっておらず有性生殖も行わない[21]。したがって、近親交配も起こらない。それでも、遺伝的浮動は起こる。遺伝子プールを引き継ぐために遺伝子を無作為に取り出すという過程は、繁殖方法にかかわらず、すべての生命体にとって基本的なことだからである。近親交配は普遍的な現象ではないが、遺伝的浮動は普遍的である。

遺伝的浮動が集団に何をもたらすかをイメージするために、前章の適応度地形と、自然選択が集団に対して、容赦なく坂を登らせるように作用することを思い出してほしい。遺伝的浮動は集団の遺伝子プールにランダムで方向性のない変化をもたらすため、地形図を間断なく震えさせる地震のようなものと考えることができる[22]。登山家の歩みが地震で遅くなるように、坂を登る集団も歩みが遅くなる。遺伝的浮動には方向性がないため、こうした揺れは集団をどの方向（上り、下り、横）にも動かす（**図3・2**）。この揺れが弱い場合（つまり集団が大きい場合）、集団の歩みはそれほど遅れないが、揺れが強い場合（集団が小さい場合）、集団はより激しく揺さぶられ、歩みは遅くなる。下り方向への揺れは

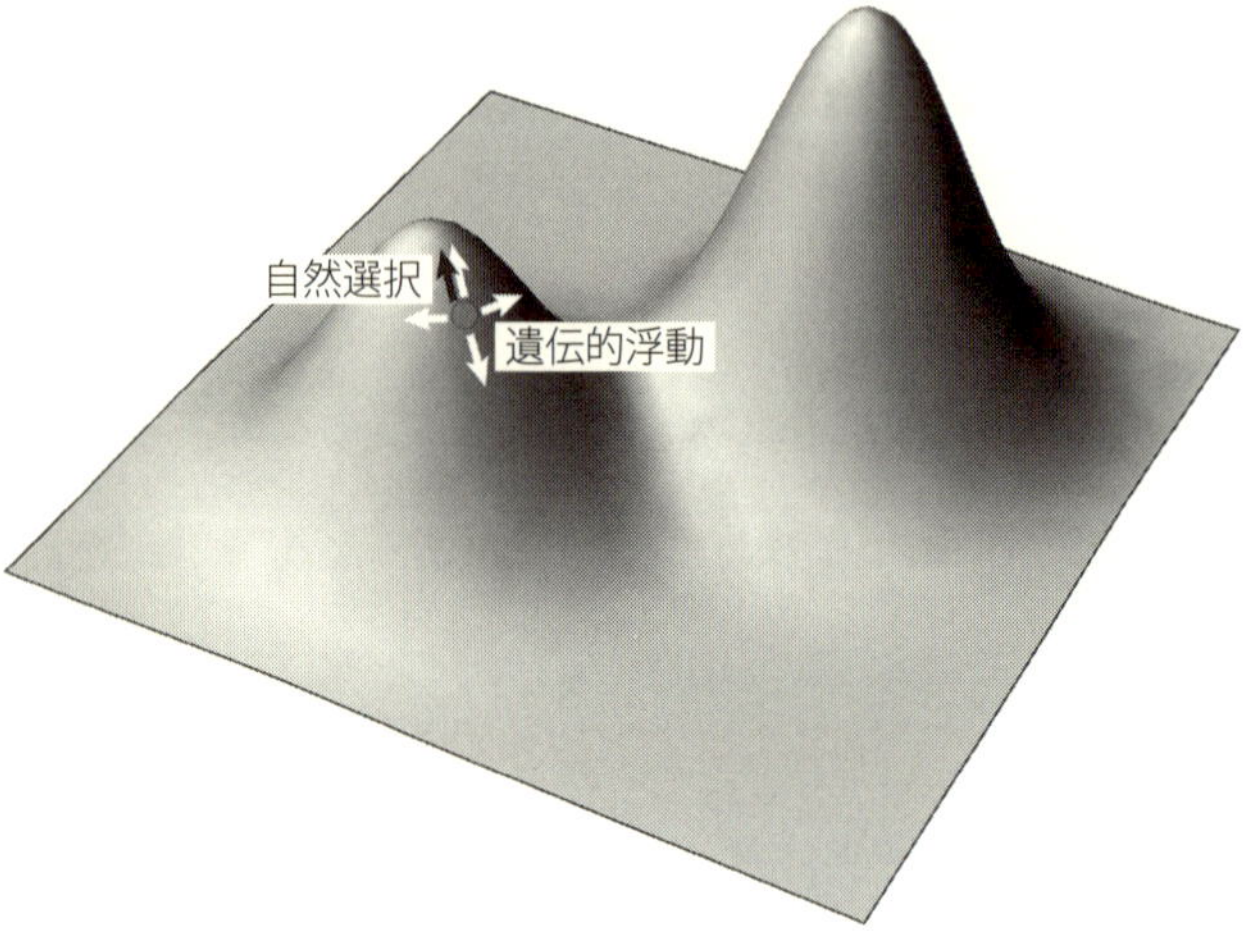

図3.2

重大だ。近親交配の王族や寄生虫に悩まされるヒツジのように谷底に落ちる可能性がある。

遺伝的浮動が自然選択の上方向への力に打ち勝つには、遺伝的浮動による地形の揺れがどの程度強くなければならないのか、つまりどの程度小さな集団でなければならないのかを遺伝学的に計算することができる。例えば、分裂速度が5％速いバクテリア、木の種子の生産量が5％多いリンゴ、厳冬を生き延びる確率が5％高いリスのように、適応度に5％の差がある集団を考えてみよう。このような集団では、アレルの数が5％以上変動すると、遺伝的浮動が自然選択に打ち勝つ可能性がある。これは、20個体以下の集団でしか起こらない。[23] しかし、ある集団の個体の適応度の違いがわずか1％の場合、遺伝的浮動が自然選択に打ち勝つためには、アレルの数を1％程度変化させるだけでよい。そのため、ある程度大きな集団であっても遺伝的浮動が自然選択に打ち勝つ可能性がある。１００個体の集団でも、自然選択に打ち勝つのに十分な変動が起こり、地形図を登っていくことを妨げるに十分であると計算される。一般的には、個体の適応度が０・１％しか違わない場合、１０００個体以下の集団では遺伝的浮動が自然選択に打ち勝ち、０・０１％しか違わない場合は、1万以下の集団でも可能である。

このような小さな適応度の差も、進化において重要であり、自然選択は多くの場合、このような小さな差に対して作用している。突然変異がどれほど強く適応度を変化させるかも測定することができる。実は突然変異の多くは、わずかしか適応度を変えないこともわかってきた[24]。このような小さな影響も、何百万世代、あるいは何百万年の進化の中で蓄積していく。長い目で見れば、１００万分の1％以下の適応度の違いをもたらす突然変異でさえ、1億個体以上の集団であれば、自然選択による生存と絶滅の分かれ目になりうる[25]。それ以下の集団では、自然選択は遺伝的浮動の前では無力だ。

眼の色に影響するアレルを用いてランダムな遺伝的浮動の影響を説明したのは、眼の色は適応度に影響しないように思えるからだ。しかし、明るい青色の眼の人は眼のがんになるリスクがわずかに高いことがわかっている[26]。私たちの遺伝子の中には、骨の強さや免疫力、生殖年齢など眼の色よりも適応度に影響するものも数千程度ある。すべての遺伝子は同じ法則に従って遺伝するため、これらの遺伝子の「悪い」アレルも、集団が十分に小さく、遺伝的浮動が十分に強ければ集団に広がる可能性がある。

14世紀、詩人ダンテ・アリギエーリの『神曲』は世界文学の頂点にそびえ立つ叙事詩として知られる。彼の創作過程の記録は残っていないが、創作という営みは『神曲』の主人公の厳しい旅の過程に似ているかもしれない。彼は9つの地獄を巡り、仲間が身の毛のよだつような拷問を受けるのを目にしながら、煉獄を抜け、ようやく9つの天国にたどり着く。

この叙事詩のすばらしい寓話に心が躍らなくても、この叙事詩は「物事が良くなるためには、まず一度つらい目に遭う必要がある」という古い格言を伝えるものとして受け止めることはできるだろう。そしてこの格言は実は奥深く、人間の領域をはるかに超えたものである。この格言なしには、生命の40億年にわたる進化の旅は前に進めなかっただろう。適応度地形の小高い丘で立ち往生したとき、自然選択は登ることとしか許さないため、それだけでは動くことができない。しかし、遺伝的浮動があるおかげで、地獄の釜の中に降りていくことができるようになり、釜の中で遺伝子の適応的な組合せを再び探し始める。

❄　❄　❄

残念なことに、この遺伝的な地獄に落ちることは危険なだけではない。多くの集団は煉獄に到達することすらなく、ただ絶滅してしまう。そしてその悲劇的な運命を伝えるのは遺構だけだ。

このような遺構は、入植者が少なく遺伝的浮動が激しい島々で見つけることができる。ハワイにたどり着いた顕花植物の種の30%以上が、この島で定着することができなかった。昆虫の場合はさらにひどい。環境に合わない遺伝子の組合せのため150種以上、全体の80%以上の昆虫が絶滅してしまった。[27]

しかし、幸運にも苦労の末に定着できた種は、新たな生活様式に向かって新たなピークに登り始めることができる。繰り返しになるが、島は雄弁だ。島は絶滅した種の墓場であるだけでなく、進化の創造性の源泉でもあるのだ。

小さなガラパゴス諸島では、1835年にビーグル号でチャールズ・ダーウィンが訪れたときにはフィンチは14種にまで多様化していた。[28] ハワイでは、ミツドリが少なくとも30種にまで多様化し、アフリカ西海岸沖のカナリア諸島では、青い花序が美しいエキウムの新種は23種生まれている。[29] 現在ハワイで見られる1000種の顕花植物のうちの90%、5000種の昆虫の98%が、ハワイで新たに誕生した種だ。

それ以上に驚くべきは、新種誕生の爆発的なスピードである。ガラパゴスとハワイの最古の島が誕生してからまだ500万年程度である。これは、ヒトとチンパンジーを隔てる時間とほぼ同じである。進化の歴史から見ればわずかな時間に、島では数千種が新たに誕生したのである。[30] しかし、自然の創造力は、新種誕生の速さや種の数だけで表されるものではない。島で生まれた新種は、新しい生活様式を編み出している。[31] ガラパゴスに最初にやってきたフィンチは柔らかい昆虫を食べていたが、現在は、硬い種子を砕くためのくるみ割り器のような大きなくちばしを進化させた種もいる。カナリア諸島では、エキウムが、干ばつに強い根系に支えられ円筒形の花序が高さ5メートルに達する巨木に進化し、園芸家に愛されている。

植物の木化が何度も起こるなど、異なる島で似たような進化が起こった例も見られるが、ユニークな生活様式も進化している。[32] ガラパゴスでは、アオアシカツオドリの尾をつついて血を吸う吸血フィンチもいれば、キツツキフィンチのような驚くべき技術を獲得した例もある。キツツキフィンチはサボテンの棘や小枝を道具として使い、木の中に隠れている昆虫を驚かせて追い出す。モーリシャス島の近くにあるロンド島のヘビも興味深い。このヘビは上顎が私たちの上顎と異なって、つながっておらず関節していて、大きなトカゲを獲物として食べることができる。ガラパゴス諸島のウミイグアナは、海中で採餌し生活できる現生では唯一の爬虫類である。体から過剰な塩分を排出するための腺の獲得という進化的な革新が海での生活を可能にした。また、ハワイの *Eupithecia* 属の蛾の幼虫は、葉を食べる無害な毛虫とはかけ離れたホラー映画に出てくるような生活をする。[33] 葉や小枝に擬態して、近くにとまった昆虫を、特殊なはさみのような脚で電光石火の速さで捕らえて殺す。[34]

これらは、ひとつの問題に対して、自然が見つけ出した創造的な解決策のほんの一部にすぎない。島に来てしまった後、どうやって生き延び生活するかという問題だ。

島における進化的革新の爆発は、競争の力がそれほど強くないときに創造性が開花することを教えてくれる。島の競争のない環境での進化は、遺伝的浮動が働いたとき、短い時間で何が起こるかを見せてくれている。その一方で、このような島で起こる進化的革新は、生命の誕生から40億年という歴史の中では、ほんの一瞬ともいえる数百万年での出来事である。

生命の起源から想像を絶するほどの長い時間の中では、島での創造的な進化よりももっと深遠な歴史が刻まれてきた。より複雑で巨大な生物が進化する中で、遺伝的浮動の力は、ゆっくりと着実に強まってきた。その力が強まるとともに、創造性を可能にする遺伝的基盤そのものまで変えてしまった。

ゲノムを創造性が促進されるような構造に変えてしまったのである。その仕組みはこうだ。

100平方メートルの中には、1兆個の微生物が住める。その100万倍の広さの100平方キロメートルでも、大型哺乳類はライオンなら40頭、トラなら15頭、ホッキョクグマは2頭と、ひと握りを収容するのがやっとである。[35] 生物が大きくなると、広い空間が必要になる。このことはまた、大きな生物は一般に小さな集団で生活していることを意味する。大雑把に言えば、バクテリアは約1億個体の集団で、昆虫や蠕虫のような小さな無脊椎動物は1000万個体の集団で、脊椎動物や樹木は、通常1万個体以下の集団で生活する。[36] ただし、脊椎動物の中にも違いはあり、マウスとゾウを比べると、もちろんマウスのほうが集団の個体数は多い。一般則として、大きな生物は集団が小さい。その結果として、小さい集団の大きな生物では、大きな集団の小さな生物と比べて、遺伝的浮動の影響が大きく、自然選択の影響が弱くなる。（数十億にも及ぶヒトの集団は、大きな生物は小さな集団で生きるという法則の例外のように見えるかもしれないが、ヒトの進化の歴史の大半において、その数は数百万程度であった。しかもその間に、ヒトは多くの小さな孤立した集団に細分化されていたのである。人口が爆発的に増加したのはごく最近のことで、私たちの身体やゲノムの進化はまだそれに追いついていない。[37]）

大きな集団の小さなバクテリアに比べると、大きな生物では、遺伝的浮動の効果は1万倍も大きく、自然選択の効果は小さい。悪いアレルが出現すると、バクテリアの集団ではすぐに一掃されてしまうが、大きな動物や植物では、自然選択の目をすり抜けて、生き残ることがある。生物が大きく複雑になると、遺伝的浮動の力はますます強くなり、驚くようなことが起こる。そのうちの最も重要なことは、DNAの文字数であるゲノムのサイズが、何百万年という長い年月をかけて、着実に大きくなっていることである。

私たちのような脊椎動物の典型的なゲノムは30億の文字からなり、大腸菌のようなバクテリアのほぼ1000倍である。複雑な体を発生させ、維持するためには多くの遺伝子を必要とするように思えるが、遺伝子の数はそれほど多くはない。大腸菌の4500個に比べれば7倍にも満たない。言い換えれば、遺伝子の数が多いということだけでは、ゲノムのサイズが大きいということを説明することができないのだ。実際に、ゲノムの大きさの違いのほとんどは、遺伝子以外のDNAの領域にある。このようなDNAはタンパク質をコードしないため、「非コードDNA」とも呼ばれる。

大腸菌のようなバクテリアのゲノムにも、非コードDNAが少しはある。その多くは、遺伝子の転写制御に必要な短いDNA配列である。このような配列は、第2章で説明した転写因子によって認識され、遺伝子の転写をオンにしたりオフにしたりして、タンパク質の合成を制御している。言い換えれば、大腸菌の非コードDNAには、遺伝子を制御するというきちんとした役割がある。[38] このようなDNAはそれほど多くなく、大腸菌ゲノムでは約12%である。

私たちのゲノムはかなり異なっている。ヒトのゲノムで遺伝子がコードされている部分は、わずか3%にすぎない。ヒトでは隣り合う2つの遺伝子は何百万文字もの非コードDNAで隔てられているのに対し、大腸菌の2つの遺伝子の間隔は平均して約120文字である。[39] さらに、ヒトでは遺伝子を制御する非コードDNAもごく一部だけである。それ以外の領域のDNAが何をしているのか、そもそも機能があるのかすらわかっていない。しかし後述するように、そこは進化の創造性を発揮するための巨大な遊び場なのである。[40] そこでは、遺伝的浮動が鍵となる。

ゲノムが世代から世代へと受け継がれる際に、そのサイズが増大することがある。その方法のひとつがDNAの重複である。これはDNAの突然変異の一種であり、先に紹介した1文字の変化、点突然変異に劣らず頻繁に起こる。細胞が傷ついたDNAを修復しようとして、ある種の間違いをしたときに起こるもので、編集者が電子ファイルの原稿を校正しているとき、誤って段落1つ、文章1つをコピー&ペーストしてしまうようなものである。DNAは常に損傷にさらされており、細胞は絶えずDNAを修復しているため、このような間違いは珍しいことではない[41]。

重複で増えるDNAは、2～3文字のこともあれば、数千文字のこともあり、数百万文字にも及ぶ染色体の大部分が重複することもある。遺伝子が含まれる領域が重複すると、遺伝子の重複が起こる。

重複した遺伝子にも、ゲノムの残りの部分と同じように、DNAを変化させる突然変異が起こる。運が良ければ、これらの突然変異のひとつが遺伝子に新たな機能をもたらすこともある。新しい種類の分子を消化して栄養とすることができるようにしたり、ある毒素から細胞を守ったりすることもある。もちろん、ほとんどは、通常の突然変異のように遺伝子を台無しにして、その遺伝子から、タンパク質をつくれなくなったりする。そうすると重複した遺伝子は、「偽遺伝子」と呼ばれる機能を失ったDNA配列になってしまう。偽遺伝子が生まれると、その分ゲノムの非コードDNAが増える。

進化における重複DNAの運命を理解するには、重複はタダではなく、余計なエネルギーが消費されることを考える必要がある。重複したDNAを複製するために細胞が必要とするエネルギーだ。そして、そのDNAに遺伝子が含まれている場合、さらに、DNAの情報を転写し、タンパク質を合成するためのエネルギーも必要となる。2007年、私は複雑な実験測定データに基づいて、1つの遺伝子重複で必要になるエネルギーは、微生物の場合、細胞が消費するエネルギーの約0・01%に相当するという計算結果を得た[42]。このエネルギー分だけ増殖などの別の目的には使うことができなくなる。0・01%という数字は、それほど大きな数字ではないように思えるし、測定することも容易ではない。しかし、自然選択はもっと厳密に作用する。微生物は巨大な集団の中で生きており、そこでは適応度のわずかな違いが問題となる。重複遺伝子をもつ微生物は、より効率的な個体に徐々に差をつけられる。何千世代、何万世代もかかるかもしれないが、最終的には、生き残れない。

動物や植物での重複はそのような運命をたどらないことが多い。小さな集団では、遺伝的浮動の作用が強く、0・01%程度の差は自然選択の目をくぐり抜ける[43]。その結果、進化の長い時間をかけて蓄積されていくことになる。その結末が膨大な大きさの非コードDNAである。私たちのゲノムには約1万5000の偽遺伝子があり、おそらく数千の偽遺伝子がDNAの突然変異によって認識できなくなったと推測される[44]。

遺伝子の重複は受動的なもので、遺伝子自身が自分で重複しようなどとは思っていないが、中には自ら重複しようとするものもあり「可動性DNA」と呼ばれる。このようなDNAは通常、数千文字の長さがあり、自身のDNAを別の場所にコピー&ペーストする特別な機能をもつタンパク質をコードしている。そこから、このDNAは何度も何度も無限にコピーされる。

可動性DNAは、リチャード・ドーキンスが述べる「利己的な遺伝子」の典型的な例である[45]。高次の目的を果たすことなく、宿主のゲノムの中で無頓着に増殖する。可動性DNAを抑制するものが何もなければ、ゲノムはそのコピーによって蹂躙されることになる[46]。

幸いなことに、自然選択が可動性DNAを抑制している。[47]

もし小説の文章の任意の段落をランダムに新しい場所に貼りつけたとしたら、その小説が（もともと余程ひどいものでない限り）良くなることはないだろう。同じように、可動性DNAがゲノム上の新しい場所に挿入された場合にも、良いことはない。可動性DNAがゲノムの別の遺伝子の部位に挿入されると、その遺伝子の配列情報が乱れ、タンパク質をつくるための情報が損なわれる。例えば、その遺伝子が発生中の胚に必要なものであれば、胚が死んでしまうかもしれない。また、可動性DNAが遺伝子の近くにペーストされると、遺伝子が意図せぬ形で転写されてしまうことがある。可動性DNAにはそれ自身の遺伝子の転写をオンにして、別の場所に飛んでいくのに必要な制御配列が含まれており、この制御配列はたまたま近くにあった遺伝子の転写を活性化させることがあるからである。胚の発生に関与する遺伝子にこのようなことが起こり、その遺伝子が間違ったタイミングや場所でオンになると、発生は多少なりとも乱される。2つの神経細胞が連絡できなくなったり、血管が正しい位置で形成されなくなったり、十分な堅さの骨が形成されなくなったりする。実際には、影響が小さいことのほうが多く、宿主の適応度を1％程度しか低下させないようなものが多い。[48] 大きな影響をもたらす挿入は自然選択で排除されていくが、影響が小さいものの運命については、自然選択だけでは決められない。遺伝的浮動が口を出す。

大腸菌のような集団の大きい生物では、遺伝的浮動の影響は小さく、自然選択によって有害な可動性DNAの挿入のほとんどが一掃される。そのため、微生物には可動性DNAがほとんど見られず、通常はゲノムの1％にも満たない。[49] しかし、大きな生物では、個体数が少なく、遺伝的浮動の影響が大きいため、軽微な影響しか及ぼさない可動性DNAを自然選択が取り除くことができない。そのため、可動性DNAは着実に増えていく。その結果として、私たちヒトを含む大型動植物のゲノムの50%以上を可動性DNAが占めている。[50]私たちのゲノムには数百万コピーの可動性DNAがある。[51]

そして可動性DNAがゲノムに着実に蓄積される一方で、他の部分のDNAと同じように突然変異にもさらされる。このような突然変異により、やがてコピー&ペーストの能力が破壊されてしまうため、私たちの可動性DNAの大部分（99%以上）は不活性なものとなっている。[52]もはやゲノムを飛んでいくこともできず、偽遺伝子となっている。しかし、たとえ不活性な状態であっても、私たちのゲノムの非コードDNAを埋めている。

その結果、一般的に大きな生物は、遺伝的浮動の影響で、より複雑なゲノムをもつことになる。生物は大きくなるにつれて、より小さな集団の中で生きるようになり、自然選択は弱くなり、遺伝的浮動は強くなる。そしてゲノムには、より多くの遺伝子、より多くの重複遺伝子、より多くの偽遺伝子、より多くの活性のある可動性DNA、より多くの活性を失った可動性DNA、そして全体としてより多くの非コードDNAが見られるようになる。

インディアナ大学の生物学者マイケル・リンチは、ゲノムの複雑さの進化を説明する上で、遺伝的浮動が重要であることを最初に指摘した研究者のひとりである。リンチは何百種類もの生物のゲノムを比較して、遺伝的浮動はゲノムサイズだけでなく、個々の遺伝子の複雑さにも関わることを明らかにした。[53]

遺伝子のDNAがRNAに転写される際、イントロンと呼ばれる遺伝子の一部が除去され、エクソンと呼ばれる残りの部分がつなぎ合わされる、スプライシングと呼ばれる現象が起こる。つなぎ合わされたエクソンのみがタンパク質に翻訳される。つまり、遺伝子はゲノムの中でバラバラになっていて、情報が読まれる際に初めてつなぎ合わされるのだ。[54] 生物の大型化に伴って、ゲノムサイズと同様、遺伝子がバラバラになる度合いも高まる。微生物では遺伝子は1、2個に分断されるだけだが、マウスやヒトでは7つ以上に分断されている。[55] さらに、切り出されるイントロンの長さも着実に増加し、私たちの遺伝子は転写された後、DNAの98％以上が捨てられ、残りの2％がタンパク質に翻訳される。[56]

このようなゲノムの複雑さこそが、進化の創造性をもたらす巨大な遊び場である。遺伝子がバラバラになるほど、エクソンを新しい方法でつなぎ合わせて新しいタンパク質をつくることも可能になる。ヒトの遺伝子は非常に多くの断片から構成されているため、遺伝子の数はショウジョウバエの2倍にも満たないにもかかわらず、5万倍も多くの種類のタンパク質をつくることができる。[57]

さらに、脊椎動物の遺伝子の多くは、数千から数百万もの非コードDNAによって隔てられているため、非コードDNAが極端に少ない大腸菌と比べて、ランダムな突然変異によって、転写因子のタンパク質が結合する新たな遺伝子転写制御が生じる可能性が高い。[58] 遺伝子転写制御の変化は、体の大きな複雑な生物の進化にはとても重要である。遺伝子自身の進化よりも重要だろう。例えば、ヒトとチンパンジーの遺伝的な違いのほとんどは、遺伝子転写制御を変化させる非コードDNAの違いである。[59] このような違いは、生命の設計図を微妙に変えるだけだが、象徴的な言語や芸術、文学を生み出す能力をもった新しい種の出現という劇的な効果もあるのだ。

微生物のゲノムは、修道僧の調度品のない部屋のように質素だが、多細胞生物のゲノムは、発明家の仕事場に似ている。部品や道具にあふれ、忘れられたプロジェクト、解体された機械、やりかけのデザイン、つまりある種のジャンク、次の発明につながる種にあふれている。そして、この作業場に有用な部品をあふれさせているのが、遺伝的浮動である。発明家は、自然選択（偏執狂的な管理人）に目配りをしながら、機械いじりを続けることができる[60]。

まとめると、遺伝的浮動は生命の進化に2つの根本的な影響を及ぼす。短期的に見れば、つまり新しい種を形成するのに必要な数百万年のスケールでは、自然界の遺伝的な適応度地形の新しいピークに到達することを可能にする。そうすることで、新しい生活様式を獲得する新しい種の誕生を加速する。そして長期的には、遺伝的浮動はゲノムの構造を変化させ、将来の進化的革新の可能性を高めている。

遺伝的浮動の現れ方は異なるが、原理はひとつである。良いことは、創造の適応度地形の中で自由に探索できるときにやってくる。そのとき、自然選択の近視眼的で執拗な坂を登らせる圧力から一時的に解放されている。

しかしじつは、進化の適応度地形でピークを横断させてくれるのは、遺伝的浮動だけではないのだ。

第4章 遺伝的適応度地形での瞬間移動

第4章　遺伝的適応度地形での瞬間移動

4次元以上の空間で山を横断することを想像するのは容易ではないが、2次元の山を横断することのほうが難しいと言うこともできる。2次元での横断の問題は想像力不足によるものではない。ダーウィン進化は2次元のほうがはるかに難しい。なぜなら、平面状の山を横断するのは、3次元以上の山脈を横断することよりも難しいからである。

図4・1上の、平面の世界における適応度地形を見てみよう。左の山にいる集団が右の山に行く必要がある場合、すでに見てきた問題に直面する。自然選択はその集団が山を隔てる谷に下ることを許さない。しかし、もしこの図が3次元の地形図の断面で、図4・1下に示したような地形の断面だとしたらどうだろう。平面の2つの山は、3次元ではひと続きの稜線でつながっている。そうすると、大集団でも働く小さな遺伝的浮動の力で、稜線に沿ってもう1つの山にたどり着くことができる。小さな集団でしか作用しないような強力な遺伝的浮動で、谷の底を通過することを考える必要はない。

3次元に親しんだ私たちの脳では視覚化できないが、高次元の空間でも同様に考えられる。もしロッキー山脈やアルプス山脈、アンデス山脈が、4次元の山脈の3次元的な断面にすぎないとしたら、深い3次元の谷に隔てられたピークも、4次元の空間では稜線でつながっているかもしれない。4次元ではまだたどり着けないピークも、5次元では簡単な散歩道を通ってたどり着けるようになり、そ

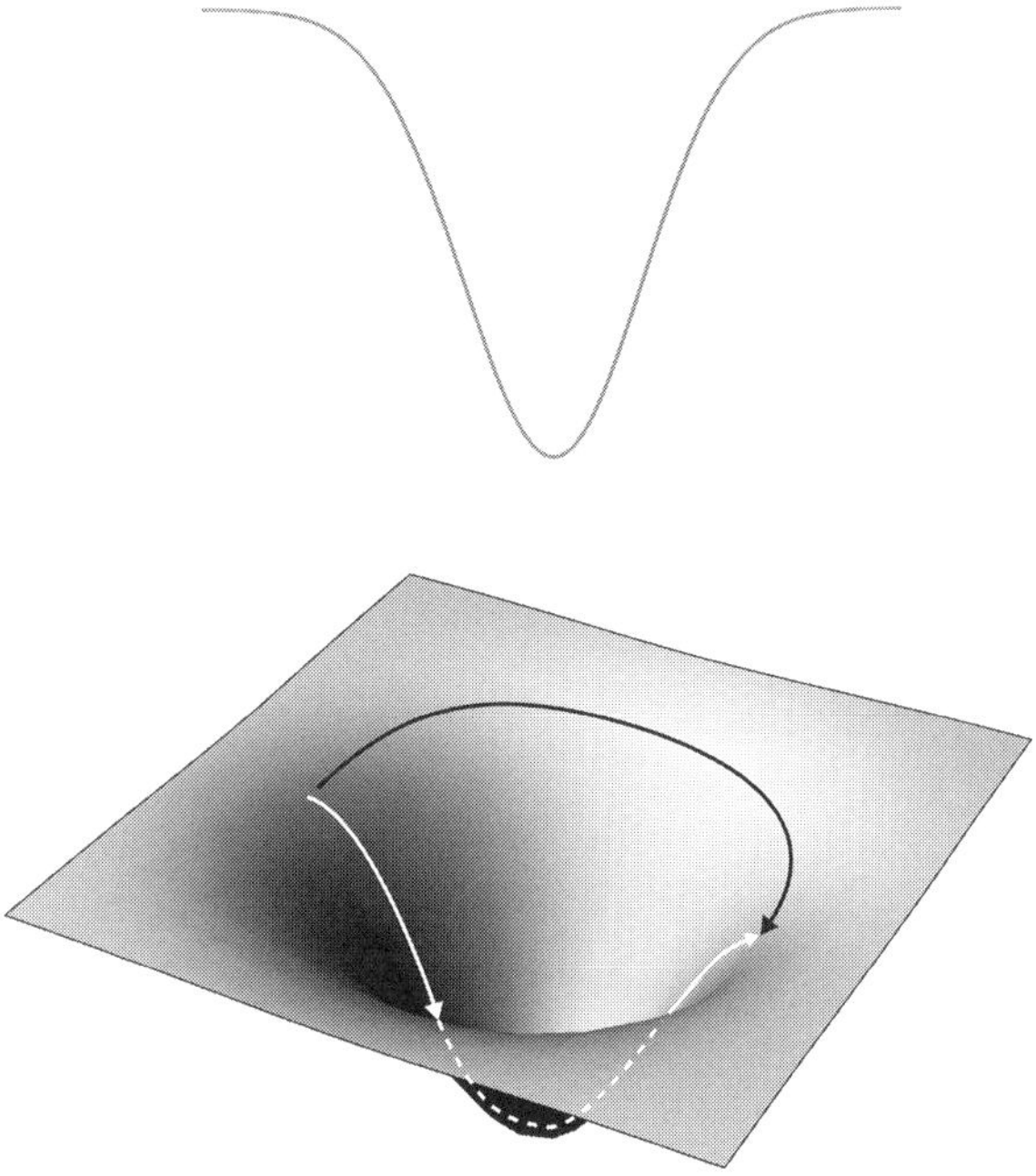

図 4.1

れでもたどり着けないピークも6次元ならたどり着けるかもしれない。

もちろん、適応度地形は3次元、4次元、5次元ではなく、数百、数千次元である。1つの次元は、変化しうる生物の1つの特徴に対応している。ゲノムの中の遺伝子や個々のDNAの文字と考えてよい。このような適応度地形を3次元で考えることが有効な場合もあるが、適応度の谷を迂回する能力を理解しようとする際には、うまくいかない。幸いなことに、私たちの脳は高次元の地形図を視覚化することはできないが、それでもそれを探索し計測することはできる。

チューリッヒにある私の研究グループや他の多くの研究グループは、最先端の室内進化実験と計算技術を駆使して、まさにそれを実践している。ＲＮＡ酵素や、抗生物質ペニシリンを解毒するβ-ラクタマーゼのようなタンパク質酵素を進化させる実験では、同一の高機能分子を大量に合成し、その分子の集団に変異を起こさせ、うまく機能する変異体を選択するという過程を繰り返す。その間、進化する（数千種にも及ぶ）分子の配列を調べ、コンピュータで適応度地形の位置を追跡する。

このような分子の集団は進化の創造力にとって重要で、かつ驚くような奇妙なことを教えてくれる。このような実験では、適応度地形のピークからスタートして進化させる。このピークが高次元の地形図の中で、アフリカのキリマンジャロのように隔離されているのであれば、頂上付近から動けないはずである。すべての突然変異分子は最初の分子より劣っており、自然選択によって容赦なく集団から排除されるだろう。しかし、そういう結果にはならない。集団はじっとしておらず、適応度地形の中で広がっていく。突然変異と自然選択が繰り返されるたびに、集団は変異のステップを踏んでいく。また、個々の分子は出発点からさまざまな方向に進んでいく。移動している間、分子の機能はあまり良くも悪くもなっておらず、適応度地形のほぼ同じ高さにいる。スタート地点のピークは、他の近くのピークとつながっているようだ。何十もの稜線が伸びて他のピークにつながり、そこからさらに何十もの稜線でさらに遠くのピークにつながっている。

これらの実験は、高次元の空間の適応度地形では、適応度はキリマンジャロ山頂のような単一のピークではなく、高い稜線がクモの巣のようにつながっている、という深遠なメッセージを伝えてくれる。ピークを結ぶ稜線は完全に平坦である必要はないが、大きく上り下りするようなものではない。

このような実験では、何十億もの分子からなる巨大な集団を用いているため、遺伝的浮動は弱く、1つの分子がピークを大きく下ることはないからである。

室内進化実験では、適応度地形のほんの一部を探索することしかできないが、40億年にわたる自然の実験では、はるかに広い範囲を探検してきた。分子がその機能を保持したまま、自然の進化の中でクモの巣状の稜線をどこまで移動できたのか、私たちの血液中にある酸素輸送タンパク質であるヘモグロビンを見てみよう。マウス、爬虫類、魚類、昆虫、そして植物に至るまで何千もの種がこのような酸素と結合するタンパク質をもっている。これらのタンパク質は、10億年以上前に誕生した酸素結合タンパク質の祖先分子から始まった長い進化の旅の中で育まれてきた。そして旅の間ずっと酸素に結合する能力は保たれてきた。その進化の過程では、アミノ酸の文字が1文字ずつゆっくりと変化した。祖先分子から出発して、酸素結合タンパク質の適応度地形でクモの巣状の稜線に沿って広がっていった。今では、100以上あるアミノ酸の文字のうち、共通するものは15文字にも満たない。配列は大きく変化したが、それは酸素を結合するという問題に対する異なる解決策といえるだろう[1]。

RNAワールドで活躍した触媒機能をもつ分子から、生化学反応を触媒したり、細胞間の情報伝達を担う、体を支える、体を動かすなどのさまざまな機能をもった分子が、ヘモグロビンと同様の進化を刻んできた。進化の過程で多様化しつつも、しっかり機能を果たしてきた。つまり適応度のピークは、単一のピークではなく、高次元の適応度地形の広い範囲にネットワークのように張り巡らされた稜線でつながっているのだ。このようなクモの巣状の稜線を可視化しようとしすぎなくてよい。3次元では無理だからだ。何百もの次元で多方向に探索できる空間なのだ。

さらに言えば、これは個々の分子だけでなく、これらの分子の複雑な集合体、つまり私たちの体をつくり維持する生化学的な装置にも当てはまる。2つの装置が特に重要である。1つは、多くの遺伝子の転写を制御する転写因子タンパク質である。転写因子は、単独で働くのではなく、複雑な制御回路を形成し、互いに制御し合い、それ以外の何百もの遺伝子の転写も制御している。2つ目の装置は代謝に関わるもので、代謝は何千もの化学反応の複雑なネットワークであり、それぞれの反応が遺伝子にコードされた酵素によって触媒される。このような代謝によって、エネルギーと材料（栄養素）を得て、生命の維持に必要な分子を合成している。

これらの転写調節や代謝に関わる装置はゲノムにコードされており、DNAの突然変異によってゲノムが変化すると、装置も変化する。集団の中でも個体ごとに代謝が異なるのはこのためであり、ある個体は他の個体よりも効率的にエネルギーを得ることができたり、ある個体はより多くの脂肪を蓄えたり、別の個体は特定の食物への耐性が高かったりする。また、ある転写制御回路では、大きな翼や強い心臓、伝達の速いニューロンなど優れた体をつくることができるのもこのためである。つまり、転写調節や代謝も、DNAの突然変異と自然選択によって進化し、改良されるのである。しかし、それと同じくらい重要なのは、改良され続けた転写調節や代謝が、同じ解決策に集約されないということだ。改良されて到達したピークは、キリマンジャロのような単一のピークではない。むしろ稜線のネットワークが広がっているのだ。このネットワークに沿って、多様な転写調節や代謝が実現している。それぞれが異なるやり方で、最適に機能する身体をつくり、維持している。

このような予想外の高次元の世界についてだけで、1冊の本が書ける。じつはすでに書いている。

前作『進化の謎を数学で解く』の中ですでに私は、このクモの巣がどこから来たのか、なぜクモの巣が普遍的にみられるのか、そしてなぜクモの巣が進化にとって重要なのかについて述べている。[2] ここで大切なのは、それが創造性に結びついているということである。実験的な証拠もある。

そのひとつとして、私の研究室の博士研究員だったエリック・ハイデンの実験を紹介しよう。彼が、特定の配列をもつRNA分子にそれ自身を結合させるリボザイムの実験を行ったことは第2章で述べた。その実験をさらに発展させ、エリックは、異なる配列をもつRNAにも自身をつなぐことのできるより柔軟な能力をもつ分子の進化を試みた。この実験では、2つの異なる分子の集団から進化をスタートさせた。1つ目の集団は、リボザイムの適応度地形のあるピーク、つまり適応度の高い稜線のある特定の位置に集まった集団からスタートし、もう1つは、高い稜線のネットワークに分散した集団からスタートさせ、どちらの集団がより速く新しい機能分子を発見できるか、つまりどちらが優れた創造的イノベーターになるかを調べた。

突然変異と自然選択をわずか8サイクル繰り返しただけで、答えが出た。稜線に分散した集団のほうが、柔軟な新しい機能をもつリボザイムに6倍速くたどり着いたのである。この新しいリボザイムは、スタートしたリボザイムの稜線から少し離れたところにより高いピークとして位置しており、稜線に分散していた集団の中にたまたまこのピークの近くにいた分子があったのである。そのため、このピークに速くたどり着けたのだ。[3]

これとよく似たことが、抗生物質耐性タンパク質のβ-ラクタマーゼでも報告されている。イスラエルの生化学者ダン・タウフィックの研究室での実験によると、適応度地形のピークの周辺の稜線に広がった集団のほうがセフォタキシムとペニシリンの両方を無力化する新しい活性を獲得するチャンスが高いことが示された。異なる分子であるが、理由は同じである。ネットワークに広がった集団から始めたため、深い谷を経由せずに新しいピークにたどり着けたのだ[4]。

この事実は、新しい抗生物質に対する耐性菌が急速に進化する理由も説明する。バクテリアは分裂が速いだけでなく集団も大きいが、抗生物質耐性遺伝子は多様性が非常に高く、適応度地形で散らばっている[5]。そのため、多様な遺伝子の中に、新しい抗生物質に対する耐性のピークの近辺に位置する遺伝子がある可能性が高い。

まとめると、多次元の空間での適応度地形で、高地の稜線がネットワークのようにつながっていることが、進化の困難な問題の解決を可能にしている。そのような適応度地形のおかげで、古い問題に対するより良い解決策や、新しい問題に対する独創的な解決策の近くにいる個体が集団にいることができるのだ。

❄　　❄　　❄

「スコッティー、転送を頼むよ」[6]。テレビ番組スタートレックを楽しんでいた人には忘れられない台詞だろう。宇宙船エンタープライズの艦長ジェームズ・カークは、窮地に陥ったとき、たいていは異星で敵に囲まれたときの台詞だ。そして、宇宙船のエンジニアのモンゴメリー・スコットは魔法のようにカーク船長を母船に瞬間移動させる。残念なことに、エンタープライズ号と同様な瞬間移動はSFの世界だけでのことだ。

私たちの日常生活においてはありえないが、じつは、自然界の適応度地形の空間でも、瞬間移動の
ような方法で移動することがある。その瞬間移動には、皆さんもよく知っている「性」が関わってい
る。性が好きな人は多いが、その本当の重要性を理解している人は少ない。

私たちヒトは、遺伝子を宿す23本の染色体を1ペアずつもっている。したがって、遺伝子を2コピーずつもっている。精子と卵をつくる特殊な細胞分裂の際には、ペアの染色体が並んでDNAの一部を組み換える。ペアの染色体を、同じ長さで、黒と白のように色が異なっている靴紐と考えてみよう。長さをそろえて並べてみて、途中の何か所か適当にハサミで切って、白と黒の紐を入れ替え、もう一度つなぎ合わせる。すると、何か所かで白と黒が入れ替わった2本の靴紐ができあがる。黒の紐に白が入ったところと、まったく同じところで白の紐に黒が入ることになるだろう。

私たちの体内で精子や卵の細胞がつくられるとき、このような、並べて、ランダムに切って、入れ替え、つなぎ合わせる（専門用語では「組換え」という）という過程がペアの染色体で起こり、靴紐が黒と白の紐のモザイクになるのと同じように、モザイクのDNA鎖ができる。そして、それぞれのペアのうちの1本が、精子や卵に受け継がれる。

2人の親から子が生まれるとき、精子は父親の中で組み換えられたDNAを、母親の中で組み換えられたDNAをもつ卵にもたらす。その結果、父親と母親の体内で組み換えられた23本の染色体を2本ずつもつ受精卵ができる。

実際には、2つのDNA鎖の違いは色ではなく、DNA配列の違いだ。配列の違いはわずかでヒトの場合おおよそ1000文字に1つ程度だ。[7] つまり、1つの染色体のペアを比べてみると、例えば、

一方の文字がAであるところに、もう一方の染色体ではCかGかTになっているというところが1000文字に1つ程度見つかる。残りの文字99・9%はペアの染色体で配列がまったく同じである。

つまり、23本の染色体のペアには、それほど大きな違いはない。しかし、染色体には約30億文字という非常に多くのDNAの文字が書かれているので、染色体ペア間での違いは300万文字にもなる。[8]

このことから、新しくできた子どものゲノムと、両親のゲノムの間に、何文字の違いがあるかもわかる。各染色体のペアの1本は父親由来なので、父親のゲノムとの違いはない。[9]もう一方は母親から来ている。父親と母親のゲノムの違いは約300万文字なので、染色体全体を見ると子どものゲノムと父親のゲノムとの違いは約150万文字である。同様に、母親のゲノムとの違いも150万文字、つまりゲノムの0・05%異なることになる。

この割合はそれほど大きくないようにも思えるが、適応度地形はその本当の大きさを教えてくれる。適応度地形の1歩、つまりゲノムのDNA1文字の変化が、平均的な人間の1歩と同じとしたら、子どもと親との間でのゲノムの違いは約700マイル（約1120キロ）になる。これだけの距離を、両親から子への1世代でのゲノムの受け渡しで跳躍できることになるのだ。[10]もし、カンザス州ウィチタ周辺のなだらかな平原からこれほど遠くまで移動するとしたらコロラド州やユタ州のロッキー山脈のど真ん中にいることになる（訳注：日本で言うと東京と稚内くらいの距離）。そのまわりにはたくさんのピークがそびえている。

ヒトの両親のDNA、あるいは同じ種の2個体のDNAの違いは、通常は異なる種間でのDNAの違いに比べればはるかに小さい。しかし、両親のＤＮＡの違いが大きいほど、子ども世代の跳躍は大きくなり、創造力は大きくなる。異なる種の親が交尾して子孫を残す（雑種の形成）ことがあれば、跳躍はさらに大きくなる。雑種の中には進化の袋小路になるものもある。両親の違いが大きく遺伝的に不和合でが胎児の発生が進まなかったり、発生しても不妊だったりする。ウマとロバの雑種であるラバ、シマウマとウマの雑種であるゾース、ライオンとトラの雑種であるライガーなどでそうなる。しかし、うまく雑種が形成されることもあり、まったく新しい種が即座に誕生することもあるのだ。[11]

植物では雑種の形成は珍しくない。新種の植物の10％が雑種形成で生まれている。[12] 雑種の形成で、親種が適応できなかった環境に広がることもある。*Helianthus* 属のアメリカヒマワリの２つの雑種では、両親はグレートプレーンズに生息しているが、雑種のひとつはネバダ州の砂漠地帯でも生き延びることができ、*H. deserticola* と名づけられている。もう一方はテキサス州の塩湿地帯で生育する。どちらの新しい生息地も、親種には生きられない環境だ。[13]

動物でも雑種が見られる。たとえば１９８１年、プリンストン大学の研究者ピーター・グラントとローズマリー・グラントは、ダフネ・マジョール島で見つけた珍しいオスの標本が新しいガラパゴスフィンチの雑種であることを発見した。この鳥は他のフィンチに比べて体重が50％も重いだけでなく、新しい歌を歌い、頭が異常に大きく、他のフィンチでは食べられないような堅い種を割ることができるくちばしをもっていた。その後28年間グラント夫妻は、この「ビッグ・バード」の子孫を7世代にわたって辛抱強く観察し、その新しい特徴が実際に役立っていることを明らかにした。２００３年から２００５年にかけての干ばつでフィンチの90％が死に絶えたとき、ビッグバードの子孫は生き残ったのだ。DNA解析から、ビッグバードは2種のガラパゴスフィンチの雑種であることが判明した。そして、それ以外にも複数のダーウィンフィンチが雑種であることが明らかになった。[14]

バクテリアでは植物や動物のような雑種は見られない。しかし、適応度地形の瞬間移動は非常に重要のようで、バクテリアにも起こることがわかった。その仕組みは異なっている。バクテリアのゲノムには、他のバクテリアへのDNAの提供を可能にする遺伝子が見られることがある。これらの遺伝子でつくった性線毛（長くて中空のタンパク質の管）で、近くのバクテリアを引っかけて近寄せ、DNAを提供する。このような「遺伝子水平伝播」と呼ばれるプロセスでDNAを受け取ったバクテリアは、新しい環境で生きるチャンスを得ることがある。遺伝子水平伝播は、私たちの性と似ているようにも見えるが、重要な点で異なる。バクテリアは毎世代DNAを交換するわけではないし、有性生殖もしない。単にDNAのコピー（それでも数百もの遺伝子が含まれることもある）を別の個体に提供するだけである。性線毛をつくるのに必要な遺伝子そのものを移植することさえある。その結果として、「（DNAを受ける側の）メス」から「（DNAを提供する）オス」への性転換のようなことが起こる。[15]

ヒトやヒマワリでの性が2個体で営まれるのに対して、バクテリアの場合は、100倍以上の個体との間で行われる。[16] 私たちにもバクテリアのような交換能力があれば、世代ごとに他の人とゲノムを混ぜ合わせるだけでなく、チンパンジー、マウス、鳥類、さらには爬虫類や魚類の遺伝子も日常的に取り込むことができるかもしれない。バクテリアは動物や植物ともDNAをやりとりできるのだ。[17] もし私たちが、光合成する能力、つまり空気中の二酸化炭素から体をつくる植物の能力を獲得できたら、私たちのライフスタイル、世界の飢餓問題、そして世界経済にどのような影響をもたらすだろう。[18]

このように、バクテリアは遺伝子水平伝播によって、広大な適応度地形の中で何百キロメートルどころか何千キロメートルも飛び越えることができるのだ。

バクテリアはこのような方法で新しい遺伝子の組合せを次々に試し、瞬間移動しているため、ヒトが光合成の能力を獲得するような劇的な進化をしていてもまったく不思議ではない。そのような革新的な進化として、DDTやペンタクロロフェノールのような殺虫剤、猛毒の産業廃棄物であるダイオキシンのような人工分子への耐性を獲得している。[19]

これらの薬剤は20世紀に入ってから使われるようになったものだと考えると、バクテリアがいかにすばやく革新的進化をとげ、これらの分子への耐性を得たかがわかる。進化の時間では一瞬の出来事である。そして、遺伝子水平伝播によってこのような革新的な進化が成し遂げられると、さらに別種のバクテリアへ、そしてさらにその先へと広がっていく。そのため、抗生物質への耐性は異なる種の間でも急速に広まり、人間がつくる新しい抗生物質といたちごっこになる。[20]

幸いなことに、適応度地形で遠くに瞬間移動する自然の知恵は、人間でも失われてはいない。人間は、バクテリアの遺伝子水平伝播以上に強力な遺伝的瞬間移動の仕組みを考え始めている。試験管内で新しいDNAをつくり、自然でさえ太刀打ちできないような分子の組換えの乱舞を起こさせようとしている。[21]

こうした革新的技術者のひとりが、オランダの生化学者で、数十件の特許をもつ起業家であった故ピム・ステマーだ。ステマーは1994年に発見したDNAシャッフリングの技術でバイオテクノロジー界で名をはせた。DNAシャッフリングとは、DNAポリメラーゼと呼ばれる酵素を用いて、遺伝子をコードするDNA分子を大量にコピーする技術である。

DNAポリメラーゼは生物工学者が実験室でつくり出したような奇想天外な酵素では決してない。すべての細胞に存在し、細胞が分裂するたびにDNAのコピーをつくるのに不可欠な酵素である。このDNAポリメラーゼを改変して、DNAシャッフリングに用いている。[22] DNAポリメラーゼはDNA鎖の端から出発し、鎖に沿って滑りながら1文字ずつコピーしていく。その間、元の鎖から離れて、別の鎖に飛び移ってしまうことがある。鋳型交換と呼ばれるこの過程で、新しい鎖のコピーをつくり続ける。似たような文章が2つ並んでいて、片方をコピーし始めたら、しばらくしてもう一方の文章に移り、そちらをコピーし続けるようなものである。DNAポリメラーゼが飛び移ると、2つのDNA文字列のキメラができる。最初のDNAテキストの文字配列で始まり、別のDNAテキストの文字配列で終わる。

DNAシャッフリングを使えば、生化学者は多くの分子を混ぜ合わせることができ、さまざまな配列の分子をつくることができる。シャッフルするDNAは、非常に多様なものにすることができ、2つのバクテリアのもつ遺伝子よりもさらに多様にできる。マーモットとマリーゴールドほど違う生物のDNAを混ぜることもできる。しかも、コピーをつくっている最中にDNAポリメラーゼは、鋳型を何度も入れ替えることができるため、最終的なコピーには複数のDNA鎖からの配列が含まれることになる。

DNAのシャッフリングは、分子におけるグループセックスともいえる。

ステマー研究所の研究者たちによるDNAシャッフリングの実験で生み出された新しい酵素は、D

NAシャッフリングによる適応度地形の跳躍が示す効果を証明することになった[23]。彼らは、セフォタキシムなどの抗生物質を無力化する酵素に着目し、4種のバクテリアに由来する変異型の酵素の遺伝子のプールから実験を始めた。その中には、DNAの文字の40％程度異なるものも含まれていた。まず、研究者たちは、DNAシャッフリングの前に、DNAの文字を1つずつ変えながら進んでいくことで、どの程度酵素を改良できるかを調べた。答えは8倍であった。つまり、同じ時間で8倍の抗生物質分子を切断できる酵素ができたのである。悪くないと思うかもしれない。しかし、4種でのDNAシャッフリングで起こったことには比べるべくもない。DNAシャッフリングでは、元の酵素よりも500倍も活性の高い酵素をつくり出したのである。このようなDNAシャッフリングの技術で、衣服の汚れをより早く落としたり、新しい種類の分子を切断したり、ヒ素が混入した鉱山廃棄物を無害化したりする酵素がつくられた[24]。

DNAのシャッフリング、乱交バクテリア、そして雑種形成は、適応度地形における瞬間移動が自然の創造力にとって極めて重要であることを教えてくれる。実際に、広大な生命の樹の全域で瞬間移動が見られるのだ。ただし、ほぼ全域と言わねばならない。生命の樹のうち100万以上の種では、DNAの交換が見られない。その中にはメスの産む未受精卵で繁殖するサンショウウオや、花粉なしで種子から発生できる顕花植物も含まれる[25]。しかし、これらのほとんどは生命の樹の小さな枝にすぎない。動物、植物の大きな分類群で、すべての種が無性生殖を行うような事例は見つからない。そこにどんな意味があるのか、と思うかもしれないが、じつは性の重要性について深い示唆を与えている。無性生殖の種は、ただ性を失ったのではない。最近になって失ったということが重要だ。性を失ったまま長く生き残った種がいないのだ。したがって、大きな分類群がまるごと性をもたない、ということは起こりえない。何百万年も前に性を失った種は、もうこの世にはいない。進化の極刑である絶滅に見舞われたのだ。

メッセージは簡潔だ、性を失えば、もう長くない。

しかし、ここに謎がある。この法則の明らかな例外として、太古から無性生殖をしてきた種がわずかながらいるのだ。性なしに何百万年もの間生きてきたようなのだ。その一例が淡水性のヒルガタワムシだ。3000万年前の祖先に由来し、約300種が生きている。[26] いくら調べてもこれらの生物に性があったという証拠は見つからない。しかし、最近行われたゲノムのDNA解析によって、さらに驚くべきことが明らかになった。外来の遺伝子を3000以上もっていることがわかったのだ。[27] これらの遺伝子は、他の多細胞動物に由来するものですらない。どこから来たかすらわからないのだ。

ヒルガタワムシがどのようにして外来遺伝子を獲得したのかはわからないが、バクテリアが適応度地形を跳躍して見せた遺伝子水平伝播のようなことが起こっていることは確かだ。つまり、ワムシの無性生殖は、結局のところそれほど無性的ではなかったのだ。その瞬間移動の仕組みは明らかではないが、他の長い無性生殖の歴史をもつ生物も同じかもしれない。もしかしたら、彼らもまた秘かに性をもち、その仕組みの痕跡がゲノムに刻まれているかもしれない。21世紀になってもなお、生物学に未解決の謎があり、重要な発見が待っていることは素敵なことだ。

遺伝物質の交換がほぼ普遍的に見られるということは、遺伝的な瞬間移動が生命の進化に不可欠であったことを示している。しかし、同時に厄介な疑問も投げかける。なぜカーク船長が降り立つのはいつも母船で、他の場所ではないのか？　遺伝物質の交換で起こる盲目的な跳躍が、適応度地形の深い谷に突き落とされ、ゲノムや生物自身が死に至っていないのはなぜだろう？　いや、おそらく谷に落ちているのだろう。瞬間移動装置は、じつは多くを死に至らしめているのだろう。残念ながら崖から落ちた生物は生まれてこないため、調べようがない。[28]しかし、別の方法で調べられる。コンピュータを使って、分子やゲノムを結合させて起こる進化、すなわち適応度地形の長距離跳躍をシミュレートすることができるのだ。

世界中の研究者がコンピュータを使ってこのような研究を行っており、同じような結論に至っている。そのうちのひとり、シカゴ大学のアラン・ドラモンドは、遺伝物質を交換した後、適応度地形のどこに行き着くか、ピークに近いのか、それとも谷に近いのかを調べた。正確に言うと、組換えによってできる遺伝子がコードするタンパク質が無傷のまま残るのかどうか調べた。私の研究室でも、代謝の化学反応を担う分子の組換えを調べ、適応度地形で長距離跳躍した分子が代謝を行えるか調べている。新しい体をつくるための転写因子や制御回路に瞬間移動が起こると、どのような結果に至るのかを調べている研究者もいる。遺伝的な瞬間移動によって、生物の発生の複雑なレシピが無傷でいられるかを調べている。

これらの研究では、遺伝物質の交換による長距離跳躍から生じる害と、ランダムに1文字ずつ変化しながら同じ距離を歩いて移動することから生じる害とを比較している。[29]その結果は、組換えや遺伝物質の交換のほうが生命を維持する可能性が数千倍も高いことを示している。確かに、組換えや遺伝物質の交換は生命を破壊する可能性がある。これは、不稳の雑種を考えるとわかる。しかし、このような有害な効果は、ランダムな突然変異に比べるとはるかに小さい。そして、組換えや遺伝物質の交換の莫大な潜在的創造力は、突然変異によるものと比べるべくもない。

なぜか？　自然界がゲノムの組換えや遺伝物質の交換を行うときも、生物学者が分子を組み換えるときも、DNAに無秩序に変更を加えるのではないからだ。すでにうまく機能している生物や分子を利用し、それらのパーツを混ぜ合わせる。それはまるで、似たような物語を異なる言葉で綴った2つの文章のページを交換するようなものである。このような組替えは、必ずしも文章を良くするものではないが、意味を完全に崩壊させることはなく、予期せぬひねりや新しい筋書きを生み出す可能性さえある。何百万もの誤植によってテキストを変異させた場合はそうはいかない。間違いなく、意味がわからなくなるだろう。

高次元の適応度地形に見られた、クモの巣のように張り巡らされた標高の高い稜線から、組換えや遺伝物質の交換の潜在的可能性を考えてみよう。このような稜線の存在そのものが、長距離の跳躍によって、標高の高い別の地点に着地し、適応度を維持できる可能性を示している。実際に稜線に着地しているのだ。組換えでは、すでにうまく機能している分子の一部を再結合させるので、軟着陸しやすいのだ。

遺伝的浮動とともに、DNAの組換えや遺伝物質の交換と、適応的な稜線の広がりは、自然選択の近視眼的な作用とのバランスの中で見ることができる。適応度地形の中で、最も近い丘に向かって強引に引きずり上げていく自然選択の力を和らげているといえる。遺伝的浮動が上りにも下りにも控えめな歩みをするのに対し、組換えや遺伝物質の交換は大きく跳躍させる。また、適応度地形の稜線の広がりは、遺伝物質の交換後の軟着陸を可能にするだけでなく、集団の多様性を維持する効果もある。それによって新たな展望が開かれ、一部の個体が新たな、さらに高いピークに登ることが可能になる。

自然は自然選択を和らげる方法をいくつも考え出した。そして、その緩和がどれだけ大切であったかも教えてくれた。選択を和らげることの重要性は、人間の世界にも通ずるものがある。物理学者ヘルマン・フォン・ヘルムホルツが難問を解決する際にたどったとされる精神の旅路にそのヒントがある。この後の章で見ていくことになるが、卓越したクリエイターの起こした科学革命の背後には、さまざまなアイデアが交錯する曲がりくねった生涯があったのだ。

肉食のイモムシ、砂漠のヒマワリ、抗生物質を貪るバクテリアなどは、組換えや遺伝物質の交換と遺伝的浮動が自然選択による創造を助けた無数の事例のほんの一部にすぎない。適応度地形にクモの巣のように伸びる稜線とともに、これらの進化のメカニズムは自然の創造力にとって不可欠である。次に述べるように、これらの力は非常に強大で広範囲に及ぶため、近視眼的な登山家ではなかなか到達できない無生物界にまで及んでいる。

第5章 ダイヤモンドと雪の結晶

第5章　ダイヤモンドと雪の結晶

ジオデシックドームは、ゴシック尖塔以来の建築の傑作であろう。モントリオールのビオスフェールや、フロリダのディズニー・ワールドにある宇宙船地球号では、軽く丈夫な支柱が格子状に組まれ中空のかごのようなスペースをつくり出している。その名の由来は、支柱で支えられた球面上の弧（ジオデシック）にある。ジオデシックドームは、第一次世界大戦後にドイツ人技師ワルター・バウアースフェルトによって考案され、米国の建築家であり発明家としても知られるバックミンスター・フラーが、これこそが世界の住宅問題を解決に導くと宣伝したことで広く知られるようになった。[1]

この重力に逆らうような構造は、人間の創造性とユニークな能力を示す代表的な作品となるだろう。その一方で、自然は、何光年も離れた太古の星と星雲の中で、そのミニチュア版をつくり続けてきたという小さな事実も指摘する必要がある。

この発見は、化学者のハロルド・クロトーと共同研究者のチームによるものだ。1985年彼らは10以上の炭素原子が複雑な構造でつながった分子が遠い星や宇宙空間に存在することを示す波形データを観測して、困惑していた。[2] このような分子が宇宙という過酷な環境でどのように形成されるのかと問い、恒星近傍のような高温下で、そのような分子をつくり出せるのか調べた。ライス大学で行われた有名な実験では、グラファイトに集光レーザーを照射し、1万度以上の高温下でグラファイトを

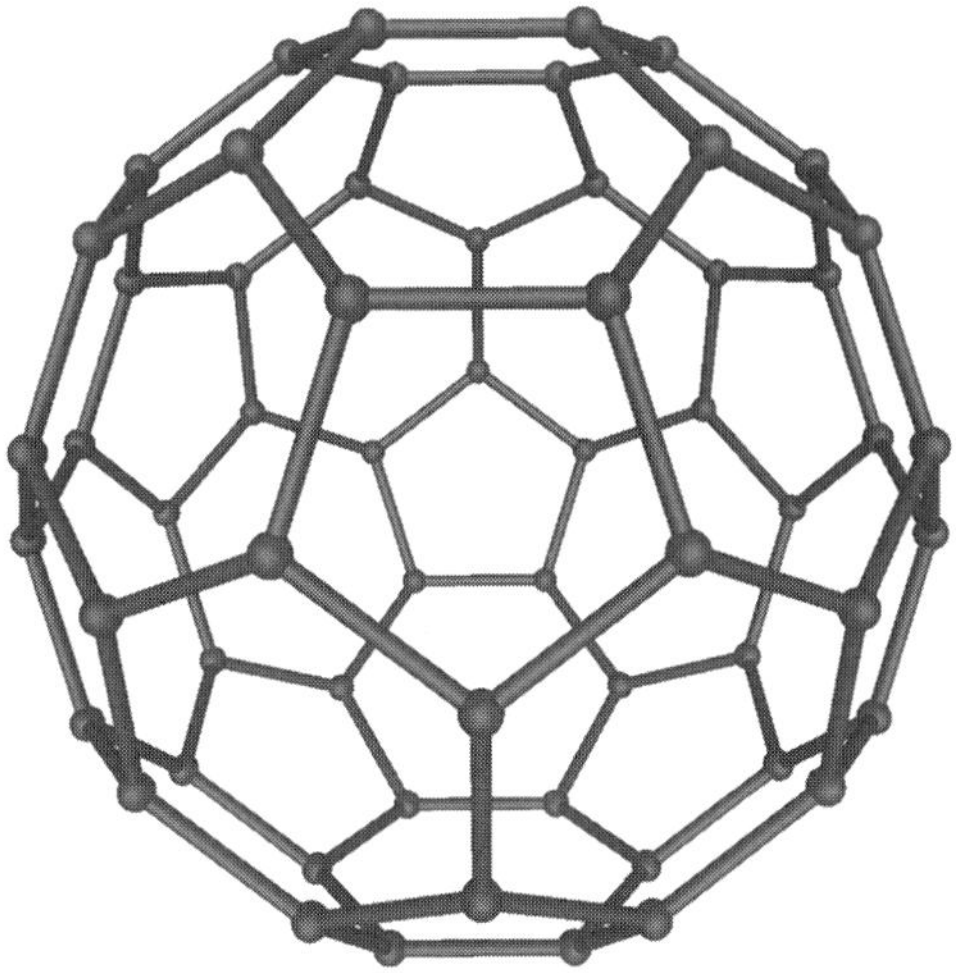

図 5.1

一瞬にして気化させて炭素原子にした[3]。

これらの原子がヘリウムの噴流で冷やされると、科学者たちが予想していた以上に複雑で美しい分子が形成された。60個の炭素原子が正六角形が20面、正五角形が12面、合計32面をもつ非常に規則的な球形のかごを形成していた（**図5・1**）。これはサッカーボールの形であり、数学の専門用語でいうと切頂二十面体である。

バックミンスター・フラーのジオデシック・ドームにちなんで、クロトーはこれらの分子をバックミンスターフラーレンと呼んだ。やがて語呂のよさと親しみを込めて「バッキーボール」と呼ばれるようになった。この発見により、クロトーは2人の同僚とともに1996年のノーベル化学賞を受賞した[4]。

バッキーボールは、クロトーの実験のきっかけとなった星間炭素分子よりもはるかに複雑なものだった。しかし、その数十年後にバッキーボールが、実際に宇宙空間に存在することがわかった。2010年、バッキーボールが古い恒星や星間星雲の炭素を豊富に含む殻の中に何兆個も集まっていることが別の科学者チームによって発見された[5]。その数は驚異的で、近くの星からの光を遮るほどである[6]。

私たちが生まれる以前、生命が誕生する以前、ビッグバンの残骸が集まって原子になり、その原子が集まって渦巻く銀河になり、そのガス雲が集まって何兆個もの太陽になり、さらに惑星も生まれ、現在の宇宙が形成された。しかし、バッキーボールのような美しい分子ほど自然の創造力を示すものはない。そして、このような分子がどのようにして自己組織化するのか、その仕組みは、創造性についての示唆にも富んでいる。

バックミンスターフラーレンでも他の分子の中でも、2つの炭素原子が結合するというのは、2つの小さな玉がバネでつながるようなものと考えてよい。それらを引き離すにはエネルギーを必要とする。このエネルギーはバネに伝わり、物理学者が「ポテンシャルエネルギー」と呼ぶ形で蓄えられる。これは原子の力、つまり、引き離そうとしていた手を離すと近づこうとする潜在的な力と考えるとよい。引っ張る力が強ければ強いほど、原子はより大きいポテンシャルエネルギーを蓄積する。原子を押しつけて近づけても同じことが起こる。原子はポテンシャルエネルギーを蓄積し、押すのをやめると、すぐにそれを放出して、原子が離れる。

2つの原子を自由に動けるようにすると、2つの原子はある中間的な距離で静止し、そこで2つの原子のポテンシャルエネルギー、より正確には2つの原子が形成する分子のポテンシャルエネルギーが最も小さくなる。それが**図5・2**の放物線上の最下点であり、これは2原子分子のポテンシャルエ

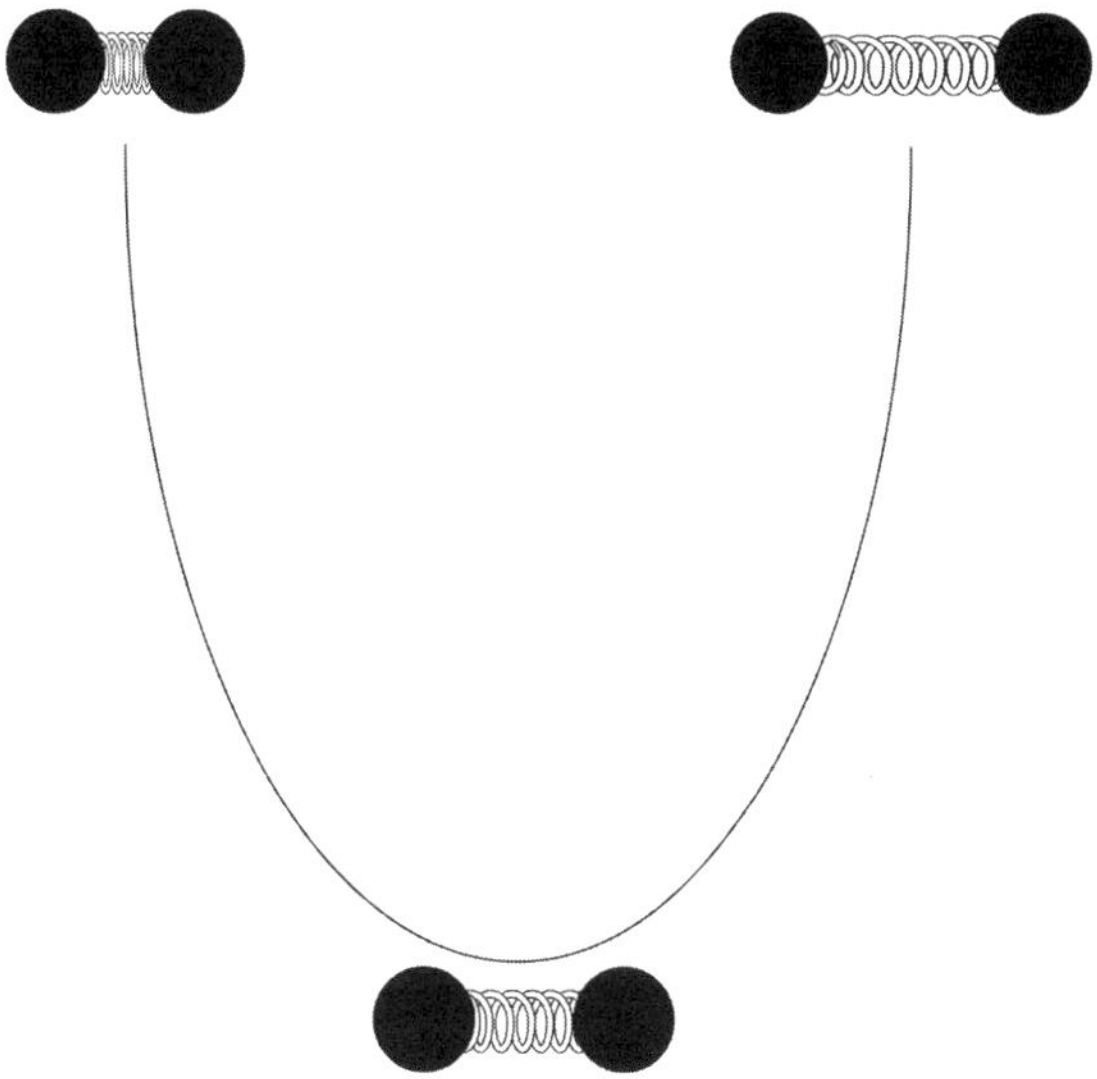

図 5.2

ネルギーを表している。2つの原子を押し合わせると、上方に移動してポテンシャルエネルギーは放物線の左の壁に沿って上昇する。2つを引き離そうと引っ張るとポテンシャルエネルギーは今度は右の壁に沿って上昇する。強く押したり引いたりすればするほど、分子は上方に移動し、より多くのエネルギーを蓄えることになる。

別の見方をすると、この放物線も谷が1つしかない単純な2次元の地形図として見ることもできる。化学者はこれを、2原子分子のポテンシャルエネルギー地形と呼んでいる。谷を囲む丘の斜面に玉を落とすと、玉は滑り落ち、しばらく底付近を転がり、やがて静止する。この地形図での玉の位置は、2つの原子間の距離と考えることもできる。原子は離れたり近づいたりしながら、玉は放物線に沿って動き、やがてポテンシャルエネルギーの最も低い点で静止する。

物理法則は、重力が玉に作用するように、原子の結びつきに作用する。この法則は、バッキーボールをつなぎ合わせる強力な化学結合である共有結合にも当てはまる。どんな2つの原子の結合にも、また原子間のどんな物理的な引力にも当てはまる。食塩に含まれるナトリウムと塩素のようにプラスとマイナスに帯電したイオン間の引力にも、タンパク質の3次元構造を支えるファンデルワールス力のような原子同士をつなぐ弱い力にも当てはまる。[7] これらの力はすべて同じ原理のバリエーションであり、玉の大きさやバネの強さが異なるだけである。

しかも、同じ原理が2つ以上の原子にも当てはまる。そして、そこから面白くなってくる。図5・2の2次元の地形図の中で自分の居場所を記述するために必要なのは、たった1つの量、2つの原子間の距離だけである。その情報で、自分が今いる標高がすぐにわかる。しかし、3つの原子がつながると、もはやそれほど単純ではない。3つのボールを3つのバネでつなげば三角形になる。それぞれのバネは縮めたり伸ばしたりすることができ、ポテンシャルエネルギーを蓄えたり放出したりすることができる。つまり、3つの原子がどれだけ離れているかを表すには、それぞれのバネの長さである3つの数値が必要になる。そして、この原子配置のポテンシャルエネルギーを表すために、4つ目の数字が必要になる。地形図の用語を使うと、最初の3つの数字は位置、すなわち3原子分子のエネルギー地形の上での位置を指定する。4つ目の数字は、この位置での標高、つまり分子のポテンシャルエネルギーを表す。言い換えれば、3原子からなる分子を記述するためには、私たちが慣れ親しんでいる3次元空間よりも1つ多い、4次元の地形図が必要なのである。

原子の数が増えれば増えるほど、バネの数はさらに増える。増え方も速い。4個の原子は6本のバネでつながり、5個の原子は10本のバネ、6個の原子は15本のバネでとなる。テニスのダブルスで、人数が増えるほどペアの組合せが増えるのと同じである。そして、ポテンシャルエネルギー地形の次元も増える。さらに複雑なのは、原子は通常、図5・2のような2次元の平面に限定されないことである。バッキーボールの3次元の世界では、各原子の位置を表すのに3つの数字が必要になる。バッキーボールの60個の原子の場合、すべての原子の位置を表すには１８０の軸が必要である。この１８０にバッキーボールのポテンシャルエネルギーを組み合わせると、１８１次元の地形図になる。

地形図が3次元であろうと３００次元であろうと、その地形はテキサスの果てしなく続く平原のようであるかもしれないし、あるいは図5・2の谷のように単純なものになるかもしれない。5つの原子までであれば、地形図は非常に単純で、原子が双三角錐と呼ばれる形状になる1つの谷があり、この谷が唯一の安定した分子の構造である[8]。しかし原子が6個になると、谷は2つになる。つまり2種類の安定な分子ができる。原子が7個の場合は安定な分子が6種類、原子が8個の場合は16種類、原子が9個の場合は77種類、原子が10個の場合は３９３種類の安定な分子ができる。安定な形状で、原子はポテンシャルエネルギーを放出した休息状態になる。

安定な分子の種類の数は爆発的に増加し、10個の原子を超えると、すぐにすべてを数えることが不可能になる。わずか数十個の原子で、数十億から数兆の谷を持つエネルギー地形になる。これらの谷のうち深く、最も安定した分子に対応するのは少数である。そのような谷では立方体、正四面体、正八面体（2つのピラミッドが底辺で接着している）、あるいはバッキーボールのような切頂二十面体など規則的な配置をとる。しかし、ほとんどの谷は浅く、安定性の低い分子になる。そこでは、原子が不規則に入り乱れ、ちょっとした刺激ですべての原子がまったく新しい配置に変化する。[9]

また、分子のポテンシャルエネルギー地形にも、生物の進化の適応度地形が示したような起伏の激しいものもある。DNA配列や遺伝子型の適応度地形と同様に、エネルギー地形もまた、私たちの想像を超えた3次元よりも高い次元の抽象的な空間になる。

この類似点は重要である。適応度地形が、生物の進化の創造性、いかにして新しい生命の特徴を生み出すかを教えてくれるように、エネルギー地形もまた、無機質な世界で、いかにして新しく美しいものが生み出されるかを教えてくれる。ごちゃまぜの原子の自己集合体がいかにして、バッキーボールのような、複雑で美しいだけでなく、非常に安定した分子になるか、別の銀河からその存在を示す放射線が届くほど安定な分子になるか、についても教えてくれる。

しかし、この2種類の地形図には違いがあることに気づいただろうか。進化の適応度地形で、よく適応した生物のいるピークは、最も良い場所である。一方、エネルギー地形の山は最悪の場所である。そこは分子が最も不安定な場所で、原子は即座に位置を変え、ポテンシャルエネルギーを放出して、安定な結合をもつ谷へと向かう。

この違いは、見かけほど深刻ではない。アカディア国立公園やグランド・キャニオン国立公園のビジターセンターで見かける景観模型、レリーフマップを考えてみよう。公園の地形の3次元縮尺模型では、山や谷が立体で表現されている。裏側は空洞になっていることが多いため、レリーフマップを180度反転させると、山が谷に、谷が山に変わる。このように視点を変えるだけで、適応度地形を分子のエネルギー地形に変えることができる。進化が適応度地形のピークを追い求めるのに対し、原子や分子はエネルギー地形の最も深い谷、最も安定な分子になる場所を追い求める。

このような地形図には、美しい構造をもつ分子だけでなく、化学技術者やナノテクノロジー技術者の好むきらびやかな物体も存在する。例えば、自動車の排ガスを浄化する触媒コンバータには、プラチナや金のような非常に高価な金属が含まれており、その原子表面の形状（テクスチャ）で化学反応が促進される。触媒コンバータは、このような反応によって一酸化炭素などの有毒分子を分解し、排ガスを無害化する。

触媒に重要なのは表面なので、触媒コンバータに金の塊を使う必要はない。塊の内側に埋もれた金は役に立たない。わずか10万個の金原子からなる粒子でさえ、表面にある原子は10％にすぎない。それよりも、その塊を無数の小さな金粒子（金クラスターと化学者は呼ぶ）にして、できるだけ原子が表面に出るようにしたほうがよい。この違いは大きく影響する。２０１２年、スペインの化学者たちは、10個以下の金原子からなるクラスターを金触媒として用いることで、触媒の効率を10万倍高めた。[10]

鉄、ニッケル、コバルトのようなさほど高価でない金属と、硫黄や炭素のような非金属からなる原子クラスターは、触媒コンバータよりもずっと重要である。それらは、石炭から合成潤滑油をつくる反応や、生物廃棄物から燃料をつくる反応のように、化学産業にとって極めて重要な化学反応を触媒する。また、私たちの体の中で、栄養からエネルギーを得るのを助ける働きをもつ原子クラスターもある。原子クラスターはさまざまな形に自己組織化することができる。原子がシートのように広がったり、ボールのようにくるまったり、結晶格子に並んだりすることができる。この形状の差で、効率的な触媒と役に立たない触媒の違いが生まれる。触媒クラスターが、触媒作用に最適な形状に自己組織化できるかどうかを調べるために、化学者はそのエネルギー地形の最も深い谷を研究し、何がこの形状が出現するのを妨げる障害物となっているかを精査している。[1] 進化が適応度地形のピークを探索するときに直面するのと同じ障害である。

自然選択が坂道を押し上げることしかできないように、重力は坂道を下らせることしかできない。金、炭素、鉄の原子が結合しようとするとき、何が起こるかは予想がつかない。乱雑な分子クラスターは、多次元のエネルギー地形に無作為に落とされた玉に相当する。玉は谷やピークに落ちるかもしれないが、ピークと谷の間の斜面のどこかに落ちる可能性が高い。そこから最も近い谷底へと滑り落ち、そこで原子クラスターは安定した原子の配置をとる。浅い谷もたくさんあるので、落ち着いた谷では、原子がそれほど規則的に配列していない、あまり安定しない形状になる可能性が高い。しかし、原子クラスターはそこで永遠に立ち往生することになる。

いや、自然はバッキーボールをつくっているのだから、この説明には何かが足りないはずだ。その何かとは簡単だ、振動だ。

専門用語では熱といい、私たちのまわりにある原子や分子の絶え間ない振動である。温度が高ければ高いほど、原子や分子はより強く振動する。熱くなりすぎると、この振動がさらに激しくなり、分子やクラスターを結びつけている化学結合が切れて原子があちこちに散らばってしまう。逆に、温度が低くなればなるほど、この振動はどんどん弱くなり、摂氏マイナス273・16度の絶対零度で完全に停止する。この間の温度で、分子の結合（バネのようなもの）は保たれているが、原子が揺さぶられながら、絶え間なく伸縮する（酵素の機能に必要なタンパク質の振動も、同じような伸縮である）。

エネルギー地形を探索する玉は、まるで地形自体が常に震えているかのように、絶え間なく振動している。遺伝的浮動により適応度地形が震えるのと同じである。熱くなるほど、揺れは強くなる。玉が浅い谷から出発したのであれば、小さな揺れでも、稜線を越えて近くのもっと深い谷にたどり着くかもしれない。玉が深い谷から出発したなら、稜線は高く、玉はよほど強い揺れでない限り越えることはできない。原子が飛散するかしないかのぎりぎりの温度では、揺れは非常に強く、玉は飛び回り、地形のあらゆる場所を動き回るが、飛び出すのに苦労するような最も深い谷で過ごす時間が長くなるだろう。

このような振動により、玉は地形図を探索することができるが、同時に新たな問題も起こる。玉が安定した谷にもとどまることができず、分子の中での原子の位置が揺らぎ続けてしまうのだ。しかし、自然の創造力にとって幸運なことに、この問題は原子を冷却することで回避できる。冷却すると玉の振動が弱まるので、玉は深い谷から飛び出しにくくなる。谷の探索は続くだろうが、さらに温度が下がると、玉はますます深くを這い回り、谷の中の谷や、その中の少しでも深い谷に落ち着く。原子の冷却が十分に時間をかけて起これば、玉は最終的に谷の底、最も安定した原子の配置で静止する。

これが統計物理学の理論が描く世界である。統計物理学とは、原子のような多数の粒子を扱う物理学の一分野である。台所で砂糖や塩のような材料を大きな結晶に成長させようと奮闘しているアマチュア化学者に尋ねてみると、彼らは「ゆっくり冷やすのがコツだ」と言うだろう。そうすると大きくきれいな結晶ができる。[12] もちろん、結晶の多くはバッキーボールのようなものではない。原子は共有結合でつながるのではなく、塩の結晶のように、低い温度で切れ、水に溶けたりする弱い結合でつながっている。[13] また、結晶は、炭素のような原子だけでなく、砂糖のような分子でもできる。しかし、砂糖の結晶であれ、バッキーボールであれ、金クラスターであれ、原子や分子のような粒子は、構成要素が自由に振動することができれば、安定した構造に自己組織化することができる。そのためには、振動がちょうどよい加減で、膨大なパズルの中での無数の可能性を試すことができる必要がある。パズルのピースが正しい位置にはまるたびに、玉はより深い谷へ下り、粒子は安定な構造を見つけたことになる。このような下降が繰り返されるうちに、自然界は、何兆個もの原子や分子が完璧な幾何学模様に配置された驚くような構造をつくり出す。外から手を加える必要はない。

雪の結晶のような大気の驚異から、花崗岩のような結晶岩、ダイヤモンド、ルビー、エメラルドのような宝石に至るまで、無機的な世界の美しさは、広大なエネルギー地形を探索する分子によってもたらされている。そして、その素材が多様であるように、それらをつくるのに必要な熱量や冷却速度も多様である。バッキーボールを自己組織化させるためには、数千度まで加熱しなければならない。雪の結晶が成長する温度よりはるかに高いが、その後完璧なボールをつくるにはわずか数ミリ秒の間に冷却されなければならない。[14] 対照的に、大きなダイヤモンドをつくるには10億年以上の歳月が必要とされる。[15]

自然界に存在する結晶は、ポテンシャルエネルギーが最も低くなる配置にはなっていないことが多い。[16] 雪の結晶の多様性を見れば、そのことは明らかである。水の結晶である氷の理想的な形は六角柱であるが、雪はそうなっていない。確かに、小さな雪の結晶は六角柱の完璧な形をしていることが多いが、大きな雪の結晶はそうではない。雪の結晶は、冷たい水蒸気の渦巻く雲の中でこのような六角柱から成長する。水分子は空気中を漂っている間にこの結晶の種に付着するが、六角柱のとがった縁よりも平らな表面に付着しやすい。言い換えれば、雪の結晶はある場所ではゆっくりと成長し、ある場所では速く成長する。より速く成長する場所では、物理学者が枝分かれの不安定性と呼ぶプロセスで枝分かれする。その枝がまた新たな枝を生み、さらにその枝がまた新たな枝を生む……。こうして、よく目にする枝分かれした繊細な形状の結晶ができる。[17]

寒い冬の日、空から静かに降り注ぐ何百万もの雪の結晶を見れば、自然の創造性の地形図の広大さがわかるだろう。雪の結晶のひとつひとつは、水分子の無定型な集まりからはほど遠い。それは、ポテンシャルエネルギーを小さくするという課題に対する100点ではないが、合格点の解答なのだ。それぞれが、水のエネルギー地形の、異なる深い谷に位置している。最も深い谷ではないが、だからこそ、ひとつひとつ違うのだ。

雪の結晶やその他の結晶は、不完全性が偉大な美しさを秘めていることを教えてくれる一方で、バッキーボールの存在をより際立たせる。というのも、バッキーボールの地形図にも数え切れないほどの谷があるからだ。あるものは浅く、炭素原子が不規則に散らばっている。最も深いサッカーボールほどではないものの、深い谷もある。そこでは、少しいびつなサッカーボールになっている。[18] しかし、条件が整えば、炭素原子の大半はバッキーボールになる。ひとつひとつの分子が、最適解を見つける。[19] ここでのメッセージは、適切な量の振動は、最も複雑な地形図すら征服してしまうほどの力をもつということだ。

生命の進化の地形図と反転したエネルギー地形図で、同じようなせめぎ合いが見られるのは偶然ではない。進化の適応度地形は、自然選択による坂を登らせる力だけでは征服できない。無機的なエネルギー地形と同じくらい変化に富んでいるからだ。そこでの揺れは、もちろん熱によるものではなく、遺伝的浮動のゆらぎによるものである。小さな集団を適応度地形の低いピークから解放する遺伝的浮動である。この「ゆらぎ」が非常に強い小さな集団では、どんなに険しい地形でも乗り越えていける。集団が小さくなればなるほど、遺伝的浮動は強くなり、ゆらぎはより強くなり、適応度地形を速く移動できる。遺伝的浮動は、集団を低いピークから解放してくれる。それは、ちょうど熱によって分子や結晶、原子がエネルギー地形の浅い谷から解放されるのと同じである。

遺伝的浮動が生物の世界の美を創造するうえで重要であるのと同様、熱は無機的世界の美を創造するうえで不可欠である。表面的には、熱と遺伝的浮動はまったく無関係だが、創造の地形図の中では同じ役割をもっており、深遠なつながりがある。どちらも不完全なものを完全なものに導く。

驚くことに、ダイヤモンドの美しさと蝶の美しさ、このまったく異なる美しさが、同じ源泉から現れる。そしておそらく、この源泉の重要さは自然界にとどまらない。科学者や技術者は、何十年もの間そうではないかと考えてきた。そして、ついに彼らは、難問に対する完璧な解決策を見つける方法にたどり着いた。そしてもうひとつ、問題を自分で解決する必要はないということにも気づいた。人ではなく、コンピュータに、つまり創造的なコンピュータに任せてしまえばよいのだ。

第6章

創造マシン

第6章　創造マシン

トラック運送業は過酷な仕事である。運転手は孤独な移動時間を過ごし、家族とも長い間別居になる。運動不足になるほど勤務日数も多いし、高速道路の休憩所でとる食事も健康的ではない。一方、彼らを雇用する企業も、決してバラ色ではない。利益率ぎりぎりの競争の激しい市場[1]で凌ぎを削るには、効率化のゲームに勝たなくてはならない。燃料コスト、休憩時間、そして何よりも運行経路の効率化が求められる。わずかな走行距離の違いが勝敗を決めることもある。

トラックの経路探索は簡単そうに見える。集配所で配送のために荷物を積み込み、地図で配送先に印をつけて出発すればよい。しかし、だまされてはいけない。トラックの積載量は限られている。一定の時間内に配達する必要があり、集配所が複数ある場合もあり、多くの場合、複数の配送先に荷物を届ければならない。複数の配送先を巡る最短経路を見つけるという問題でさえ、天才は別として、多くのドライバーにとっては簡単なことではない。数字で考えてみよう。3つの配送先をどの順に回るか、6つの経路（3×2×1）が可能である。そのくらいであれば、最短経路1つを見つけるのは、それほど難しくないかもしれない。しかし、4つの配送先には24種類、5つの配送先には120種類の経路が考えられる。となると、簡単ではなくなる。10の配送先だと、300万種類の経路だ。15なら1兆を超える。数百の配送先を考えると、数を表現することもできないほど恐ろしく大きな数字になる。[2] そしてそれは1台のトラックについてのことだ。フェデラル・エクスプレスのような企業には4万台以上のトラックがあり、200か国以上を飛び回る600機の飛行機を保有している。どんな天才でも最適な経路を見つけ出すことはできないだろう。

可能な限り低コストで大量の荷物を配送するという問題は、数学の問題である。複雑な問題であり、企業が毎日のように向き合う問題だ。そして、そこはコンピュータの出番だ。しかし、答えを出すにはアルゴリズム（コンピュータを動かすための計算の指示書き）が必要だ。

アルゴリズムの開発も簡単ではない。無論、トラック運転手の仕事ではなく、コンピュータ科学者の仕事だ。最短の配送経路を見つける問題は、よく取り上げられる（かつ難しい）問題で、コンピュータ科学者は、頭文字をとって「VRP（vehicle routing problem）」と呼んでいる。これは、19世紀まで遡るさらに有名な古典的な問題、「巡回セールスマン問題（TSP：traveling salesman problem）」と似ている。これは、複数の顧客を訪問するセールスマンが、最短の経路を見つけるという問題であるが、19世紀後半から20世紀初頭にかけて米国全土で行商をしていた35万人もの巡回セールスマンだけの問題ではない。旅回りの説教師や裁判官など、他の職業でも同じ問題が生じていた。例えば、裁判官は自分の管轄区を旅して回る。それぞれの町では1年の特定の曜日に裁判が開かれるため、決まった経路（サーキット）で旅して回っていた。米国の地域裁判所のサーキットコートという呼称は、すでに消滅したこの慣習を今に伝えている。[3]

何千人ものコンピュータ科学者がVRPやTSPのような難問に取り組んできたのは、彼らがトラック運転手やセールスマンのことを心配していたからではなく、同様の問題があちこちで出てくるからだ。例えば化学では、複雑な分子の中での原子の位置を特定するために、その分子を結晶化し、X線ビームを結晶に当てて、その原子がビームをどのように回折するかを測定する。問題は、ビームの回折を1つの角度からだけでなく、何百もの異なる角度から測定する必要があることだ。つまり、結晶を何百通りに回転させる必要があるのだ。この回転が早ければ早いほど、回転の経路が短ければ短いほど、実験時間は短くなる。

夜空の星や銀河を何百個も観測しようとする天文学者も、同じような問題に直面している。観測のたびに望遠鏡を正確な向きに回転させなければならないが、大型望遠鏡ではコンピュータ駆動のモーターが使われている。現代の望遠鏡は非常に高価で、世界中の研究者が共用しているため、貴重な観測時間を確保するための順番ができている。研究者の希望に応じて、望遠鏡をすべての方向により速く向けることができれば、つまりその経路が短ければ短いほど、観測に使える時間は増え、望遠鏡はより効率的に使われることになる。

同様に、コンピュータ・チップの設計者が新しいチップに何百万ものトランジスタを配置する場合、トランジスタ間の配線を短くする必要がある。チップの貴重な面積を無駄にはできない。さらに、電子がトランジスタ間を移動する距離が長くなるとエネルギーを浪費することになる。

結晶を回転させる最短経路を見つけること、望遠鏡の方向を定める最も効率の良い方法を見つけること、トランジスタ間の最短配線経路を見つけること、これらはすべて同じ数学問題の応用である。[4]

しかし、こうした経路探索問題の応用も重要であるが、この問題が、あらゆる困難な問題、つまり最も創造的な解決策を必要とする問題について深遠な教訓を秘めているということのほうが大切だ。

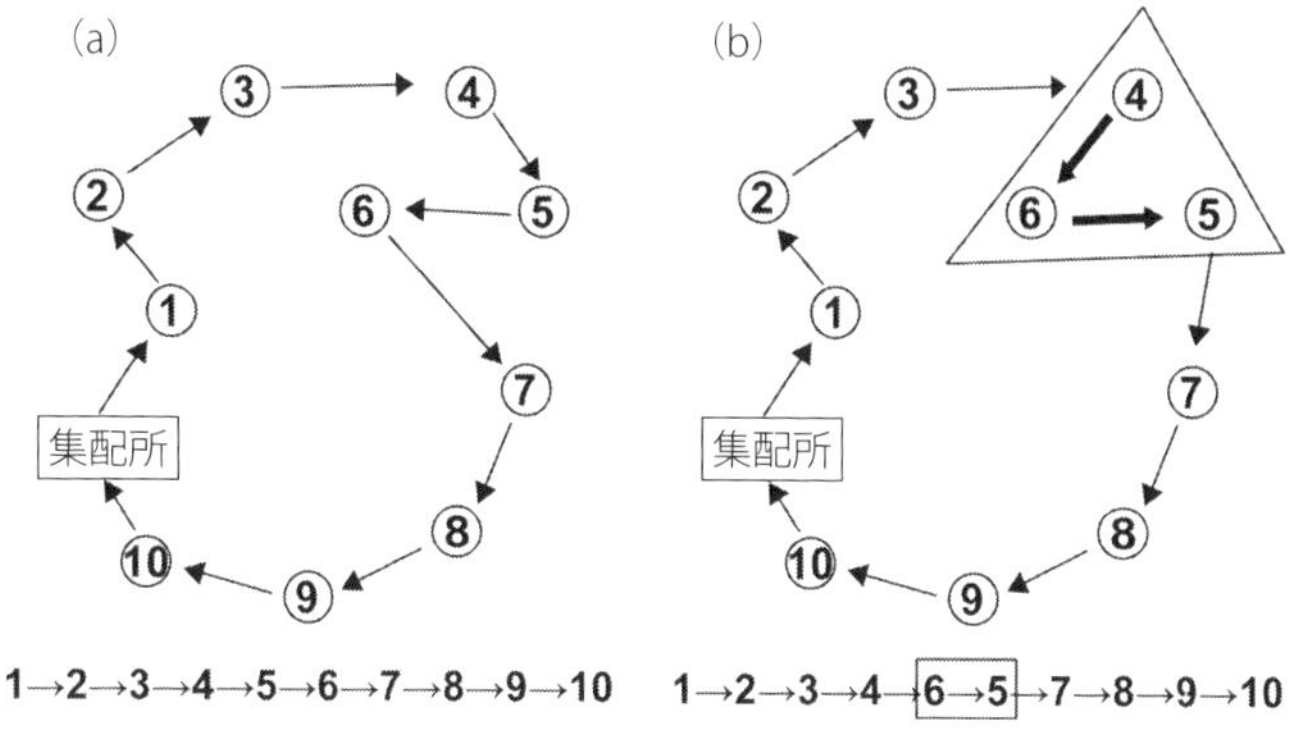

図6.1

というのも、この問題には、自然界がバッキーボールや美しいキンポウゲの花を生み出すのに使ったのと同じ戦略が関係しているからだ。想像を超えた高次元の地形図を横断していくための戦略だ。

図6・1の図は、1台の配送トラックが、ある集配所から10の配送先の1つひとつを訪れる経路を表している。配送先には1から10までの数字が付けられている。この図の下で、配送先を訪れる順番を示している。この順序が経路である。

たった10の配送先に対して、300万通り以上の異なる経路（順序）が考えられるが、各経路はこのように1つの数字の列として表すことができる。各経路でコスト、移動距離、時間、消費燃料、あるいは環境に配慮してエンジンから排出される二酸化炭素も算出することができる。[5] 遺伝子DNAの文字列に対して、適応度、つまり生命が直面する問題の良い解決法をもっているかどうかを表すことができたように、配送先への経路も、経路問題の解決法としての良し悪しを表せる。大半の経路は無駄の多いだめな経路であるが、いくつか短くて効率的な良い経路がある。DNAの塩基配列（遺伝子型）に対して、適応度地形における位置が特定されるように、各経路には、経路探索問題の解の地形図において対応する位置がある。その位置の標高が経路の長さに相当する。これは解の良し悪しであり、生物の適応度に相当する。

このコスト地形もまた抽象的で高次元の地形であり、トラックが商品を配送する3次元の空間ではない。起伏のある砂丘や険しい山々、浅い窪地や深い谷といった地形は、さまざまな経路のコストを表している。コスト地形は、原子や分子のエネルギー地形と同じで、ピークが最悪の位置、つまり配送距離が最長になる。ここは、進化の適応度地形とは異なる。

トラックやセールスマンの経路を探索するアルゴリズムは、コスト地形の最も深い谷、つまり最良かつ最短の経路に対応する谷を探し出すためのものである。このアルゴリズムは、分子の中の安定した原子の配置、つまりエネルギー地形の深い谷を探すのに似ている。ちょうど振動する分子がエネルギー地形を探索し、進化する生物が適応度地形を探索するように、経路探索問題のコスト地形を探索するのだ。

進化の適応度地形において、最小のステップは、点突然変異、つまり1文字の変化を引き起こすDNAの突然変異に対応する。残念ながら、経路探索問題のコスト地形では、同じように最小ステップを考えるとうまくいかない。図6・1(a)の経路で、ある配送先、例えば5を、他の配送先、例えば10と入れ替えたとしよう。これは最小ステップの点突然変異と最も近いものである。しかし、これには2つの問題がある。まず、配送先5を除外したため、新たな経路はこの配送先に行かないことになる。そして、この経路は配送先10を2回訪れることになる。つまり、点突然変異のようなことをすると、配送経路の2つの基本ルールから逸脱してしまう。すべての配送先を訪れ、配送先には一度だけ訪れるという基本ルールだ。隣接する経路が、たった1つの配送先だけが異なるということはありえない。異なる種類の「突然変異」を考える必要がある。

ここでは、図6・1(b)で配送先5と6について示しているように、2つの配送先の順番を入れ替えればよい。入替えであれば、各配送先を正確に一度ずつ訪問することになる。それ以上に大切なのは、このような入替えによって、あらゆる経路を探索できるということだ。つまり、地形図のどこから始めても、配送先の入替えによって他のどこへでも移動することができる。1組の入替えが、この探索の最小ステップである。[6]

この探索の最終的な目的はただひとつ、最も深い谷を見つけることである。コンピュータ科学者たちは、この目的を達成するために多くのアルゴリズムを開発してきた。うまくいったものもあれば、そうでなかったものもある。単純なものから見てみよう。

まず任意の経路を選択し(はじめは経路の長さを気にしない)、2つの配送先をランダムに入れ替える。入替えによって経路が短くなるなら、それでよい。経路が長くなれば元の経路に戻る。これを繰り返す。新しい経路が短くなった場合のみ、その経路にとどまる。これを繰り返す。入替えが成功するたびに、地形図における位置が変わる。一歩一歩、入替えが成功するごとに、最終的には入替えによってこれ以上短くならない経路に到達する。

このアルゴリズムでは、最低点を見つけることを目指して、常に地形図の中を下っていく。これは、自然選択が適応度地形で常に登り続けることに似ている。自然選択が適応度を増加させるステップのみを許すのに対し、このアルゴリズムは経路を短くするステップのみを許す。エネルギー地形の玉を想定すると、このアルゴリズムは玉にかかる重力のように作用し、最も近い安定点に向けて玉を下方向に下らせ続ける。

このようなアルゴリズムは、シンプルであるがゆえに、重要である。コンピュータ科学者はこのようなアルゴリズムのことを「貪欲」とも呼ぶ。そして、その貪欲さは必ずしも悪いものではない。コスト地形が、長い年月をかけて風化し、滑らかになった隕石のクレーターのようなものだとしたら、下り坂を下りていくことで底にたどり着くことができるだろう[7]。

この、だとしたらが大切だ。

運送経路の探索は、コンピュータ科学者が「組合せ最適化問題」と呼ぶ大きな問題だ。なぜなら、それぞれの解はさまざまな構成要素（この場合は配送先）からなり、最良または最適な解を探すには、これらの構成要素をさまざまな方法で組み合わせる必要があるからだ。トラックの経路最適化を行う場合、配送先をさまざまな順番で組み合わせて最短経路を探す。送電網を設計するときは、顧客が十分な電力を得られるように、異なる場所にある複数の発電所を組み合わせる。病院で看護師のスケジュール管理をするときは、いくつかの組合せで看護師のシフトを割り当てる。戦闘を計画する際には、異なる標的を異なる武器の組合せで攻撃することで、敵の損害を最大化する。などなど。

すべての組合せ最適化問題が難しいわけではないが、すべての問題には解の地形図がある。そして、コンピュータ科学者の半世紀以上にわたる地形図の探索と研究によって、何が問題を難しくしているか、その共通点がわかってきた[8]。

単に可能性のある解がたくさんあるからではない。自己組織化する分子や適応度地形で見てきた理由で、難しくなっているのだ。つまり、解が、起伏の激しい月面のように分布しているのだ。浅いクレーターが無数にある一方で、深いクレーターは少なく、最も深いクレーターはほんのひと握りしかなく、それを見つけるのはとても困難だ。

運送経路のコスト地形はまさにそのようなもので、大小無数のクレーターがある。下ることしか許さないアルゴリズムでは、小さなクレーター（クレーターの数は非常に多い）を下り、すぐに浅いクレーターの解で行き詰まる。仮に運良く大きなクレーターに下ったとしても、それほど広い範囲の探索はできない。大きなクレーターの中にも小さなクレーターが点在しており、そのクレーターにもさらに小さなクレーターがあるからだ。このアルゴリズムでは、大きなクレーターの縁にある小さなクレーターで立ち往生するかもしれない。

難しい問題にはもうひとつ厄介な性質がある。それは、サイズが大きくなるにつれてはるかに難しくなるということだ。配送先の数、発電所の数、看護師の数、兵器の数が増えれば増えるほど、クレーター（専門用語では「極小値」）の数は指数関数的に増えていく。分子のエネルギー地形における極小値のように、その数は、すぐに最速のコンピュータでも太刀打ちできなくなる。10の配送先に対する経路探索では、極小値は100程度だが、15の配送先では、極小値の数は1000を超える。[9] 現実的な数字として100の配送先の場合、極小値の数は数え切れないほど多くなる。そのうちの1つだけが最良の経路、つまり「最小値」であり、大規模な問題でそれを見つけることは、大海に一滴の油を見つけるようなものである。現実的には、それなりに良い解、つまり、深いけれども最小値ほどではない極小値を見つけるのが精一杯である。難問を解く限界がここにある。

地形図から優れた解を見つけ出すアルゴリズムが解決すべき問題は、すでに見てきた問題とよく似ている。浅い谷から抜け出し、より深い谷を探索するためには、容赦なく下方向に引きずり込む重力に打ち勝たなくてはならない。これは、進化において、貪欲なアルゴリズムである自然選択に打ち勝つのと同じ問題である。

貪欲なアルゴリズムが解決できない問題も、他のアルゴリズムなら解決できる。そのひとつが「疑似アニーリング法」とよばれるものである。

アニーリングという語は冶金に由来し、鋼鉄やその他の金属を軟化させ加工しやすくする処理のことをいう。例えば、刀鍛冶は刀を鍛造する際にこの処理を行う。鋼鉄をアニーリングする際、まず鉄原子の振動が非常に激しくなる温度まで加熱すると、鉄原子が位置を変えて金属中を漂うようになる。その後、非常にゆっくりと冷却され、原子が小さな結晶を形成し、鉄が鍛えられやすくなる。この処理で大切なのは熱である。分子がエネルギー地形図を探索し、バッキーボール、金クラスター、ダイヤモンドの結晶構造を見つけ出すときに、大事な役割を果たした熱である。これは偶然の一致ではない。それは、異なる場面での創造が深いところでつながっていることを反映している。

疑似アニーリング法とは、アニーリングのプロセスをコンピュータのアルゴリズムでシミュレートしたものである。アルゴリズムは問題の解を探索し、1ステップずつ地形図を進む（課題がトラックの経路探索なら、1ステップとは2つの配送先を入れ替えることに対応する）。各ステップの後、アルゴリズムは、そのステップが、より短い経路、より良い解に近づいているかどうかを計算する。もしそうなら、そのステップを採用する。ここまでは貪欲なアルゴリズムと同じである。決定的な違いが、たとえそのステップが悪い方向に行ったときにも、一定の確率でそのステップを採用することだ。探索の初期には、この確率を高くして、上り坂のステップを下り坂のステップと同じように採用するようにする。時間が経過し地形図を十分に探索すると、「冷却」が始まり、上りのステップを受け入れる確率を少しずつ下げていく。1000ステップの後、上りのステップは半分しか採用しないようにし、1万ステップの後は10回に1回、10万ステップの後は100回に1回、そして最終的には、下りしか採用しないようにするなどと設定することができる。

この手順が鋼鉄の冷却とどう似ているか、第5章のバッキーボールや雪の結晶のエネルギー地形と、解の地形図を比較して説明しよう。貪欲なアルゴリズムが、炭素原子の配置や経路探索問題で、玉に下向きにかかる重力のようなものだとすれば、シミュレートされた熱は、玉がその重力から逃れるための振動と考えればよい。高温の物質中の粒子が激しく振動して、エネルギー地形で（より不安定な炭素分子への）上りの運動を可能にするように、疑似アニーリングの初期段階でも、より悪い解への（より長い経路への）移動を可能にする。玉が初期段階で谷に落ちても、その谷がどんなに深く、どんなに安定した分子でも、どんなに優れた解でも、振動によってすぐにそこから脱出することができる。この初期の段階では、玉はどんなに起伏の多い地形であっても、地形図の広い範囲を探索することができる。冷却が始まると、振動は弱くなる。玉はより安定した分子や短い経路に向かって坂を下り、今いる谷に閉じ込められる可能性が高くなる。その谷が深ければ、何度も上りステップを踏まなければ脱出できないため、脱出する可能性は低くなる。しかし、起伏の激しい地形では、最も深い谷の中には浅い谷があることが多い。そのような場面では、地形の振動が弱くなったとしても、玉は浅い丘を上って次の谷に転がり込むことができる。そして最終的に玉は谷に到達する。それは、自然が発見しうる最も安定した分子、あるいはアルゴリズムが発見しうる最良の解に相当する。

冷却が十分に遅ければ、つまり振動の強度が十分にゆっくり低下すれば、最も深い谷（エネルギーの最小値または最短の配送経路）を確実に見つけることが数学的に証明されている[10]。疑似アニーリング法の魅力はここにある。この振動は、進化の適応度地形で集団にゆらぎをもたらしていた遺伝的浮動と同じものである。遺伝的浮動が強い小さな集団における進化は、疑似アニーリング法の初期段階のようなものである。そして疑似アニーリング法も、最初は小さな集団から徐々に大きくなっていき、時間とともに遺伝的浮動が弱くなるような点で、進化と似ている[11]。

しかし、疑似アニーリング法には、生物の進化にはない利点がある。それはコンピュータのアルゴリズムであるため、その細部までコントロールすることができる点だ。対照的に、生物の進化では、利益を最大化するように外から力を加えて操作することはできない。例えば、集団の大きさは、気候や餌の量、競合者などさまざまな環境要因の影響を受けるが、疑似アニーリング法の鍵となる温度は、コンピュータアルゴリズムで正確にコントロールできる。そのため、疑似アニーリングなどのアルゴリズムは、自然よりも優れた解を導き出すこともできる。

これを進化に応用できないだろうか？　コンピュータの中でシミュレートすることで、進化を制御することはできないだろうか？　これは、それほど的外れではない。ダーウィン進化は、それ自体が、突然変異と自然選択が繰り返す、一種のアルゴリズムだからだ。この進化のアルゴリズムが変換するのはビットやバイトではなく、生きものだが、疑似ＤＮＡ、疑似表現型、疑似生物に置き換えることができるだろう。そしてこのようなシミュレーションでは、突然変異が起こる頻度や、最良の変異体をどれだけ厳密に選択するか、性や遺伝物質の交換を認めるかどうかなど、細部に至るまでコントロールできる。このようなコントロールができると、アルゴリズムの問題解決能力も向上する。さらに言えば、技術者は、アルゴリズムを修正するだけでなく、自分たちが関心のある問題、つまりトラック配送問題のように自然界にはない問題にもアルゴリズムを利用することができる。

進化のアルゴリズムを私たちの便益のために利用するという夢は今に始まったことではない。少なくともコンピュータ科学のパイオニア、アラン・チューリングにまで遡る。チューリングは１９５０年に発表した「計算機と知性」と題する論文で、単に考えるだけでなく、学習する機械を構想し、ＤＮＡの突然変異のような「ランダムな因子」が役立つだろうと論じた。[12]

チューリングの構想は、１９６０、１９７０年代、進化をシミュレートすることができるまでコンピュータの性能が高まってようやく実現した。進化計算学と呼ばれる新しい研究分野が現れたのはその頃である。その先駆者のひとりが、ミシガン大学計算工学の教授ジョン・ホランドである。陽気で明るい性格のホランドは、科学する喜びを全身にみなぎらせている人物だった。新しいアイデアに対する熱意を振りまきつつ、既成のドグマに対して軽蔑を隠さなかった。１９７０年代、彼は進化計算学の先駆者となり、進化を模倣したコンピュータアルゴリズムの一種（遺伝的アルゴリズムと呼ばれる）を開発した。今でも進化計算学の分野で最も強力なアルゴリズムのひとつである。[13] 彼の功績や他の研究によって、進化計算学は今日では何千人もの研究者を擁する新たな分野へと発展した。自然の用いるアルゴリズムの改良をめざし、そして実際に改良し続けてきた。

疑似アニーリング法では、1つの玉が解の地形図を転がる問題を解いたが、遺伝的アルゴリズムでは複数の玉、つまり玉の集団の問題を解く。この玉の集団の各メンバーは、図6・1(a)のような「染色体」という文字列をもち、DNAが適応度の高い生物、あるいは低い生物をコードするように、解の良し悪しをコードする。各文字列は、例えば、運送経路探索で2つの配送先を入れ替えるような「変異」で、新しい文字列に変化することができる。その後、集団の中から最良の解を選び出し、新しく改良された集団になる。まさに生物の進化のように突然変異と選択を繰り返す。

遺伝的アルゴリズムは、生物進化の原則に従っているため、自然選択の融通の利かない性質という同じハードルに直面する。ボルネオ島のジャングルにおける自然選択と同じように、シリコンチップの中の選択は、起伏のある地形図の中で最も適応的なピークや最も低コストの谷を見つける助けにはならない。選択は近視眼的である。不完全な解決策は許さない。たとえ最終的に成功するために不可欠であっても、失敗を決して許さない。

幸いなことに、生物の進化と同様、遺伝的浮動がこの問題を解決してくれる。遺伝的アルゴリズムでは、10個体から数千個体の集団を進化させる。集団がこれ以上大きくなると、メモリが足りなくなり、時間もかかる。[14] これは、数十億の個体からなる微生物の集団よりは、大型の動植物の集団の大きさに近い。そのため、遺伝的浮動が自然選択の上向きの力をしのぐほど大きくなる。言い換えれば、遺伝的アルゴリズムは、コンピュータの性能に起因する集団サイズの小ささのおかげで、自然選択の上向きの罠から解放されている。

遺伝的アルゴリズムは性もシミュレートできる。集団内で「交配」し「子」をもうける。性を通して、生物個体間で染色体を混ぜ合わせるように、疑似染色体を交換する。[15] この人工的な遺伝物質の交換は、解の地形図での瞬間移動を可能にし、小さなステップでは到底到達できないような新しい解の探索が可能になる。生物の進化において性が壮大な成功物語を紡いでいるように、遺伝的アルゴリズムでも遺伝物質の交換の重要性が認識されており、染色体変化のうち、90％を遺伝物質の交換が引き起こし、突然変異は残りの10％だけ引き起こすようなアルゴリズムも書かれている。[16]

遺伝的アルゴリズムと疑似アニーリング法は、問題解決アルゴリズムという大きな動物園の中の2匹の動物にすぎない。この動物園には、他にも分枝限定法、線形計画法、タブーサーチなど、エキゾチックな名前の動物がたくさんいる。巡回セールスマン問題のような古くからある、重要で困難な問題に取り組み、数学的構造に関する深い知識を蓄積してきた研究者がさまざまなアルゴリズムを生み出してきた。このようにして、解の地形図での近道が見つけ出され、さらなる近道を見つけることに秀でたアルゴリズムが設計され続けている。そしてこれらのアルゴリズムは、最短経路を求めるような難しい問題でも、すばらしい性能を発揮する。[17]

例えば、世界の666か所の観光地を結ぶ 10^{1500} 以上の経路の中から、最短経路の解が1987年に発見された。さらに10年にわたるアルゴリズム設計と計算能力の向上を経て、1998年、ライス大学の研究者たちは、米国内の13509の市町村を結ぶ最短経路を発見した。

サンタクロースならきっと、190万の既知の全人類居住地間の最短経路を見つける問題には興味津々だろう。この問題はまだ未解決であるが、これまでに最短に近い経路として750万キロメートルの経路が発見されている。この経路は未知の最短経路よりも最大でも0・5％長いだけであることが数学的に証明されている。もしサンタがトラック運送会社を経営していて、利益率を計算しなければならないとしても、これなら大丈夫だろう[18]。

これらは、コンピュータ科学者が、最先端のアルゴリズムを、膨大な計算能力をもつコンピュータ上で走らせて実現できたことだ。彼らは時に、途方もなく複雑な問題であっても最良の解決策を見つける。それができないとすると、最先端アルゴリズムと高性能コンピュータでさえ、解の地形図の複雑さにはかなわないということだ。例えば、疑似アニーリング法は、どのような地形図においても、最終的には最も深い谷を見つけることが保証されているにもかかわらず、問題によっては、最も深い谷を見つけるのに何千年もかかるようにゆっくりとした冷却を必要とする。

最先端のアルゴリズムのほとんどは、解の地形図が十分に研究され輪郭がぼんやりと見えるような問題のためにつくられている。しかし、エンジニアが日々直面するのは、エンジンの排ガス量を減らすにはどうすればよいか、ソーラーパネルの効率を上げるにはどうすればよいか、薬の副作用を減らすにはどうすればよいか、といった、解の地形図が暗闇の中にあるような、他との比較が難しい問題である。このような状況では、私たちは盲目で、アルゴリズムによって手探りで解の地形図を探索する必要がある。このような場面こそ、遺伝的アルゴリズムの出番である。ちょうど生物の進化が、手探りの突然変異と自然選択によって適応度地形を探索するように、解の地形図を探索する。盲目であることが致命的に思えるなら、生物の進化が創造してきた驚異に思いをはせてほしい。

アルゴリズムが今日までに成し遂げた偉業には目を見張るものがあるが、その成果として、最短の配送経路、病院の最適な人員配置、最適な送電網を見ると、必ずしも創造的とは呼べないかもしれない。何が足りないのだろう。遺伝的アルゴリズムを別の角度から見てみることにしよう。アルゴリズムも、生物の進化がセコイアの木やシロナガスクジラのような壮大な生物を生み出したのと同じ過程を踏んでいることは見てきたとおりである。これらの種の誕生を創造的なプロセスの結果とみなすことに何の問題もない。そうだとすると、違いは何だろう？　どう生み出されたのか、が問題ではないはずだ。生物の進化とシミュレートされた進化の間に、どう生み出されたか、に違いはない。そうすると、違いは、何が生み出されたのか、にあるはずだ。つまり、違いは染色体と、それがコードするものの中にある。

ほとんどの遺伝的アルゴリズムの染色体が、配送先を訪問する順番のような抽象的な概念を表す数字の文字列であるのに対し、実際の染色体のＤＮＡは、小さなタンパク質から巨大な恐竜まで、現実世界に存在するものをコードする分子の文字列である。新しい食物を消化するタンパク質、新しい匂いを感知するタンパク質、新しい抗生物質を無力化するタンパク質を生み出すとき、少し速く走るガゼル、少し高く飛ぶ鳥、少し深く潜る魚が進化の過程で生まれるとき、必ず膨大な組合せの最適化問題を解いている。変化する要素は、常に変わらずＤＮＡの４文字である。それらを常に新しい方法で組み合わせ、適応度地形を探し回ってピークを見つける。

メッセージは明確だ。真の創造のためには、正しい積み木（構成要素）で作品をつくることだ。[19]

この原理を最初に理解し、実行に移したのは、遺伝的アルゴリズムのパイオニアであるジョン・ホランドの元博士課程の学生、ジョン・コザである。１９９０年代から、コザは共同研究者とともに、抵抗やコンデンサといった電子回路の構成要素と、その配線をコード化した遺伝的アルゴリズムを開発した。[20]このアルゴリズムを使って、単に新しい回路というだけでなく、法的に厳密な意味での創造性をもつ回路を生み出した。この基準は、心理学者が創造性を定義する方法（問題に対する独創的な解決策）とさほど変わらないが、特許に値するという意味での「独創性」を明確に定義している点が異なる。すべての発明はなんらかの問題を解決するが、特許を取得できるのは最も独創的なものだけである。米国特許法では、その分野において通常の技術を有する者にとって自明でなければ、その発明は特許を受けるに値すると述べられている。コザは、遺伝的アルゴリズムを使って、この基準を満たす電子回路を開発した。

コザは、数年の間に、このアルゴリズムを使って、低周波音をサウンドシステムのサブウーファーに送るローパスフィルターなど、10以上の回路の配線図を作成した。このような回路は、コザの研究より何年も前にエンジニアによって開発され、AT&Tやベル研究所などの企業によって特許が取得されていた。しかし、この発明には意味がある。アルゴリズムは創造的でありうるし、その作品は人間の創造物に匹敵しうることを示したのだ。

２００５年、コザのチームはアルゴリズムを使って、クルーズコントロール時に車の速度を一定に保つ新しいタイプのコントローラーを開発した。このコントローラーは非常に革新的で、チームは特許を取得した。

これは、機械による最初の特許発明である[21]（訳注：日本においては、機械による発明は認められていない。2024年5月16日東京地裁判決）。

進化アルゴリズムの潜在的な創造力は、これだけにとどまらない。太陽電池の表面構造をコードした染色体を用いれば、遺伝的アルゴリズムによって、光を捕捉し、太陽電池の効率を向上させる表面構造を進化させることができる。この集光問題では、多くの最適でない表面構造（浅い谷）が存在し、これらの劣った解を飛び越えるためには、遺伝物質の交換のようなメカニズムが必要となる[22]。

望遠鏡や双眼鏡の複雑なレンズシステムをコードする染色体であれば、遺伝的アルゴリズムは、人間の設計者が特許を取得したものより優れた広視野のレンズを進化させることができる[23]。アンテナの部品をコードした染色体を用いて遺伝的アルゴリズムで開発されたアンテナが、2006年にNASAの宇宙空間でのミッションに採用され、人工衛星に搭載されている。このアンテナは、人間によって設計されたのではなく、アルゴリズムによって開発され、宇宙空間で利用された、初の機器という栄誉に輝いた[24]。

工学で起こったことが、科学の分野でも起こっている。ニュートンやガリレオが賞賛されるのは、惑星の運行や振り子運動など物理現象の観察から、数学的法則を導き出したからだ。それと同じことが、進化を模倣したアルゴリズムでもできるのだ。2009年の研究で、コーネル大学の科学者たちは、1つのおもりがつり下げられた単純な振り子、あるいは2つのおもりが2か所でつり下げられた複雑な二重振り子の運動方程式を発見できるアルゴリズムを開発した。このアルゴリズムに必要なのは、振り子の運動に関するデータと、解の構成要素だけである。この構成要素とは、変数と数学関数である。言い換えれば、このようなアルゴリズムでは、トランジスタやレンズや回路の配線を操作するのではなく、データを完全に記述する関数の組合せを見つけるまで、関数を変異させ、組み合わせ直すのである。[25]

このような実績を考えると、遺伝的アルゴリズムが「箱の中のトーマス・エジソン」と呼ばれても驚かないだろう。[26]「箱の中のガリレオ」でもよいかもしれない。創造マシンの時代が到来したことは明らかだ。

このような考えに反発する人も多い。地球が宇宙の中心ではないこと、私たちヒトはチンパンジーと共通の祖先をもつこと、ヒトは鏡に映った自分を認識できる唯一の動物ではないこと、これらと同じくらい嬉しくない真実なのかもしれない。このような発見は、コペルニクス革命以来、何世紀にもわたって私たちの自尊心を傷つけてきた。しかし、好むと好まざるとにかかわらず、創造性は私たち人間の専売特許ではないという真実を受け入れなくてはならない。

以下の話題で、そのような傷を少しでも癒やせるだろうか。マシンという言葉からは、蒸気機関、自動織機、クロノメーターなどバネ、ロッド、ベアリング、チェーン、ギアでできた18世紀の過ぎ去った時代の装置を連想してしまう。しかし、創造マシンはこのようなものではない。まったく違う。アルゴリズムもまったく違う。アルゴリズムは、機械であるシェフが忠実に従うレシピに例えられることもあるが、そのようなアルゴリズムからは、決して新しいものは生み出されない。そのようなアルゴリズムであれば、出てくるものはいつも同じ料理だ。疑似アニーリング法のようなアルゴリズムは、確率的な要素を含むという意味でも、一般のレシピとは異なる。ランダム性がアルゴリズムの肝である。それは、生物の進化で、DNAの突然変異や組換え、遺伝物質の交換がゲノムのランダムな部位で起こり、そのようなランダムな変化が進化の道筋を変えることと同じである。したがって、創造マシンが生み出すものは、生物の進化の産物、あるいは人間の芸術作品と同じように、予測不可能で、だからこそ独創的でユニークなものになりうるのである[27]。

コンピュータによる芸術というと、技術の発展よりも、もっと不快かもしれない。偉大な芸術の独創性は、アルゴリズムによる地形図の探索という概念とは相容れないと感じられるかもしれない。しかし、私たちが出合った地形図が、雪の結晶のようなユニークな創造物をたくさん生み出す広大な空間であったことを思い出すと、違和感は薄れるだろうか。そのような地形図を巡るアルゴリズムの旅は予測不可能であるため、そんな唯一無二の創造との出合いもある。

京都の龍安寺にある印象的な芸術作品に関する問題は、芸術めかしたアルゴリズムが解いた問題の一例である。この寺には有名な石庭があり、それは砂利の上に15個の石が配置されたシンプルな庭である。この石庭は、不思議な調和と静寂の雰囲気を醸し出している。ユネスコの世界遺産に登録され、毎年何千人もの観光客が訪れる。残念なことに、どのようにしてこの雰囲気が生み出されているのか、設計者はどのような意図をもって石を配置したのかまったくわからない。この庭は約500年前につくられたものであり、記録も残っていない。しかし、認知科学者のゲルト・ファン・トンダーは2人の共同研究者とともに、数学的な方法でそのデザインを分析し、驚くほど単純なパターンを発見した。石庭を見渡せる寺院の廊下からは、石の配置に、枝分かれするフラクタルパターンを見ることができた。これは、人間がある種の魅力を感じるパターンである。おそらくアフリカのサバンナに進化のルーツをもつことに起因している（訳注：サバンナで目にしてきた植物などの形にフラタクルパターンを見出し、それに対して魅力を感じる性質バイオフィリアが適応的であったと考える研究者もいる）。[28] つまり、石庭の魅力は、自然界に遍在するモチーフの抽象的なイメージに基づいているのだ。意図的かどうかは別として、このイメージを庭園の岩の配置に埋め込むことで、静謐な雰囲気がつくり出されているようだ。[29]

芸術作品の魅力を理解することと、それを創造することは別のことだ。そして、芸術の創造という点でもアルゴリズムは大きな進歩を遂げている。そして、最も目覚ましい成果が、作曲という分野で起こっている。音楽が、創造的なアルゴリズムにとって理想的な構成要素から成り立つものであると考えると、不思議なことではない。

作曲の基本的な構成要素はモチーフである。モチーフはメロディの断片であり、作曲家や即興演奏家が何世紀も前から分類してきた方法で変化させることができる。作曲家は、モチーフを遅くすることで「拡大」させたり、速くすることで「縮小」させたり、反転させたり、音を並べ替えたり、逆に演奏させたり、新しい調に転調させたりする。このような「変異」したモチーフがランダムに組み合わされ、斬新な楽曲になることは、18世紀にはすでに知られており、音楽サイコロゲーム（ドイツ語で Musikalische Würfelspiele と呼ばれる）がヨーロッパで人気となった。このゲームでは、サイコロを振り、カードを引いて、曲集から短いメロディを選び、それをつなげてワルツ、ポロネーズ、メヌエットを作曲する。モーツァルトのものが有名である。

コンピュータの時代、この伝統がさらなる高みへと上った。[30] アルゴリズムを使って作曲する人工知能研究の一派が誕生した。そのパイオニアのひとりが米国の優れた作曲家デイヴィッド・コープである。１９８０年代まだ若い彼の作品が批評家に賞賛され、カーネギーホールでも演奏されたほどであった。しかしあるとき、彼はオペラの作曲を依頼されたにもかかわらず、何か月も曲を書くことができないという経験をした。家族を養うために作曲をしなくてはならないが、それができないと絶望した彼は、コンピュータの力を借りることを考え始めた。そして、彼が、音楽的知性の実験（Experiments in Musical Intelligence）、より親しみを込めて「エミー（Emmy）」と呼ぶプログラムを書き上げた[31]。

エミー（コープは彼女と呼ぶ）は作曲家の作品を与えられると、その作品を分析し、作曲家のスタイルの特徴的な要素を見つけた。そして、構成要素を変化（突然変異）させ、新しい組合せをつくり出す。その結果、バッハ、マーラー、ヴィヴァルディのスタイルを模した斬新な作品が生まれた。しかも、驚くほどのスピードで生み出された。コープ自身の言葉を借りれば、「ボタンを押すと、何百、何千ものソナタが生まれてくる[32]」。

私たちがひとりの作曲家の作品を大切にするのは、その作品数が限られているからでもある。作曲家の生涯は限られている。コープは、エミーの無限の創造性が、逆にひとつの曲の価値を下げることに気づいた。そして、彼はエミーに死を告げた。数年後、彼は彼女のデジタル頭脳を破棄したが、それまでに１０００曲以上彼女の曲を出版した[33]。ＣＤに収録されたものもあれば、YouTube のようなインターネットで鑑賞できるものもある。彼女の曲を、魂がないと嘲笑する人もいるが、深く琴線に触れるという人もいる。しかし、事前に知らされない限り、機械がつくったものだと気づく人はほとんどいない。エミーの作品は、人工知能と人の知能を見分けるアラン・チューリングの有名なテストの音楽版ともなりうる。1950年代の元祖チューリングテストは、人、人工知能、審査員の三者で行われる。審査員が、残りの二者に質問を投げかけるが、その姿を見ることはできない。そのため、審査員はそれぞれの答えが人によるものなのか人工知能によるものなのかを推測する必要がある。もし審査員が間違えば、人工知能が人になりすませたということで、人工知能はテストに合格したことになる。

オレゴン大学で、エミーが作曲したバッハ風の曲で同様のテストが行われた。審査員である聴衆は、エミーが作曲した曲、バッハが作曲した曲、そして現代の作曲家が作曲したバッハ風の曲を聴いた。演奏は、プロのピアニストが行った。そして、聴衆は、見事に間違えた。聴衆は、エミーが作曲したのはバッハの作品であり、もうひとりの作曲家によるものをコンピュータが書いたものだと答えた[34]。エミーは、チューリングテストをパスしたのだ。

それにもかかわらず、一部の批評家はエミーの作曲を鼻で笑い、「模倣」と呼ぶ批評家もいる。そのような批評家に対してコープはこう言う。「すべての作曲家は、自作を含め他の音楽を参照し取り込んでいる。モーツァルトの交響曲の中に、ハイドンの音節を参照し改変を加えたような箇所を見つけることができる。それでもこの2人の作曲家への尊敬は損なわれない[35]。」コープは作曲を「インスピレーションを受けた盗作」とみなしており、彼がエミーの作曲を「組替え音楽」と呼ぶのは、その独創性を矮小化するためではない[36]。むしろ、作曲家は、必ずしもゼロから創作するのではないということを含意している。すでにあったものを、再利用し、変形し、組み合わせる。自然と同じことをしているのだ。

突然変異と組替えがエミーの創造にひと役買っているが、彼女は遺伝的アルゴリズムを実行したわけではない。突然変異と選択を世代ごとに繰り返すことで、曲をつくったわけではない。だが、そうやって作曲するアルゴリズムもある。そのひとつがMelomics（メロミクス）で、その名前は「メロディー」と「ゲノミクス」に由来する。2012年、メロミクスによって作曲された曲がロンドン交響楽団の一流のプロの音楽家たちによって演奏され、録音された。この曲について、芸術的で、楽しく、表現力豊かなものだと評する人もいる。しかし、多くの現代音楽に対してと同様、異なる意見をもつ人もいる。[37]

アルゴリズムは、ジャズのようなジャンルでも創造を行う。Continuator（コンティニュエーター）と呼ばれるアルゴリズムは、パリのソニー・コンピュータサイエンス研究所のフランソワ・パシェによるものだ。コンティニュエーターは、人間の即興演奏を「聴き」、それを学習して同じスタイルで即興演奏する。パシェは、この即興演奏を、チューリングテストにかけた。プロのジャズ・ピアニスト、アルベール・ファン・ヴィーネンダールにもピアノで即興演奏をしてもらった。パシェは2人の音楽評論家に審査員を依頼し、その即興演奏がファン・ヴィーネンダールのものなのか、コンティニュエーターのものなのかを判定させた。しかし、彼らは判定できなかった。[38]

次も、もうひとつのチューリングテストの例である。

野球チームのフリオナは月曜日、フリオナでボーイズ・ランチと対戦し、7安打8得点しながら5回10－8と敗れた。フリオナでは、ハンター・サンドレが大活躍し、ボーイズ・ランチ投手陣を相手に2打数2安打を記録した。サンドレは3回にシングルヒットを放ち、4回には三塁打を放った。フリオナは盗塁も重ね、全部で8盗塁を記録した。[39]

この記事はリトルリーグの野球の試合を要約したものである。リトルリーグはあまり報道されないが、特筆すべきは、この記事がコンピュータによって書かれたものだということだ。シカゴに本社を置くNarrative Science社の製品である。この会社は、報道機関の発注を受けると、スポーツイベント、企業業績、不動産取引に関する記事を、入手可能なデータからアルゴリズムを使って即座に作成する。ジャーナリストが職を失うことを懸念し、発注元の多くは匿名にしたがっているが、フォーブス誌やAP通信のような有名な出版社も含まれており、同社は四半期あたり3000の財務レポートを作成するためにこのアルゴリズムを使っている。[40] あなたが読んでいる雑誌も、オンラインか印刷物かを問わず、人工記事が含まれている可能性が高い。[41] そして、2014年の研究によると、その区別が付けられないというのだ。[42]

コンピュータは、人間の創造性のさまざまな領域を侵し始めている。まだベートーヴェンやベケット、ピカソのようなものは生み出していないが、その作品は、興味深いというレベル以上のものである。聴衆を魅了し、Narrative Science社やJukedeck社（映像のサウンドトラック用にオンデマンドでアルゴリズム音楽を販売する英国の新興企業）のように商業化も進んでいる。[43] それ以上に、人工知能の研究が進めば、その創造性は、私たちが考えるよりも速いスピードで改良されるだろう。コンピュータのチェスがどれほど爆発的な速さで強くなったかを思い出してほしい。ゲーリー・カスパロフのような世界チャンピオンを打ち負かすまでに、開発が始まって50年もかかっていない。

創造的なアルゴリズムが、ある領域で人間のパフォーマンスを超えるまでにどれほどの時間がかかるかはともかく、すでに2つの重要な教訓を私たちに教えてくれている。1つ目は、創造的な作品を生み出すには、適切な構成要素が不可欠だということだ。エレクトロニクスや音楽のような分野では、構成要素は明らかであるが、視覚芸術のような領域ではあまり明らかではない。2つ目の教訓は、創造性を発揮するには、進化の適応度地形や、運送経路のコスト地形、バッキーボールのエネルギー地形のような複雑な地形を征服する必要があるということだ。このような地形では、近くの丘や浅い谷に引き込まれないようにしなければ、創造性が発揮できない。低い丘や浅い谷は、独創的で優れたものへと向かう道の途中にある死の罠なのだ。

宇宙は、生命が誕生する以前から、太陽光によるバッキーボールや空から舞い降りた雪の結晶を創造する過程で、このような罠をうまく避けてきた。熱の振動のおかげである。生命は、遺伝的浮動や遺伝物質の交換といった独自のトリックを加え、コンピュータ科学者はさらに他のトリックを加えて、創造の地形図の中で最高点のピーク、安定な深い谷を見つけてきた。

私たちの脳の書物に比べると、自然の書物は、まだ読みやすい。私たちの心が探索する地形図を描くには、脳や心の書物を解読する必要がある。しかし、人間の心の創造性にとっても、他の創造性と同様、地形図が中心的な問題であることは間違いない。なぜなら、創造性とは困難な問題を解決することであり、20世紀のコンピュータ科学は、問題の難しさの核心は解の地形図にあることを示しているからだ。私たちの心の地形図にも、中途半端な物語、陳腐な詩、お粗末な作曲など多くの山や谷があるはずだ。誰もが、トルストイのような文章を書いたり、モーツァルトのような作曲をしたりできるわけではない。人間の心がいかにして凡庸さの罠を回避しているかを探る前に、ダーウィンの進化と心の創造的プロセスが、想像以上に似ていることを見ていくことにしよう。

第7章 心の中のダーウィン

第7章　心の中のダーウィン

1937年4月26日、バスク地方の小さな町ゲルニカは、月曜市に集まった人であふれ返っていた。それから3時間後、40トンの爆弾と数千発の機関銃の弾丸で、何百人もの非武装の村人が亡くなった。ゲルニカの恐怖を言葉で表現するのは難しいかもしれないが、芸術ならできるかもしれない。人間の苦悩を表現することができた絵画があるとすれば、それはパブロ・ピカソが1937年のパリ万博のために描いた《ゲルニカ》だろう。亡くなった子を抱いて慟哭する女性、折れた剣をもつ落伍した戦士、炎に包まれ怯える人、脇腹に傷を負い悲鳴をあげる馬が、傷ついた体とともに描かれている。《ゲルニカ》は、苦悩と苦痛を訴えている。[1]

《ゲルニカ》は戦争の悲惨さだけでなく、創造的な精神についても多くのことを明らかにしている。ピカソはこの絵のために45種類のスケッチを描き、それらに日付と番号を振っている。これらのスケッチの中には、人物、動物、身体の部位をさまざまな配置で描いたものもあれば、亡くなった子どもを連れた母親、死んだ兵士の首、そして胴体を食いちぎられた馬を描いたものなどもある。スケッチの中には、完成した《ゲルニカ》の中に見つけられるものもあるが、ほとんどわからないほど改変されたもの、まったく使われなかったものも含まれている。さらに、ピカソの恋人ドラ・マールは、この絵の制作の工程を写真に収めている。[2]

これらのスケッチや写真は創造性を研究する人々にとって貴重な資料となる。心理学者のディーン・サイモントンは、このスケッチを使って人間の創造性の本質を研究し、人間の創造性は、人間の心の中で繰り広げられるダーウィン進化の小宇宙だと考えた[3]。

このような考えは決して新しいものではない。実際、ピカソの絵よりもずっと古く、もしかするとダーウィンの『種の起源』よりも前まで遡るかもしれない。ダーウィンが『種の起源』を著す4年前の1855年、スコットランドの心理学者で哲学者のアレクサンダー・ベインは、試行錯誤が創造性にとって重要であると唱えていた[4]。ベインから時が下って25年、哲学者であり心理学者でもあったウィリアム・ジェームスは創造の過程についてこう述べている。「アイデアが沸騰する大鍋がある、その中では、すべてが漂い、現れては消える、つながっては離れる、ルールなんてない、予測不能、それだけがルールである。」彼は言う、「発見の才能とは、ランダムに心に現れてくる考えや思いつきの数のことを指す[5]。」

しかし、創造性がダーウィンの進化に似ているという考え方が本格的に支持されるようになったのは、1960年に心理学者のドナルド・キャンベルが論文を発表して以降のことで、そこでは盲目的変異と選択的保持（blind variation and selective retention しばしばBVSRと略される）という用語が紹介されている[6]。突然変異が盲目的に遺伝的な多様性を生み出すように、人間も多様な画像、文章、概念、アイデアを盲目的に生み出している。そして、自然選択が一部の生物を残し、残りを淘汰するように、私たちも好ましい、有用だ、あるいは単に適切である、という理由で選んだアイデアを残すのである。同じくピカソも戦争の悲惨さを伝えるためにをアイデア選んだ。創造性がダーウィン進化のような過程をたどるとすると、ダーウィン的進化と同じ問題を抱えることになる。近視眼的な選択だけでは、創造性は花開かない。

❄　❄　❄

ダーウィン的創造性にとって選択が重要であることは間違いない。良いアイデアを選び、悪いアイデアを排除する必要がある。それに対して、盲目的変異の部分はどうだろう。私たちは、新しい思考、概念、アイデア（役に立つか立たないかは別として）がどのようにして生まれてくるのかきちんと理解していない。ダーウィンも、生物の変異がどのようにして生まれるかを理解していなかった。しかし、この比較は誤解を招く可能性もある。DNAについて何も知らなかったダーウィンとは異なり、私たちは新しい思考の究極的な基盤については知っている。それは脳のニューロンの発火である。ニューロンの発火率はランダムかつ自発的に変動する。ニューロンは時にランダムに神経伝達物質を放出し、近くにある他のニューロンを興奮させ、発火させる。究極的には、このようなランダムな発火は、分子や原子の振動、すなわち熱によって引き起こされる。タンパク質の折りたたみ構造や化学反応の触媒、結晶の自己組織化をもたらしていた熱である。

世界の神経科学を牽引するスタニスラス・ドゥアンヌは、このプロセスを次のように説明している。

> 自発的な活動という概念の背景に、何も不思議なものはない。興奮性は神経細胞の自然で物理的な性質である。……（神経活動の）ゆらぎの多くは、神経伝達物質の小胞がランダムに

放出されることによるものだ。……このランダム性は熱ノイズから生じる。……最初は局所的なノイズとして始まったものが、構造化された雪崩のような自発的活動になり、これが脳裏に現れる思考や指向となる。意識の流れ、私たちの頭の中に絶えず浮かび上がり、私たちの精神生活を構成している言葉やイメージの究極の起源が、私たちの生涯をかけた成熟と教育によって築かれる何兆ものシナプスが造形するランダムな発火の中にあると考えると、身が引き締まる思いがする。[7]

新しい考えがどんなランダム性に起因して生じるかについてはわかった。まだわからないのは、ニューロン（1個であれ1兆個であれ）の発火が、どのようにして新しい考えに結びつくのかということである。DNAの突然変異を研究している生物学者が、未だに同じような問題と格闘していると考えると、おそらく神経科学者も安心するだろう。新しい毛色をもつマウスや、異常な翅をもつハエ、大きな葉をもつ植物について、遺伝学者は、どのようなDNAの変化がこうした新しい表現型に結びつくか、何年もかけて明らかにした。1つの遺伝子が何百、何千もの他の遺伝子と関わりながら機能しているため、表現型の変化と遺伝子の機能の変化とを結びつけることは未だに容易ではない。同様に、ニューロンがどのように意識的思考を生み出すかを解明することも決して容易なことではない。

もうひとつ、ある誤解によって、創造性がダーウィン的な過程で生まれるという考えを拒んでいる。盲目的あるいはランダムな変異は、しばしばゼロからの創造を意味すると受け取られる。しかし、それは正しくない。生物の進化も、すでに存在するDNAに変更を加えて起こっている。魚類のDNA

を変異させれば、鳥類でも爬虫類でも恐竜でもなく、別の種の魚類ができる。[8]（ダーウィンはＤＮＡのことは知らなかったが、「変化を伴う由来 descent with modification」という言葉を使って、この原理の本質を表現した。）

生物の進化と同じように、私たちの頭の中においても、盲目的な変化は、ゼロからの創造を意味しない。創造的な心は、表現しようとするものと無関係な恣意的なイメージをつくり出すものではない。《ゲルニカ》を制作しているとき、ピカソは言葉にできないものを表現するために、遊んでいる子どもや、咲き乱れる花、昇る太陽を思い浮かべたわけではない。また、彼のスケッチは、過去の作品とまったく無関係だったわけでもない。例えば、馬は《ゲルニカ》だけでなく、ピカソの絵画には頻繁に登場しており、亡くなった子を抱く女性はフランシスコ・デ・ゴヤの《戦争の惨禍》とも似ている。つまり、絵画や小説、あるいは理論の大作となるものを生み出すには、多様かつ適切な素材を生み出すための訓練と経験が必要なのである。ピカソの頭の中には、《ゲルニカ》を創作するまでに膨大なイメージが蓄積されていた。そうでなければ、《ゲルニカ》のような力強い絵画は生まれなかった。同様に、物理学者ポール・ディラックも物理学と数学に精通していなければ、反物質の存在を予言することはできなかった。ドストエフスキーは多くの複雑な物語に耽溺しなければ、『カラマーゾフの兄弟』のような傑作を生み出すことはできなかった。ベートーヴェンは交響曲を作曲する前に、無数の音楽的フレーズを吸収する必要があった。

同じように、盲目的に生まれる多様性も、過去の経験の上に成り立っているため、ポール・ディラックといえども、ベートーヴェンの交響曲第９番は無理であるし、ドストエフスキーがワクチンを発見することもできなかったであろう。ルイ・パスツールの有名な言葉である「チャンスは準備された心に訪れる」は、科学的発見にとどまらない。心を準備するには、生涯を通じての学習と経験が必要だ。このような経験によって、新しい思考、イメージ、メロディが自発的に生み出されてくる神経回路ができあがる。突然変異がどのようなものを創造するかが、現状のＤＮＡによって決まっているのと同じである。

つまり、クリエイターのアイデアも、過去に対しては盲目ではない。未来という別のものに対して盲目なのだ。これは、生物の進化も同じである。自然が、突然変異によってどのような生物が生じるか予見できないように、ピカソも、それぞれのスケッチが最終的な作品にどう生かされるかは予見できなかったであろう。[9] ピカソに千里眼があったなら、《ゲルニカ》を一挙に創り上げることができただろうし、スケッチも必要なかったであろう。戦士の振り上げた拳が描かれる必要もなかっただろう。振り上げた拳は、制作の初期段階では登場するが、修正され、後に消されている。また、雄牛の角をもつ男の頭を描いた19番のスケッチ、人間の頭をもつ雄牛を描いた22番のスケッチも、描く必要はなかっただろう。どちらも最終的な絵には取り入れられていない。[10]

他のクリエイターたちも、決して先見の明があるわけではない。ニューメキシコ大学の心理学者ヴェラ・シュタイナー=ジョーンズは、画家のディエゴ・リベラ、化学者のキュリー夫人、作曲家のアーロン・コープランドなど１００人以上の著名なクリエイターの人生の中から、同じような盲目の試行錯誤を読み取っている。彼らの心には新しいアイデアがほとばしっており、その中から残すべきものを残している。[11]

クリエイターの多くは、良いアイデアとそうでないものの区別を明確につける。フランスの詩人でありエッセイストであったポール・ヴァレリーはこう言っている。「発明には2人が必要だ。一方が組合せをつくり、他方が選択する。」英国の詩人であり劇作家であるジョン・ドライデンは、生まれたばかりの戯曲を「暗闇でうごめく混乱した思考の塊のようなもの、空想がまだ動き出したばかり、眠ったイメージを光の下にさらし、峻別し、選択するか捨てるかを判断する」と華麗に表現した。物理学者マイケル・ファラデーは、自分のアイデアの多くは「自身の厳しい批判によって、沈黙と秘密のうちに押しつぶされた」と言い、「最も成功した場合でも、示唆、希望、願い、仮の結論の10分の1も最終的には残っていない」と語った。化学者のライナス・ポーリングはもっと簡潔に、成功する科学者は「たくさんのアイデアを生み出し、悪いものを捨てなければならない」と述べた。[12] 光学スキャナや防犯錠など、さまざまな装置の発明者であり、全米発明家殿堂のメンバーでもあるジェイコブ・ラビノーは、「自分の考えを捨てる能力がなければならない。良いアイデアだけを考えるなんてことはできない。……もしあなたが優秀なら、口に出さずに捨てることができるはずだ。つまり、多くのアイデアを生み出し、それを捨てるのだ。」また、広く使われているプログラミング言語FORTRANの開発に貢献したコンピュータ科学者ジョン・バッカスは、仕事を成功させるためには「常に失敗する意欲が必要だ。多くのアイデアを生み出し、懸命に働いて、それがうまくいかないことを確かめるのだ。そして、うまくいくものを見つけるまで、それを何度も繰り返すのだ[13]」。

このような証言は、創造性のダーウィン的性質を示す証拠のほんの一部にすぎない。多くの科学的発見の背景に、セレンディピティ（偶然の産物）があることも、そのような証拠となるだろう。デュポン社の化学者ロイ・プランケットは、新しい冷媒ガスをつくろうとして偶然テフロンを発見した。英国の発明家トーマス・ニューコメンは、エンジンの外壁の継ぎ目が壊れて、誤って冷水をエンジンのシリンダーに注入したときに大気圧蒸気機関を思いついた。ルイ・パスツールは、ニワトリコレラの腐敗した培養液がニワトリの免疫になることを発見し、ワクチン接種の重要な原理を発見した。[14]（このような創造的な偶然性は、私たちが人間の才能を過大評価しがちであることも教えてくれる。）

歴史に刻まれたこのような成功は、多くの失敗の積み重ねの上に成り立っている。クリエイターの功績を後世に伝える出版物の中にも、このような失敗とその数の多さを垣間見ることができる。創造性のダーウィン的性質を、出版物がどれだけ引用されているかという点から読み取ってみよう。出版物は、一般に他の出版物を引用するごとに、その出版物から知的恩恵を受けることになる。つまり、引用される回数が多くなるほど、作品の影響力が大きいといえる。このような理由から、引用数によって1つの出版物の影響力を定量化できるだけでなく、作品全体、そしてクリエイターの影響力まで定量化することができる。学術委員会や政府委員会が助成金や賞、職位を授与する際に、引用数が影響力を示す指標として使われるのもこのためである。[15]

一方には、何千という単位で引用される出版物がある。引用される回数は、ノーベル賞のような栄誉ある賞を予想する根拠にもなる。[16] その一方で、まったく引用されないものもある。それは、誰も見ていない間に森の中に倒れた木のようなものである。気づかれずに倒れる木がいかに多いか、創造的な人々の努力がどれだけ無駄になるかは驚くべきことである。毎年毎年、何千もの新しく登場した出版物が、完全に無視されている。特に人文科学分野ではその数が著しく、論文の80％以上が発表から

5年経っても一度も引用されない[17]。この数字にはがっかりするかもしれないが、著名な研究者、つまりその分野で革命を起こした人たちでさえ、さえない出版物を発表することもある。そしてその数は少なくない。

例えば、動物や人間の行動を操作する方法を示した行動主義心理学の父B・F・スキナーや、チンパンジーが創造的に問題を解決できることを示したウォルフガング・ケーラーなどの著名人を含む、影響力のある心理学者10人の出版物を見てみよう。これらの心理学者が書いた出版物のうち、44％は出版後5年以内に一度も引用されていない[18]。また、心理学の著名な研究者の発表した出版物のうち、ほぼ半分は完全に無視されている。著名な芸術家も同様で、彼らの作品の大半は永久に残るような創作物ではなかった。例えば、モーツァルト、バッハ、ベートーヴェンを含む10人の有名な作曲家の作品のうち、今でも演奏されたり録音されたりしているのは、わずか35％である[19]。

偉人たちは、無視されるようなアイデアを生み出すだけでなく、100年経った今でも記憶に残るような、驚くべき失態を犯すこともある。例えば、19世紀の物理学の巨匠であり、温度という科学的単位でその名を不朽のものとしたケルヴィン卿は、地球の年齢を100倍も過小評価していた。彼の見積りはチャールズ・ダーウィンを大いに困らせた。それは進化が生命の多様性を生み出すのに十分な時間がなかったことを意味していたからである（この見積りは、20世紀初頭にアーネスト・ラザフォードによって間違っていることが証明された）。アイザック・ニュートンほどの天才ですら、アクロマートレンズ（異なる色の光を同一平面上に集めるレンズ）はつくれないと主張した。それから数世紀後、そのようなレンズは顕微鏡では当たり前のように使われている。アルベルト・アインシュタインは、「神はサイコロを振らない」と量子論を否定し、統一物理学理論を頑なに追い求めた。しかし、量子論を受け入れなかったがために、成功に至ることがなかった。[20]

傑出した創造性にも、当たり外れがあるということの他に、歴史にはもうひとつのパターンがある。ディーン・サイモントンはこれを「失敗の確率の一定性」と呼んでいる。[21]詩人のW・H・オーデンはこのように表現している。「生涯のうちに、有名な詩人は無名な詩人よりも多くの駄作を書く。」理由は単純で、有名詩人はたくさんの詩を書くからだ。裏を返せば、成功の確率は常に一定しているということだ。土を掘れば掘るほど、金を掘り当てる確率は高くなる。作品を多くつくるほど、成功するチャンスは増える。これは実際にそうなのである。科学者の場合、引用のパターンを調べてみるとわかる、そもそも科学者の被引用回数は、論文数が多いほど多くなる。それは明らかだろう。さらに、よく知られていないことだが、ある科学者の論文総数がわかれば、その科学者の上位3つの論文の被引用数を予測できるのだ。さらに、米国で最も著名な科学者（ノーベル賞受賞者）は、それほど著名でない科学者の平均2倍の論文を発表している。そして、このパターンは決して最近に限ったことではない。19世紀まで遡っても、科学者の生涯の中での成果の数から知名度を予測できる。[22]ただし、例外も存在する。オーストリアの修道士グレゴール・メンデルは、ほとんど論文を発表しなかったが、半世紀も無視された彼のエンドウ豆の実験に関する論文は、20世紀の遺伝学に革命を引き起こした。しかし、そのような例外は少数である。

引用記録は、創造性が年齢によって左右されないことも証明している。これは、人間の創造性が盲目であることと整合する。ディラックは次のように残酷に表現したこともあった。物理学者は、「30

歳を過ぎたら、じっと生きているより死んだほうがましだ」[23]。他の分野でも、創造性が尽きる時期についてさまざまな神話があるが、それは単なる神話にすぎないことがわかった。精神の砂利に埋まる金塊の割合は、生涯にわたってさほど変わらない。サイモントンらが、歴史、地質学、物理学、数学といった異なる分野を調査した結果、そう判明した。例えば、400人以上の数学者を対象とした調査では、若い数学者と年配の数学者の仕事は同じような評価を受けている[24]。若いクリエイターがより多くの金塊を見つけているわけでもなく、年配のクリエイターが経験を生かして成果を上げているわけでもない。

最近の20万以上の物理学の出版物、50万以上の生物学や経済学の分野の出版物の分析からも、ディラックの冷淡な表現が正しくないことが明らかになった。物理学者も含めた科学者は、年齢に関係なく重要な成果を生み出しており、年齢に明確な傾向は見られない。そして最も重要なことは、最高の成果は、その人が最も多くの仕事をしたときに現れる傾向があるということである。これは、成功の確率が一定であることを示している[25]。

先見の明の欠如、セレンディピティによる発見、多くの失敗、偉大な頭脳による失敗、成功確率の一定性、人間の創造性に関するこれらの特徴はひとつのメッセージに収束する。新しい思考、イメージ、概念は、新しい型のＤＮＡと同じく、盲目的に生み出される。そして、生物の進化と同じように、自分の創造が将来成功するかどうかはわからない。

人間の創造性において選択が果たす役割は、盲目的な変異が果たす役割よりも明確であるが、そこには誤解もひそんでいる。私たちの心が有用なアイデア、イメージ、概念を選択し、さらに発展させ、改良し、出版しない限り、明らかにそのアイデアはいずれ消えてしまう。心の選択は、生物の進化における自然選択と同様に不可欠である。しかし、それは、選択が創造性を駆動する唯一の力であることを意味しない。自然選択の登り方向への駆動力だけでは、生物の進化には不十分であるのと同じ理由で、それだけでは創造という複雑な地形図を征服することはできない。なぜなら、より良い作品へ至る途上にある劣った作品を受け入れられないからである。

❄　❄　❄

私たちの脳がどのようにアイデアをコードしているかはほとんどわかっていないため、私たちの心が探索する地形図を描けるようになるまでには、まだまだ時間がかかりそうだ。しかし私たちの脳は、外界に関する多くの情報（たとえ抽象的な概念であっても）を、何らかの空間的な形として整理していることがわかりつつある。このことは、私たちの感覚に提供される一次的な情報では、100年以上前に明らかにされていた。[26] 色彩を例にとると、私たちは色相、彩度、明度という3次元で知覚しており、物体の色は色空間内のある位置を占めている。[27] このような情報を空間的に位置づけると、空間内には距離があるので、色が似ているかどうか、瞬時に判断できるのだ。明るいオレンジと明るい黄色のように2つの色は似ているが、明るいオレンジと暗い紫色は似ていない、などのように。もうひとつの例は音の高さで、これは周波数に基づくため、1次元で表すことができる。音程は内耳の蝸牛の線形次元に位置づけられ、脳の聴覚皮質の奥深くでコード化される[28]。

このような知識があれば、私たちの脳が他のもっと複雑で抽象的な概念、例えば、話し言葉の音、動物の種類（ネコ、イヌ、ウシなど）、果物の性質（色、質感、味など）のような概念を空間にコード化していると考えられるのではないだろうか。スウェーデンの認知科学者ピーター・ゲルデンフォルスは、概念空間と呼び、思考には幾何学があると主張している[29]。このような空間を考えてみると、私たちがどのように概念を比較し、どのように新しい概念を学習し、どのように新しい概念の組合せをつくり出すかを説明できるという。

最近の実験は、ゲルデンフォルスの考えを支持している。この実験では、参加者にコンピュータ画面上で鳥のイラスト画像を見せ、この鳥の体型の2つの指標（首の長さと脚の長さ）を操作できるコンピュータ・プログラムの使い方を教える。さらに、このプログラムを使ってさまざまな鳥の形をつくり、変形させるよう訓練する。研究者たちは、これらの形が参加者の脳内で実際にどのようにコード化されるかについて、首と脚の長さが変化する2次元の概念空間でコード化されているという仮説を検証した。参加者はこのことを意識していなかったが、彼らの脳はどうやらわかっていたようだ。鳥の形が変化するのを見たとき、人が物理的空間を認識するときに使うのと同じ脳領域が、まさに空間を進んでいるときに特徴的なパターンで活性化したのだ。言い換えれば、私たちの脳は鳥の形を空間的にコード化しているだけでなく、私たちが空間を認識するときに使う神経回路を拝借していたのである。

私たちの脳が複雑な問題を解決するために用いる精巧な方法に比べれば、鳥の形はあまりに単純な概念である。私たちの脳でアイデアがどのように構成されているか、心の空間がどのように探索されるのか、それは何次元の空間なのか（おそらく多次元だろう）が解明されるのは、まだ何年も先のことかもしれない。幸いなことに、これらはすべて、前の章で述べた、難しい問題を解決することは、起伏の激しい地形図を探索することだという基本原則に比べれば些末なことである。私たちの脳がこれらの解をどのようにコード化するかにかかわらず、また最良の解を見つけるためにどのような空間を探索しなければならないかにかかわらず、私たちは起伏の激しい地形図を征服する必要がある。言い換えれば、私たちの脳が解決する問題を含め、あらゆる困難な問題に対する創造的な解決策は、心の空間において、起伏のある地形図で最高点のピークを見つけることにあるのだ。

そしてここで、着実に改良し坂を登ることしか許さない選択が、おなじみの問題を引き起こす。良くなる前に悪くなることを許さず、谷へと下る道を閉ざしてしまうという問題である。この谷を越えるために、自然は選択の力を抑制する。私たちの心も同じようなことができるのだ。ピカソの《ゲルニカ》は、そのことを教えてくれる。

ディーン・サイモントンは、ピカソのゲルニカへの道のりをたどる研究の中で、ピカソの45枚のスケッチすべてを、描かれた順がわからないようにして、4人の審査員に見せた。審査員は、最終的な作品と最も似ていないと思われる最初のスケッチから、作品に最も似ている最後のスケッチまで、順に並べ直すという課題を課せられた。そして、審査員たちの答えと、ピカソが実際にスケッチを描いた順番を比較してみた。もしピカソのスケッチが最終的な絵に向かって着実に改良されていたなら、審査員はピカソがスケッチを描いたのと同じ順番に並べるだろう。

しかし、そうはならなかった。最終的な作品に似ている順に並べられたスケッチは、制作時期がバラバラだった。ピカソの心は、最終的な作品に向かって坂を登り続けていたわけではなかった。彼の道は登っては下り、ジグザグしながら最終的な作品に向かっていた。彼のスケッチの中には、最終的な作品に似ているものもあれば、ほとんど似ていないものもある。スケッチの中には、最終的な作品に向かって着実に向上しているように連続して描かれたものもあるが、ほとんど似ておらず谷に落ちていくような軌跡もあった。亡くなった子どもを連れた女性、倒れた戦士、絶叫する馬など、同じモチーフを試行錯誤してジグザグに進んだスケッチの軌跡もあった[30]。戦士の伸ばした拳のように、最終的な作品にはまったく取り込まれなかったものもある[31]。

サイモントンの体系的な研究によって、創造的な人々にはわかっていたことが明確に示された。創造的な作品は一直線でつくられるものでもなく、道を登り続けてつくられるものでもないのだ。おそらくライナー・マリア・リルケが、詩人を「日陰にいて、座って死者と食す」と暗いイメージで表現したとき、この道を表現していたのだろう[32]。彼の言葉は、オルフェウス、ヴァージル、ダンテの神話に登場する冥界への旅を思い起こさせる。作家のマーガレット・アトウッドはこう言う、「詩人は暗い道を旅する。インスピレーションとは、下へ下へと続く穴なのだ」。

19世紀の数学者であり、カオス理論の父であるアンリ・ポアンカレは、彼の創造的な旅を、別の身近なものに例えた。それは、自然界がバッキーボールのような分子を創造するときにたどる道だ。バッキーボールは最も深い谷を見つけるまでに、不安定な分子の浅い谷や稜線を横切らなければならない。ポアンカレは、ある眠れぬ夜のことをこう語っている。「アイデアが群れをなして湧き上がり、ぶつかり合いながら、やがて安定した組合せに落ち着いた。[33]」また、フランスの哲学者ポール・スリオーによれば、偶然にクリエイターの頭の中に配置されたアイデアは、「揺さぶられ、攪拌され、多数の不安定な集合体を形成し、それらは自らを破壊し、最後には最も単純で強固な組合せに至る[34]」。いずれも、エネルギー地形の概念を数十年先取りしている[35]。

そして、19世紀の物理学者ヘルマン・フォン・ヘルムホルツの証言を思い出してほしい。彼は、問題解決における自分の進歩を、山登りをする人の歩みに例えている。「しばしば進めなくなって引き返す」そして「新しい道を見つけることができ、少しばかり前に進むことができた[36]」。

このような内省に基づいて、もう一度この問いに立ち帰ってみよう。創造的な心は、どのようにして谷を乗り越え、次のピークへと向かうのだろうか?

第8章 彷徨う者すべてが迷うわけではない

第8章　彷徨う者すべてが迷うわけではない

思考する心は、進化する生物や自己組織化する分子とは異なるので、遺伝的浮動や熱振動のような方法で地形図の谷を越えていけるわけではない。しかし、目的を達成するための方法が何かあるはずだ。そして、その方法はひとつではなかった。

まずは遊びから始めよう。

ボードゲームのようなルールに基づいた遊びや、サッカーの試合のような競う遊びではなく、子どもたちがレゴブロックの山や、砂場でおもちゃのシャベルやバケツを使って行うような、自由奔放で構造化されていない遊びである。つまり、目先の目標や利益のない、失敗の可能性すらない遊びである。

遊びはとても重要なもので、自然が人間を生み出すはるか以前からあった。ほとんどすべての哺乳類が小さい頃は遊ぶ、オウムやカラスなどの鳥類も遊ぶ。[1] 爬虫類、魚類、そしてクモでさえ、未成熟なとき交尾の練習に遊びを使うことが報告されている。しかし、動物の世界の遊びのチャンピオンはバンドウイルカだろう。37種類の遊びをすることが報告されている。[2] 飼育されているイルカはボールやその他のおもちゃで飽きることなく遊び、野生のイルカも、羽毛やカイメンを使ったり、気泡を吹き「煙の輪」のようなものをつくって遊ぶ。

このように遊びが広く見られるのは、それが単なる自然の気まぐれではないからだろう。まずコストがかかる。例えば、若い動物たちは、1日のエネルギーの最大20％を、餌を追いかけることではなく、ふざけることに費している。そして遊びは、ときに深刻な問題を引き起こす。チーターの子どもは、互いに追いかけっこをしたり、獲物を狙っている母親の上によじ登ったりして、母親の狙っている獲物を逃がしてしまうこともある。[3] ゾウは遊んでいる間に泥沼にはまってしまったりするし、ヒツジは遊んでいるうちにサボテンの棘が突き刺さってしまう。遊んでいる間に死んでしまうことも稀ではない。[4] 1991年の研究で、ケンブリッジ大学の研究者ロバート・ハーコートは、南米のオットセイの群れを観察し、1シーズンのうちにコロニーの102頭の子アザラシがアシカに襲われ、そのうち26頭が殺されたことを報告している。殺された子アザラシの80％以上は遊んでいるときに襲われたものだった。[5]

これだけのコストがかかるのであれば、その恩恵も小さくないはずだ。そして実際に、遊びの恩恵を調べてみると、生死を分けることすらあることがわかった。ニュージーランドの野生のウマでは、遊んでいる個体ほど1歳までの生存率が高かった。[6] 同様に、アラスカのヒグマの子どもも、生まれて最初の夏にたくさん遊んだ個体ほど最初の冬を生き延びただけでなく、その後の冬も生き延びる確率が高かった。[7]

このような遊びには、心の問題とは関係のない効果もあるだろう。ウマは遊ぶと筋肉が鍛えられ、生存に役立つ。ライオンの子どもが戦いごっこをすると、実際の戦いにも役立ち、群れの中で優位に立つこともできる。イルカが気泡で遊ぶとき、彼らは獲物を混乱させて捕まえる技術を磨いている。

また、オスのクモが交尾ごっこをするのは、いかに早く交尾するかを練習し、他のオスに襲われる前にメスから離れられるようにしているともいえる[8]。

しかし、少なくとも哺乳類において遊びは、ピアニストが同じフレーズを何度も練習するような、特定の反復練習とは異なる。哺乳類は獲物を追いかけたり、狩りをしたり、逃げたりするとき、常に新しい状況や環境に身を置いている。コロラド大学の動物行動学者マーク・ベコフは、遊びは動物の行動レパートリーを広げ、変化する状況に適応する柔軟性をもたらすと主張する。つまり動物の遊びは、多様な行動を創造するのだ。その行動がすぐに役に立つわけではないが、遊びは予測不可能な世界における予期せぬ事態に備えるものといえそうだ[9]。

柔軟性は、賢い動物が難しい問題を解決することにも役立っている。1978年、若いラットを用いた実験でその意義が実証された。この実験では、一部のラットをケージの網で20日間仲間から隔離し、仲間と遊べなくした。隔離期間の後、すべてのラットに、ゴムボールを引き抜くと餌のご褒美がもらえることを学習させた。その後、ボールを引っ張る代わりに押すという新しい課題に変更した。その結果、自由に遊んでいた仲間に比べ、仲間から隔離されて遊べなかったラットは、餌を手に入れる際、新しい方法を試したり、問題を解決したりするのに非常に時間がかかった[10]。

ケンブリッジ大学の行動学者パトリック・ベイトソンは、このような観察を直接的に創造の地形図に結びつけている。遊びは「個体が誤った終着点、あるいは局所的最適点から逃れることを可能にする役割を果たす」、「低いピークで立ち往生したとき、そこから逃れてさらなる高みを目指すメカニズムを備えておくことは有益である」と述べている[11]。心の創造性にとっての遊びは、進化にとっての遺伝的浮動や、自己組織化分子にとっての熱のようなものである。

そうだとすれば、創造的な人々がしばしば自分の業績を遊び心にあふれたものだと表現するのも驚くことではない。ペニシリンを発見することになるアレクサンダー・フレミングは、その遊び心を上司に咎められたという。それに対して彼はこう言った。「私は微生物と遊んでいる。ルールを破って、誰も考えなかったようなことを見つけるのは楽しくて仕方がない。」[12] 2010年のノーベル物理学賞を受賞したアンドレ・ガイムは、「遊び心が私の研究の特徴である。たまたま良いタイミングに居合わせているわけでもなく、誰ももっていないような設備があるわけでもなければ、唯一の道は冒険することだ」[13]。ジェームズ・ワトソンとフランシス・クリックが二重らせんを発見したとき、彼らはレゴのように色のついたボールをくっつけて模型をつくった。ワトソンの言葉を借りれば、「遊び始める」だけでよかったのだ。精神分析の父のひとりであるC・G・ユングはこう言っている。「想像力の戯れは計り知れない恩恵をもたらす。」[14]

❄　❄　❄

遊びの特徴のひとつは、判断を一時棚上げすることである。悪いアイデアを捨てて、良いアイデアを選ぶということを考えなくてよい。そのおかげで不完全に向かう谷を下り、後に真のピークを目指すことができるのだ。しかし、遊びはそこに到達するための手段のひとつにすぎない。

睡眠中に見る夢は、遊びほど意図的ではないが、同じくらい強力な効果がある。心理学者ジャン・ピアジェが、子どもの成長に関する先駆的な研究の中で、夢を見ることを遊びに例えた。[15] 私たちの心が最も自由に、思考やイメージの断片を組み合わせたり、斬新な像や筋書きを生み出したりするのは夢の中である。ポール・マッカートニーが夢の中で初めて自分の曲「イエスタデイ」を聴いたとき、それがオリジナル曲だとは信じられず、その後何週間も音楽関係者に、この曲を知らないかと尋ねたという有名な逸話が残っている。もちろん彼らは知らなかった。「イエスタデイ」は20世紀で最も成功した曲のひとつとなり、700万回演奏され、2000以上カバーされることとなった。もうひとつの夢は、ドイツの生理学者オットー・ローウィに重要な実験のアイデアを告げた。この実験により、神経が神経伝達物質という化学物質でコミュニケートしていることを証明し、ノーベル賞を受賞した。

半分眠っているような状態（心理学者はこれを催眠状態と呼ぶ）でも、私たちの心は十分に緩んでおり、低い丘から降りていくことができる。この状態で、アウグスト・ケクレはベンゼンの化学構造を見抜き、メアリー・シェリーは代表的な小説『フランケンシュタイン』の着想を得、ドミトリー・メンデレーエフは元素周期表を発見した。[16]

遊びや夢に似ているのが、心の迷走だ。成人米国人の96％は、心の迷走は日常茶飯事だと答えている。残りの4％は、迷走しすぎて気づいていないのだろう。作業中に心が迷走する頻度を定量化するのは簡単だ。尋ねるのだ。作業中の人の邪魔をして、何を考えているのか尋ねるのだ。あるいは、携帯電話に代行させてもよい。携帯電話をプログラムし、1日のうち不定期に被験者に何を考えているかを尋ねるメールを送るのだ。[17] 心理学の研究で、心が迷走する頻度は非常に高いことがわかった。典型的な人は、1日の3分の1から半分の時間、心が迷走している。[18]

おとぼけ教授という決まり文句があるように、心の迷走は無害な奇癖とみなされることも多い。しかし、重大な影響を及ぼすこともある。悪いほうから始めよう。ぼんやりしている人は、読解力テストのような集中力を必要とするテストではあまり成績が良くない。人生設計の上では落第が許されないテストで成績が悪くなると影響は小さくない。大学入試（SAT：共通テストなど）もそのひとつである[19]。

しかし、心の迷走には良い面もある。少なくとも準備の整った心には。実際、アインシュタイン、ニュートン、ポアンカレといった創造者たちの逸話には、これらの科学者たちが特に何もしていないときに重要な問題を解決したというものが多い。最高のアイデアはシャワーを浴びているときに生まれるという格言は、アルキメデスが物体の体積を測定する方法を発見したときの逸話に端的に表れている（そう、彼は浴槽にいた）。アルキメデスの発見は、彼が浴槽に入ったときにあふれたお湯が引き金となったが、何でもないときに表出してくるブレイクスルーもある。著名な数学者であるアンリ・ポアンカレが、ある数学的問題に取り組んだもののうまくいかなかった時期について語ったよく知られた言葉を引用しよう。

> 自分の失敗に嫌気がさした私は、海辺で数日過ごし、別のことを考えた。ある朝、断崖絶壁を歩いていると、……簡潔に、突然に、そして確信とともにアイデアが思い浮かんだのだ。不定三項二次形式の変換は、非ユークリッド幾何学のそれと同じであるというアイデアが[20]。

そのような洞察が得られるまでの、一見無為な期間には「インキュベーション」という名前がある。

もし、難しい問題に取り組んだ後、散歩、シャワー、料理など、集中する必要のない、それほど負荷の高くない時間を過ごせば、心は迷走できる。そして心で問題をインキュベートすれば、解決策に出くわすことがある。

インキュベーションは、無意識でもあるようで現実でもあり、創造性を高める。135人の大学生を対象に、レンガや鉛筆のような日用品の変わった使い方を見つけるという創造性の心理テストが行われた。テストが始まって数分後、第一のグループの学生に対し、テストを中断させ関連性のない課題を与えた。その新しい課題は、学生が一連の数字を見せられ、どれが偶数か奇数かを答えるというもので、それほど努力は必要なかったが、学生たちは最初のテストから気がそれてしまった。その中断後、学生たちは創造性のテストを再開した。その結果、気をそらす課題を与えられなかった第二グループの学生たちよりも創造的な答えを見つけた。

第三のグループの学生たちは、第一のグループと同じように中断させられたが、より集中力を要する難しい課題が与えられた。そして驚いたことに、彼らの答えは第一のグループのものほど創造的ではなかった。結論はこうだ。簡単な課題、つまり注意をほとんど必要としないが、抱えていた問題から意識を遠ざける程度には難しい課題は、心を自由に迷走させ、創造的に解決に導く[21]。

心の迷走が創造性に影響を与えるのであれば、その対極である、意識を制御するマインドフルネス(瞑想)では、良くも悪くも逆の効果をもたらすはずだ。そして実際にそうなのだ。例えば、2012年の研究によると、瞑想は心の迷走を減らすことで、標準的な学力テストの点数を向上させる[22]。その一方、瞑想していない人のほうが、上で述べたような創造性のテストでは良い結果を残している。[23]

メッセージは明確だ。生物の進化が、上り坂に押し上げる自然選択と、その反対に作用する遺伝的浮動のバランスを必要とするように、創造性にもまた、有用なアイデアの選択――ここでは集中力が役に立つ――と、その選択を棚上げして遊んだり、夢を見たり、心を迷走させることとのバランスが必要なのである。[24]

❄　❄　❄

このように時には選択を一時的に棚上げする心の状態をつくることの重要性が認識され、この状態を実現しようとする多くの方法が開発されている。

その方法のひとつは簡単で、遊び心に満ちた環境をつくろうというものである。[25]「創造性」を重視する企業は、グーグルの例で有名になったような仕事場の環境を整えたりしている。そこには滑り台、消防士の滑り棒、ハンモック、テーブルサッカーなどがあり、子どもの頃の遊び場を思い出すような環境をつくり出すことが目指されている。

確かにすばらしいアイデアだが、おもちゃだけではオフィスを刺激的な場所に変えることはできない。ひとつの問題は、私たちが他人の判断に非常に敏感だということだ。他人の判断は、私たちが自分の思考に課す選択と同様、失敗を罰する選択の一形態である。この判断への恐怖は、成長の過程で私たちの心に入り込んでくる。スタンフォード大学の研究者であるロバート・マッキムは、この恐怖がいかに蔓延しているかを実験で明らかにしている。これは簡単な実験で、教室の生徒たちに隣の生徒の似顔絵を30秒で描かせ、その似顔絵をその相手に見せるというものだ。そこでは、ほとんどの生徒が自分の絵を恥ずかしく思い、被害者に謝った。[26]もはや、自分の最新作を誰にでも誇らしげに見せる子どものようになれず、隣人からの批判を予想するようになっていたのだ。

大人の心に子ども心を復活させるには、特別な対策が必要である。そのひとつが、ブレインストーミングの基本ルール「他人を批判するな」「アイデアを比べるな」である。批判、判断をする習慣をなくすために、ブレインストーミングで最も突飛なアイデアに賞を与える企業もある。[27]

しかし、劣ったアイデアの谷を越えるためのこれらの乗り物には、スピードの限界がある。より速く、より遠くへ行くために、クリエイターの中には薬物のようなもっと強力な手段を使う者もいる。アヘン喫煙者の鮮明なパイプの夢は、サミュエル・テイラー・コールリッジの有名な詩「クブラ・カーン」を含む主要な創造的作品の引き金となった。ノーベル賞を受賞した生化学者のキャリー・マリスは、LSDのおかげでDNA分子を複製する技術を発明できたと言っている。スティーブ・ジョブズは自分のLSD体験を「人生でやったことの中で2、3の指に入る重要なこと」と言い、仕事仲間にアシッドをやったことがあるかと尋ねるのが好きだった（訳注：LSDは日本では麻薬に指定されており所持も禁止されているので注意）。そして、向精神薬の力を高く評価したのは、彼らの世代が最初ではなかった。マッキントッシュ・コンピュータが登場する何千年も前につくられた芸術作品からは、ヨーロッパ、アフリカ、南米の先史文化における向精神薬の使用との関連がうかがわれる。[28]

心理学者たちは、1960年代に向精神薬が思考に及ぼす影響を研究し始めた。ある研究では、工学、デザイン、物理学、建築、芸術など創造的な職業に就く27人を対象にした。それぞれ、メスカリン（幻覚剤）の服用前と服用後に創造性テストを受け、薬物を服用した状態で、商業ビルの設計、磁気テープレコーダーの改良、家具のデザインなど、自分の専門分野の課題に取り組んだ。参加者たちは、服用中のほうが創造性テストの成績が良かっただけでなく、実験中も2週間後も、メスカリンは創造的な問題解決を向上させたと感じた。ある被験者は、まさに創造性を可能にするリラックスした状態を「恐怖も心配もなく、評判や競争、妬みもない」と表現した。もうひとりは、「私は描き始めて……感覚がイメージについていけないことを感じた。私の手がついていかなかった。自分が信じられないほどの速さで仕事が進んだ」と証言した。さらに別の人は、自分の心が「問題の周辺を自由に歩き回れるようになり、歩き回っている間に解決策が見つかった」と証言している[29]（訳注：向精神薬の取扱いも日本では厳しい取締りがあるので注意）。

残念なことに、このような研究は、今日の心理学の厳密な基準を満たしていない。例えば、薬物摂取者の創造性を、薬物を摂取していない対照被験者グループと比較していない。つまり、評決はまだ出ていない。

幸いなことに、ＬＳＤでなくても、他の薬物が創造性を高めるかもしれない。ローマ人は、「水飲みに詩人はいない」と言っている[30]。科学は まだこのような伝承の知恵に追いついていないが、ある研究では、20人の軽い酩酊状態の飲酒者が、20人のしらふの参加者よりも創造性テストで良い結果を出したことを報告している[31]。

しかし、重要なことは、創造性を高めるのに最適な薬物があるかどうかではない。アイデアに対する判断や選択を棚上げするような心の状態はひとつではなく、それを見つける方法もひとつではない。

中途半端なスケッチや、下手な草稿、不完全なハーモニーへと下っていく能力は、偉大な作品の高みに到達するために不可欠だ。遊び、夢、そしてまだ謎に包まれているインキュベーションの方法は、適応度地形における遺伝的浮動やエネルギー地形図における熱振動とともに、これらの地形図における障壁を克服する手段のひとつとなるのである。

そして、創造的な人々の才能がもうひとつある。それは、生物の進化を成功に導いたもの、旅をするだけでなく、もっと早く移動する、そう瞬間移動である。心の地形図の瞬間移動とは何だろう。

❄　❄　❄

創造は、抽象的で高次元の空間を旅するようなものだが、創造的な作品も、旅の中で創られる。偉業を成し遂げた先駆者たちが旅をしている。フランスの画家ポール・ゴーギャンのような人たちのことだ。

パリで生まれたゴーギャンは、幼少期のほとんどをペルーで過ごし、母親が興味をもっていたコロンブス以前の時代の陶器から芸術的な影響を受けた。しかし、彼の人生は芸術の世界に戻るまでに長い回り道をすることになる。1855年、ゴーギャンが7歳のときに一家はフランスに移り住み、数年後にゴーギャンは海軍予備学校に入学した。商船に乗り込み、3年間海を旅した後、フランス海軍で2年間勤務した。23歳でパリに戻ると、株式仲買人として1882年の株式市場の暴落でそのキャリアが途切れるまで11年間働いた。その後、デンマーク人の妻とともにデンマークに移り住み、防水シートの販売人を目指した。残念ながら、デンマーク人はフランスの防水シートを好まなかったため、妻はフランス語を教えながら家計を支えなければならなかった。[32] 株式仲買人時代に絵を描き始めていたゴーギャンは、商売がうまくいかなくなったことをきっかけに、フルタイムで絵を描くことにした。そのため、デンマークの家族のもとを離れ、パリに移り住んだ。しかし、道は険しかった。彼の作品はなかなか評価されず、経済的にも苦しく、さまざまな仕事をしながら糊口をしのいだ。フランスの芸術界に失望したゴーギャンは、フランスを離れ、パナマ、マルティニーク、その後タヒチと南太平洋のマルケサス諸島に渡った。そしてこれらの島々で掘立小屋に住みながら、かの有名な傑作を生み出した。ポリネシアの原住民が大胆な色彩で描かれ、緑豊かな熱帯の風景に囲まれている《いつ結婚するの》や《イア・オラナ・マリア》などは、高く評価され、高値で取引されている。

　ルネサンス期の画家ラファエロの人生の旅は、ゴーギャンほど世界を飛び回りはしなかったが、最初に絵を学んだ父親のアトリエから、そのスタイルと釉薬のかけ方を修得したピエトロ・ペルジーノのアトリエ、ダ・ヴィンチからスフマートやピラミッド構図の影響を受けたフィレンツェに至っている。彼の旅からは、ユニオーネと呼ばれる新しいスタイルが生み出され、それは《キリストの変容》などの代表作に表れている。

　このほかにも、旅の記録としては残っていないが、旅から新しい芸術スタイルが生み出されている。ルネサンス期のベネチアで流行した、ビザンチン風のモザイクやパネル絵画と西欧風の遠近法が融合したスタイルなどはその一例だ。[33] ラテンアメリカでは、ボリビアのポトシにあるサン・ロレンソ教会のような有名なバロック教会は、天使などのキリスト教のシンボルと太陽や月などのインカ宗教のシンボルを融合させたもので、美術史家はこれをアンデスのハイブリッド・バロックと呼んでいる。[34] 西洋建築では、尖頭アーチが、ロマネスク様式のこぢんまりとした教会を、空に向かって伸びる光溢れるゴシック様式の大聖堂へと変貌させた[35]。このアーチは、中東のイスラム建築で何世紀も前から使われていたもので、旅回りの技師や石工とともに伝来した可能性が高い。

こうした新しいスタイルの芸術は、有名無名のクリエイターが世界を旅することで生まれた。しかし、そのような旅する人生そのものが大切なのではない。重要なのは、そのような生き方によって、さまざまな知の領域を横断する内なる旅が可能になるということだ。1977年にノーベル化学賞を受賞したイリヤ・プリゴジンは、科学を志していたわけではなかった。彼はむしろ人文科学、とりわけ哲学を愛していた。息子が哲学者になりたいと言えば喜ぶ親もいるだろうが、プリゴジンの親はそうではなかった。両親は息子にもっと評判の良い仕事をさせようとした。そこで彼は法律を学んだ。残念ながら、法律は彼の天職ではなかったが、勉強するうちに犯罪心理とその背景にある心理学に魅了されるようになった。心の隠れた衝動を理解するために、プリゴジンは脳化学を理解する必要があると考えた。しかし、その試みは彼の生きた時代には野心的すぎた。そこで彼は、サイクロンやウイルスのようなまったく異なる系が示す自発的自己組織化プロセスに目を向けた。そこで彼は、自己組織化を可能にするどころか、それが不可避な現象として起こるような自然の法則を発見し、科学の分野で頭角を現したのである。やがて、科学の研究は彼を哲学へと引き戻し、世界は決定論的なものなのか、選択、責任、自由は幻想的な概念なのかという問いに行き着いた。彼は決定論に反対した。彼の主張は、化学系の未来は確実に予測できないという彼の研究に根ざしたものだった。プリゴジンの人文学と科学の接点における卓越した創造性にあふれる業績は、彼がさまざまな知的分野を蛇行しながら歩んできたからこそ可能になったといえる[36]。

プリゴジンと同じ年にノーベル賞を受賞した物理学者ロザリン・ヤローの内なる旅もよく知られている。彼女の人生もまた2つの源流をもつ知に導かれている[37]。量子力学の華々しい成功が世界に知られるようになった1930年代に育ったヤローは、物理学、特に、同じく有名な女性科学者のマリー・キュリーが数十年前に明らかにした放射能に惹かれた。イリノイ大学大学院の物理学専攻に入学したとき、多くの若者が第二次世界大戦に出征しており入学は広き門だった。そして400人以上いた学部で女性は彼女だけだった。博士号を取得した直後の1945年、彼女はブロンクス退役軍人病院の放射線治療部門に採用され、新しい分野に足を踏み入れた。彼女は医学も生物学もまるで素人だったが、放射線物理学が医学に役立つことをすぐに見抜いた。彼女は同僚のソロモン・A・バーソンとともに、まったく新しい科学分野である「核医学」の最初の学科を創設した。彼女をノーベル賞に導いた最大の功績は、放射免疫測定法を開発したことである。放射免疫測定法とは、放射性同位元素を使って患者の血液中のインスリンなどの微量分子を定量する、非常に感度の高い測定技術である。もし彼女が伝統的な物理学の教育をまっとうしていたら、このような大きな貢献をすることはなかっただろう。

オーストリアの医師カール・ランドシュタイナーは化学の知識によって主要な血液型を発見し、現代の輸血を可能にした。また、ヘルマン・フォン・ヘルムホルツは、最初に志した物理学から父の意向で医学へと転向させられた。それがきっかけとなり、眼球の内部を照明できる装置であり、今日でも最も普及している医療器具である検眼鏡を発明した[38]。そして、ベンゼン環で有名なアウグスト・ケクレは、建築を捨てて化学の道に進んだが、幾何学への情熱が分子の空間的組織化の研究へと導いた。彼の内なる旅は、「有機化学の建築家」という称号へと導いたのだ[39]。

このような人生では、経験や専門知識のユニークな組合せが心にできあがる。そして、哲学者アーサー・ケストラーが、著書『創作活動の理論（*The Art of Creation*）』で述べた「交配」、つまり生物の進化に見られる遺伝物質の交換に似た、知識の融合が可能になるのである[40]。

このような交配で、高名なクリエイターがその専門分野から遠く離れた分野に足を踏み入れ、そのうぶな好奇心が発見につながることがある。ルイ・パスツールは、カイコに致命的な影響をもたらす寄生虫からフランスの絹産業を救ったが、それ以前にカイコの研究は行ったことがなかった。安価な鉄鋼製造法を開発したヘンリー・ベッセマーは、業界の常識を知らなかったからこそ成功を収めた。核物理学者のルイス・アルバレスは、巨大な小惑星によって恐竜が絶滅したことを唱えたが、これは古生物学にとって極めて重要な発見であると同時に、縄張りを意識する古生物学者にとっては歓迎されない発見でもあった[41]。

ケストラーの言う「交配」は、それが科学の分野を超えて芸術にまで及んだときに、特に力を発揮する。よく知られた例として、スティーブ・ジョブズがいる。彼の会社アップルとピクサーは、デジタル技術とデザインを融合させ一体化させた。ジョブズは、デジタル・エレクトロニクスを、バウハウス建築のシンプルな気品や、禅のミニマリズム、カリグラフィの芸術と融合させ、マッキントッシュ・コンピュータという革命的なデザインの製品を生み出した。また、マックの美しい可変幅フォントの開発により、それまでコンピュータが使っていた不格好な等幅フォントが姿を消し、今では誰もが当たり前のように使っているDTP革命への道が開かれた。ジョブズのカリグラフィへの思い入れの賜物である。[42]アルベルト・アインシュタインもまた、その芸術的感性でよく知られている。彼はヴァイオリンを弾くのが好きで、重要な科学理論は真実と美を融合させるものだと考えていた。彼は、相対性理論を発見したのは音楽のおかげであるとし、その理論は「直感によるものだが、音楽はこの直感の原動力である。……私の新しい発見は、音楽的な感性から来ている」と述べている。[43]物理学者であり、彫刻家としても知られるロバート・R・ウィルソンが考案した粒子加速器にも、芸術が息づいている。「加速器を設計する際、私は彫刻をつくるのと同じように進めている。……優美な線と全体のバランスが大切だ。[44]」

科学者を対象とした広範な調査から、偉大な科学と芸術的感性の間に深い結びつきが明らかになった。2008年、ロバート・ルート=バーンスタインらは、数千人の科学者と一般人の芸術的側面を比較した。[45]彼らが調査した最も著名なグループはノーベル賞受賞者である。さらに続くグループの科学者には、卓越した業績を残して英国王立協会のフェローに選出された千人以上の科学者や、同じくエリート科学者で構成される米国科学アカデミーの会員が含まれている。ルート=バーンスタインの2008年の研究によれば、芸術や工芸を楽しむ割合は、米国アカデミー会員や英国王立協会会員のほうが、それほど著名でない科学者や一般の人たちに比べて2倍も高い。さらに、ノーベル賞受賞者では、さらに50％高い割合の人が、音楽、彫刻、絵画から小説の執筆などの芸術に関心をもつことがわかった。

より一般的に言えば、著名なクリエイターの多くは幼少期から幅広い関心をもっており、そのおかげで科学や芸術のさまざまな分野を横断するために必要な幅広い知識を身につけることができたということが、このような体系的な研究から明らかになった。これとは対照的に、彼らはしばしば、平均的な生徒を求人市場に送り出すための学校教育には無関心であった。[46]マーク・トウェインは、「私は、学校教育が自分の教育の邪魔をすることを決して許さなかった」と述べている。[47]

❄　❄　❄

残念なことに、創造性には、プリゴジンの内なる旅や、ゴーギャンの旅で得られる教育だけでは十分ではない。数え切れないほどの人々が世界を旅し、さまざまな職業を経験し、多様な学問分野を学んでいる。しかし、彼らのことは聞こえてこない。彼らには創造性に決定的に必要なある才能がないのだ。

この才能の本質を知るヒントがここにある。

普段は喧嘩ばかりしている夫婦がいる。ある日、珍しくハーモニーを奏でるような和やかな夜をレストランで過ごしていた。夕食を楽しんでいると、ウェイトレスが突然、食器の載ったトレイを落とし、耳をつんざくような音を立てて皿が砕け散る。「ハニー」夫が言う。「なんだか嬉しいね、僕たちの音楽だ」。

ジョークを説明するほど野暮ではないが、このユーモアと、生物学で遭遇したより壮大なテーマとを結びつけてみよう。ユーモアは、愛の歌のハーモニーと食器が割れる恐ろしい音のように、心の地形図の中でかけ離れた位置にある概念を結びつける。これは、進化でまったく異なる遺伝子が組み換えられることと似ている。そして、かけ離れた概念がジョークの中で結びついたとき、驚きと喜びの閃光が走る。これはケストラーのもうひとつの洞察であり、彼は『創作活動の理論』においてユーモア、芸術、科学の創造性を比較している。彼は、ジョークの火花と創造の超新星爆発に共通するエネルギー源があり、それは人間の創造性を生み出す「結びつき」であると述べた[48]。

創造的な心は、幅広い概念やアイデア、イメージをただ吸収するだけでは育まれない。どんなに離れているように見えるものでも、それらを結びつけねばならない。そのような結びつきは、さまざまな方法で生み出せる。アナロジー（類比）は特に強力だ。物理学者マックス・プランクは、原子と振動する弦という無関係な概念を、豊饒なアナロジーとして結びつけ、原子がエネルギーを離散的で量子化されたパケットとして放出することを説明した。量子論のもうひとりの父であるルイ・ド・ブロイは、電子のような素粒子が振動するだけでなく、本物の弦のように倍音を発生すると考えた。（プランクが優れたピアニストであり、ド・ブロイが優れたヴァイオリニストであったことも無関係ではないだろう。）

科学と同様、工学でも組合せは大切である。ヨハネス・グーテンベルクは、木版印刷とコインパンチのアイデアを組み合わせて活版を発明し、その新しいアイデアをワイン搾汁器と結びつけた。その結果として私たちが知を蓄え、伝える術が生まれた[49]。医療用ホチキスの発明は、いくつかの大陸の先住民が、大きな蟻に傷の両側を咬ませることで傷口を塞いだことに端を発する。マジックテープは、毛皮や衣服に付着した植物の種実（くっつきむし）から着想を得た[50]。経済学者ブライアン・アーサーの言葉を借りれば、技術は「すでに存在しているものを新たに組み合わせることで生まれる」[51]。

私たちは、アナロジーによって、一見無関係に見える概念や現象を結びつけることで、最も奥深い自然界の法則を発見し、技術革命を起こしてきた。結びつける力は、文学や詩においても中心的な役割を果たしている。文学においては、メタファー（隠喩）である。原子は鐘を鳴らすというような詩的なメタファーは、原子と鐘の音の類似性を、どんな科学的な文章よりも簡潔に表現している。

「メタファー」とは、あるものを別の場所に移動させることを意味する[52]。メタファーはアリストテレスの時代から書き言葉、話し言葉に限らず創造的な文章にとって必須なものであった。アリストテレスは、『弁論術』の中でその力について述べている[53]。ロバート・フロストは「思考をメタファーで埋め尽くす」と宣言したが、メタファーはすでに私たちの思考のほぼすべてであると論じられることもある[54]。心理学者スティーブン・ピンカーは、「メタファーは言語に広く浸透しており、抽象的な思考を表す表現は、ほとんどすべてがメタファー的である」と述べている[55]。例えば私たちは、「バスが駅に（at the station）停車する」と言うし、「6時に（at 6 o'clock）会う」とも言う。つまり、時計の針の位置をメタファー的に時間として使っている。他にも、「人が店に行く（goes to the store）」と言い、「画面が真っ黒になる（goes black）」とも言い、状態の変化を移動のメタファーとして表現している。もはや何のメタファーかわからなくなっているくらいメタファーにあふれている。

メタファーは、異なる2つの概念の共通点を掘り起こすが、「失敗の臭い」というメタファーは、単に不潔と失敗という不快な性質を結びつけるだけではなく、もっと大きな効果をもたらす。心理学者のロジャー・トゥーランゴーとランス・リップスが、複数のメタファーに対する80人の反応を分析する実験を行った。この中では、「ワシは鳥の中のライオンである」というように、科学者たちが自ら考案したメタファーもあれば、出版されている詩から引用した、ロバート・フロストの『老人の冬の夜』の、「彼はただ自分ひとりを照らす光でしかなく（川本皓嗣 訳『対訳 フロスト詩集』岩波文庫より）」という一節などもある。被験者は、同じメタファーの中に出てくるワシやライオンといった言葉の概念を列挙するよう求められた。その後、そのメタファー全体がどのようなイメージを想起させるかを報告した。その結果、トゥーランゴーとリップスは、メタファーが単に概念間の共通性（ワシとライオンはつきまとい、獲物を捕食する）などを露わにするだけではないことを発見した。「ワシは鳥の中のライオンである」とか「彼はただ自分ひとりを照らす光でしかなく」というような文を文字通りに受け取らないからである。ワシはライオンではないし、老人がランプのように輝くわけでもない。その代わりに、メタファーはその意味として含まれている以上の新しい意味を呼び起こすことを発見した。例えば、フロストの「彼はただ自分ひとりを照らす光でしかなく」は、読み手に老人の孤独と孤立を想起させる[56]。

英国の詩人ルース・パデルは、心の中の組替えの力について言及しつつ、メタファーは詩の旅路の最も強い原動力になると述べている。スペインの詩人フェデリコ・ガルシア・ロルカも同様に、メタファーを2つの世界を統合する馬術の跳躍と呼んだ[57]。メタファーは、最も簡潔な形での思考の組替えである。

詩人の話やメタファーの研究だけではなく、高校生からプロの芸術家、科学者、作家、エンジニアなどを対象とした創造性テストも、創造性における心の跳躍の役割を教えてくれる。このようなテストは多種多様に存在するが、驚くべきことに、どのテストも同じ能力をさまざまな形で測定しているのだ。その能力とは、どれだけ速く、どれだけ遠くまで、心が旅できるかである。

こうしたテストの歴史は第二次世界大戦から始まる。飛行機の故障のような緊急事態にパイロットがどのように反応するかについて調べる中で、飛行機と自分の命を救うために最善の方法をとるのは、必ずしも最も聡明なパイロットではないことを明らかにした米空軍の研究がきっかけである。[58]最善の方法をとるのは、最も創造的なパイロットで、最も聡明なパイロットが必ずしも最も創造的ではないのだ。[59]最も創造的なパイロットを特定するために、空軍は心理学者のジョイ・ポール・ギルフォードの力を借りて、テストを開発することにした。その過程で、ギルフォードは、創造性には、2つのまったく異なる思考、発散的思考と収束的思考が関わっているという、単純だが不朽の洞察を得た。[60]発散的思考は創造性の核心であり、飛行機を救うといった問題に対して複数の解決策候補を提示する。それに対して、収束的思考はこれらの候補を1つの、できれば最良の解決策に絞り込む。実際、ギルフォードの研究は、心の創造性のダーウィン的性質をさらに裏づけるものとなった。発散的思考は突然変異や遺伝物質の交換のようなプロセスに似ており、収束的思考は自然選択に似ている。ギルフォードはまた別のことにも気づいた。どのように新しい思考を生み出すか、その方法が人ごとに異なるのだ。ある人は突然変異のように小さなステップを踏んでいく。より創造的な人は、より大きな跳躍を遂げる。

ギルフォードは発散的思考に関するさまざまなテストを開発し、創造性テストの業界を生み出した。初期には単語連想テストが行われた。「手」のような単語を与えられ、関連する単語のリストをつくらせる。想像力に欠ける人は、腕、足、指など誰でも思いつくことしか答えないが、創造的な人は、柔らかい、友情、楽器といった、より独創的な答えを思いつく。このようなテストでは、何百人、何千人という人々の回答を集計できる。その集計に基づいて、言葉の間の距離を定量化することができ、果物はリンゴ、食べ物、木には近いが、薬、庭、ワインからは遠いことが示された。また、蝶は昆虫、毛虫、鳥に近いが、花、太陽、臨時からは遠いことがわかった。[61]

このようなテストでは、多くの関連語を見つける能力（能弁性）と、ユニークな言葉を見つける能力（独創性）は区別される。能弁な頭脳がすべて独創的なわけでもない。ある人は多くの関連語を見つけるが、それらはすべて近くにある。一方、独創的な頭脳の持ち主は、もっと遠くに位置する関連性を見つける。世界を飛び回る人と、裏庭でだらだら過ごすのが好きな人を比べているようだ。[62]

遠くへの旅という概念は、より洗練された別の単語連想テストの名前そのものに組み込まれている。そのテストは、遠隔連想テストと呼ばれる。コテージ、スイス、ケーキのような3つの単語から、その3つと関連のある単語を1つを見つけるテストだ。[63]ほとんどの人は、この3つからは「チーズ」を簡単に見つけることができる。しかし、より離れた3つの場合は難しい。例えば、「川（river）」「札（note）」「口座（account）」（bank：川岸、銀行で結びつく）や、「毛皮（fur）」「衣装掛け（rack）」「尾（tail）」（coat：コートで結びつく）などは容易ではない。受験者は、与えられた時間内にできるだけ多くの三単語問題を解かなければならない。[64]

創造性のすべてが言葉によるものではないため、心理学者は非言語的創造性を定量化するテストも開発した。レンガ、ヘアピン、段ボール箱のような物体が与えられ、その用途をできるだけたくさん考える。例えば、レンガなら、本立て、ペーパーウェイト、ドアストップ、金槌などである。丸のような単純な形を示されて、それを使って、できるだけたくさんのものを描くようなテストもある。太陽、顔、花、サッカーボールなどが描けるだろう。さらに、異常な出来事の結末を想像するよう求めるテストもある。例えば、すべての人が失明した場面や、空に浮かぶ雲から突然ロープが下りてきて地面まで届く場面などである。[65] このようなテストのうち最も広く使われているのは、設計者である心理学者E・ポール・トーランスの名からくるトーランス創造的思考テストである。[66]（これまでに述べてきたような、創造性における、選択・判断を一時的に棚上げすることの重要性を、トーランスは理解していたので、テストは、リラックスした環境で、楽しく受けることを強調した。[67]）

テストは単純だったが、有効だった。[68] 例えば、カリフォルニア大学の建築学科の学生で、教授から特に創造的であると評価された作品を制作した学生は、遠隔連想テストでも高得点だった。[69] このような専門家による創造性の評価は、科学的な実験としては主観的すぎるように思えるかもしれない。しかし、異なる評価指標が驚くほど一致している。また、つまるところ、創造的な作品とは、すべて人が主観的に評価するものなのである。[70] このようなテストはある時点での創造性を判定するだけであるが、長年にわたって個人の創造的な成果を追跡するような研究も行われている。そのような研究として、一連のトーランス・テストを受けた小学生と高校生を最長22年間追跡した研究が2つある。

8歳のときにトーランス・テストを受けたテッド・シュワルツロックは、手渡された消防車のために25の創造的な改善策を見つけ、心理学者たちを驚かせた。それから50年後、彼は起業家となり、人工呼吸器や抗炎症薬などの医療技術を開発し、裕福な人生を送っていた。[71] そして彼は例外ではなかった。このテストの成績が良かった生徒は、特許や発明だけでなく、賞を受けるような芸術作品、戯曲、公の場で演奏される楽曲の作曲など、多作なクリエイターになっていた[72]。

しかし、創造性テストは完璧ではない。優秀な受験者の多くは、多作なクリエイターにはなれないからだ。ただ、それは驚くべきことでもない。ひとつには、ほとんどの創造性テストは、独創性には焦点を当てるが、適切さには焦点を当てないからだ。野性的であるほどスコアは良い。また、アイデアを生み出す発散的思考の才能は数値化されるが、解決策を絞るための収束的思考の才能は数値化されない。一方の才能には優れるが、もう一方が足りないタイプの人間にはよく出会う。生物の進化と同じように、人間の創造性にも相反する力のバランスが必要なのだ。

加えて、典型的な創造性テストは、特別な器具や技能がなくても、ほんの数分から数時間で完了する。これは良いことで、大理石から彫刻をつくるというテストを受ける人はほとんどいないだろう。しかし一方で、このようなテストは、優れたクリエイターになるには、何年もの訓練を受け、さらに長い無名期間に耐えなければならないという事実を無視している。創造性テストは、オアシスを求めて砂漠を這いずり回るのに必要な気概を試すものにはなっていない[73]。

そういう欠点はあるが、創造性テストは創造的な心について多くのことを教えてくれる。例えば、連想単語の出現頻度によって、語の「遠さ」と「近さ」を定量化できるということは、距離が心の地形図にとって、メタファー以上のものであることを示している[74]。そして、創造的な心は、長距離移動ができることを示している。しかも、瞬時に。

この点を指摘しているのは、創造性テストだけではない。頭の中でイメージを組み替えるような実験も同様である。心理学者のアルバート・ローゼンバーグによる実験では、視覚芸術家や芸術系の学生のグループの各メンバーに、ひと組の、非常に離れた、つまり無関係な画像を見せる。たとえば、最初は、ライフルをもった数人の兵士が戦車の近くにしゃがみ込んでいるのが映し出され、2枚目に、フランスの豪華な四柱式ベッドが映し出される。別の学生グループには、兵士とベッドを重ね合わせた1枚の合成画像を提示した。そして、これらの画像で触発されたイメージから新しい絵を描かせ、プロの芸術家、美術教師、美術評論家など、専門家に評価してもらう。その結果、合成イメージはより創造的な絵を呼び起こしたのだ[75]。

ローゼンバーグの合成イメージは、詩の読者にとってのメタファーと同じような効果を、視覚芸術家に引き起こす。ローゼンバーグが同一空間思考と呼ぶこの原理は、やはり創造性を高める。ローゼンバーグは、英米の作家や科学者に1000時間を超えるインタビューを行い、異なる種類のものが同一空間に置かれることで、創造性が刺激されるということを確かめている[76]。原子が蛇のような鎖に変化し、その蛇が自分の尾を噛む夢を見てベンゼン環の構造を発見したという逸話なども思い出させる[77]。アルベルト・アインシュタインが相対性理論を発見したとき、自分が光とともに移動していると ころを想像したという逸話は有名であり、物理学者ドナルド・グレーザーが素粒子を検出する泡箱を発明したとき、液体水素の入った水槽の中の地球の周回軌道上にいる自分を想像したといわれる[78]。

しかし、他の心理学実験から、創造的な心は、その触手をさらに貪欲に広げていることも明らかになった。それは、創造的な人々が意図的に新しい経験を求めるということではない。所詮、人は自分の経験したことしか組み合わせることはできない。ここで私が言っているのは、もっと繊細で、無意識的な感性のことだ。

２０４人の大学生がアナグラム（senator〔上院議員〕のような単語の文字を並べ替えると、treason〔反逆罪〕のような別の単語になるパズル）を解く課題を与えられる。この課題の前に、参加者は単語のリストを見せられた。それと同時に別の単語のリストが、こちらは読み上げられた。そして参加者は、目にした単語は暗記するが、聞こえている単語は無視するよう指示された。２つのリストのどちらにも、アナグラムの答えが含まれていることを彼らは知らされなかった。

アナグラムを解いたとき、創造性の高い学生たちの反応は他の学生たちとは違っていた。創造的な学生は、忘れるよう指示された読み上げリストに答えがあるアナグラムの成績が良かったのである。つまり、彼らは、無関係と思われる情報（じつは重要だったのだが）を選別することにあまり注意を払っていなかったのである。[79] このパターンは、科学的発見の歴史に詳しい人なら誰でもピンとくるだろう。多くの成功した科学者が、他の人の無視した情報に引っかかっていたのだ。ビタミンＣを発見した化学者アルベルト・セント＝ジェルジの言葉を借りれば、「発見とは、同じものを違う角度で見て、何か違うことを考えることである」[80]。

敏感なアンテナ。同一空間思考。遠隔連想。これらはすべて、同じ才能、つまり心の中で遠くへ速く移動する能力が、心理学実験の数分間、あるいは数時間の中で、異なる形で現れたものである。創造的な心がこのようなテストの中で見せる一瞬の輝きは、人間の創造性の縮図である。そして、その才能が、人生の旅路で蓄積された知識が組み替えられ、大いなる創造の果実を生み出すのである。このような組替えは、私たちの心が夢を見たり、遊んだり、インキュベートしているときに起こりやすい。さらに、その劣ったアイデアを捨てる判断を一時的に保留するとよい。そのアイデアが最終的な完成形への足がかりとなるかもしれないのだ。

ＤＮＡの組換えが生物の進化の適応度地形の探索にとって重要であるように、心の組替えは私たちの創造性にとって重要である。心の地形図を飛び越えたり、迷走できるような心の状態に到達するための遊びやその他のさまざまな手段も同様である。そして、適応度地形の問題は、あらゆる種類の創造にとって中心に位置する。したがって、人間の創造性についての地形図的な視点は、私たちの重要な問題（どのように子どもを育てるか、どのようにビジネスに革新をもたらすか、どのように国全体を創造力に満ちたものにするか、といった問題）への答えも与えてくれる。

第9章 子どもから文明まで

第9章　子どもから文明まで

韓国の高校生たちは、大学入試「スヌン」を控えた数か月、1日の睡眠時間が6時間を切り、ハグォンと呼ばれる厳しい塾で1日13時間も勉強をする。テストが終わると使い終わった教科書を窓から投げ捨てるのも仕方がない。テストの日は、国中が異常事態に陥る。寺院は祈りを捧げる母親たちであふれ、市当局は遅刻者が出ないよう地下鉄を増発し、航空管制官は英語リスニングテストの邪魔にならないように飛行機のルートを変更し、警察官は遅刻者を試験会場に急行させるためにバイクで待機する。デモが中断されることもある。このテストがどのように受け止められているか想像できるだろう[1]。

毎年900万人以上の中国人学生が受験する「高考」も、同じくらい重要であり、なおかつ生徒を苦しめる。準備は5歳から始まり、中国の「母虎」が掛け算や文法を教え込む。成功は大学進学を意味し、うまくいけばより良い生活が待っている。逆に失敗は、単純労働の人生を意味する。中国の親が自分の子どもに社会的な階段を上っていくことを期待しているのに対し、米国の裕福な親は、自分の子どもが階段を下りていくことを恐れている。米国の圧力鍋の中にいるような高校に通う子どもたちも心穏やかではいられない。あるパロアルトの高校生は言う、「私たちはティーンエイジャーではない、競争社会の中の無機的な存在だ[2]」。このようなプレッシャーの中で、高考や米国のエリート高校での10代の自殺が頻発している[3]。

このような子どもや親たちは、「競争こそが成功への唯一の道である」という重力から逃れられない短絡的ダーウィン主義に支配された教育の世界に住んでいる。競争が激しければ激しいほど、成功の報酬は大きくなる。そのような無情な世界では、国内的にも国際的にも競争力のあるトップの学生を生産する競争の裏側で、競争から取り残され、うつ病や自殺願望をもつ若者が生み出される。このようなアジア型のシステムからは、「良い製品」がつくり出されている。少なくとも、国際学習到達度調査（ＰＩＳＡ）のような国際比較では、中国や韓国の生徒が数学、国語、科学の分野で常に上位にランクインしている[4]。政治家や教育者からアジアの教育システムが賞賛を受けることがあるのもこのためだ[5]。

チャールズ・ダーウィン（彼自身は中程度の学生だったが）は、この食うか食われるかの教育観には反発しただろうが、競争の意味を私たちの心に焼きつけたのは彼の著作であるといえるかもしれない。そして、競争の何が悪いのかと言われると困惑しただろう。

何も悪くない。競争は不可欠だ。

しかし、それだけでは十分ではない。

充実した、生産的な、そして何よりも創造的な人生を送るための教育には十分ではない。創造性は飾りではない。革新的な組織とダイナミックな社会の構築はますます重要になっている。２０１０年のＩＢＭの調査では、33業種の１５００人を超えるＣＥＯが、ビジネスの成功に最も重要な要素として創造性を挙げている[6]。そして、バラク・オバマ元米大統領は２０１０年の会議で次のように述べている。「我々の唯一かつ最大の資産は、米国民の革新性、創意工夫力、創造性である。それは私たちの繁栄にとって不可欠なものであり、その傾向は今世紀はさらにますます強まるだろう[7]。」

創造性による繁栄には、競争が不可欠と思われがちだが、競争だけでは繁栄は築けない。では、何が必要なのか、適応度地形の考えが教えてくれる。本章では、社会の基盤となる政策や政治を適応度地形の視点から捉え、国民や組織、国家を創造的で革新的なものにするために、何を守り、何を採用し、何を捨てるべきかを考えていく。

❄　❄　❄

現在の超競争的な教育システムの最大の問題は、失敗に対して罰則を課し、標準化されたテストを極端に重視することである。米国のＳＡＴ（Scholastic Aptitude Test：学力テスト）のようなテストは、学習と教育をじわじわと蝕む。それは幼稚園から始まり、小学校に至るまで続く。算数や国語の教科学習が重視され、音楽、芸術、遊びがなくなっていく[8]。標準化されたテストの問題は、真の学びの時間を奪うことだけではない。教育を均質化してしまっていることも問題だ。適応度地形の観点から見ると、１人の心の中での組替えのチャンスを失わせるだけでなく、多様な知識や技能をもった複数の生徒の間での組替えのチャンスも失わせてしまっている。

均質化は、中国の高考試験の前身である「科挙」では、意図されたものであった。科挙は、政府および宮廷の高官を選抜するための試験で、１３００年以上もの歴史がある。合格率は２％と低く、その準備には数年から数十年が必要だった。受験者は民法や税制などの科目を受けたが、最も重要なのは、秩序と従順の価値観を植えつける儒教の古典に関するものであった。[9] 科挙には、能力主義の政府を維持するだけでなく、皇帝の権力を正当化する思想を浸透させる効果があった。「天下の英雄は皆、私の罠に落ちた。」これは、7世紀の太宗皇帝が、宮廷に到着した科挙の合格者を見て述べた言葉である。試験に不合格になった者の中には、科挙受験者の教育係となり、儒教の教えを広めたものもいれば、長年の儒教の勉強で反骨精神をすり減らしたものもいた。唐代の詩人、趙嘏《ちょうか》が「すべての英雄に白髪を与える」と呼んだこの戦略は、1000年以上にわたって、均質で従順なエリートを政府に送り込んだ。[10]

中国などのアジア各国の政府は、超競争システムが社会に与える影響に気づいている。[11] しかし、残念ながら、中国でも欧米でも同じだが、大学入試から逃げると子どもの将来が不安にさらされるため、子どもたちはこのシステムから逃れることができない。テスト主導の教育が創造的思考を阻害することは、確かな裏づけで証明されているにもかかわらず、この状況は続いている。トーランス・テストの点数を創造性の尺度のひとつとして考えてみよう。この指標によると、幼稚園児から高校生まで25万人の米国の子どもたちは、IQスコアが継続的に上昇しているにもかかわらず、創造性については1990年以来着実に低下している。テレビや携帯電話などの悪影響もあるだろうが、それだけが悪者ではない。米国の学校では、標準テストとテスト準備にかかる時間が原因である可能性が高い。[12] 中国の子どもの状況はもっと悪い。ある研究では、米国と中国の有名二大学（イェール大学と北京大学）の学部学生139人のつくった芸術作品を、9人の審査員（中国人と米国人）で評価した。中国人と米国人の両審査員とも、中国人学生の作品は米国人の作品よりも創造性が低いと評価した。ここには、米国人学生の人種的な背景は影響していない。より広範な社会的要因に加えて、テストが米国と比べて重視され、創造的な活動に割く時間が短い中国の教育システムに問題があると研究者たちは論じている。[13]

超競争的な教育モデルには、適応度地形が唱える原則、すなわち、ピークに達するには、選択と判断が棚上げされた自由な探索の時間が必要だという視点が欠如している。年少の就学前の子どもたちは特に、教室での教科の授業よりも、このような探索を通してはるかに多くを学ぶ。343人の子どもを対象とした比較研究を紹介しよう。この研究では、教師が教室で指導するタイプの教科主体の幼稚園の子どもと、子どもの意欲を尊重して思うままにさせ、昔ながらの遊びを取り入れた幼稚園の子どもを比較した。[14] 教科主体の子どもたちの成績は、4年生になる頃には、遊んでいた子どもたちよりも下がっていた。さらには、教科主体の子どもたちは、探究のような活動をうまくできなかった。多くの動物種にとって遊びが大切であったように、人間にとっても探究は大切な営みである。[15]

数学や科学、文法などを学ぶ年長の生徒にとっても、創造性を養う訓練は依然として重要である。そのような訓練は、従来行われてきた美術や音楽の授業を取り入れればよいというものでもない。米国の教育者ケリー・ルーフの「プライベート・アイ・プロジェクト」では、文学や科学に重要なアナロジーやメタファーといった遠い関係のものを結びつける思考力を養い、創造性を高めようとしている。[16] 宝石商のルーペのような簡単な道具を使い、貝殻、昆虫の翅、枯れ葉のようなものを観察し、「何を思い浮かべる?」という簡単な質問から、答えのない開かれた対話を始める。枯れ葉は、蛇のうろこ、腐った骨、蜂の巣、編み毛布、穴のあいた旗、はがれた皮膚などを連想させるだろう。このような連想から絵を描き始めてもよいし、乾燥という現象の物理学の授業になったり、物語が始まってもよい（「昨日、緑の旗だった私は、今は穴だらけになってしまった」のように）。ルーフが受賞歴のある詩人でもあるのは偶然ではないだろう。

バークレーを拠点とする「スタジオH」と呼ばれるプログラムでは、小学生が長期間にわたってプロジェクトに取り組む。カリフォルニア州バークレーにあるレルム・チャーター・スクールの正規カリキュラムの一部であるスタジオHは、建築家のエミリー・ピロトンによって設立され、農産物直売所、農産物市場、ホームレスのための小さな家など、実社会で建物をつくる。そのために、生徒たちはまず建築図面、模型づくり、工具の使い方について学ぶ。そして、複数の設計図（発散的思考）を作成し、それを1つの設計図に絞り込む（収束的思考）。そして、チームとなって建設を行う[17]。

スタジオHは洗練されているが、もっと単純なプログラムでも、少しの遊びの要素を加えて選択判断を保留してやれば（地形図の谷を下ってもよい）、強力な長期的効果をもたらすことがある。スペインのある研究では、10～11歳のスペインの小学生86人を2つのグループに分け、ほぼ1年間を通して観察した。最初のグループの54人の子どもたちかは、創造性を高めるための訓練に参加した。生徒が2人一組になり、1人が動物を描き、もう1人が、その動物の体の一部から絵を描き始める等を行う。そうすると象の耳が蝶の羽になったりする。他にも、生徒たちは架空の広告をつくったり、身近なものに新しい名前をつけたり（スプーンをピューレ発射台と名づけるなど）、牛とアヒルが電話で会話するというような普通ではありえない場面を考えたりした。残りの32人の子どもたちは、学校のカリキュラムの中の芸術の授業を受けたが、創造性を高めるために意図的にデザインされたものではなかった。

1年の終わりに、ある考えから別の考えへと転換する能力や、斬新で変わったアイデアを創造する能力を評価するテスト受けたり、描いた絵の創造性を2人の芸術家が評価したりした。すると、予想通り創造的な遊びをした子どもたちは、もう一方のグループよりも創造性が高かった。それだけでなく、実験前には創造性のスコアが最も低かった子どもたちが、遊びを通して最も創造性を向上させたのである。[18]創造性の訓練は、スポーツの練習に似ているという研究もある。誰でも正しく練習すればテニスができるようになる、そして中にはフェデラーのように一流になる子も現れる。[19]

しかし、創造性を訓練するプログラムをいくらつくっても、大学入学や就職の場面で候補者をどのように選抜するかという問題は残る。幸いなことに、標準テストに代わるものがある。[20]成績表や教師による推薦書は、古風だが、有効に機能することもある。入学に標準テストのスコアを必要としない33の大学に在籍する12万3000人の米国人大学生を対象とした2014年の研究を紹介しよう。その調査から、SATのスコアの良し悪しは、高校の成績の良し悪しほどには大学の成績と相関しないことがわかった。テストの点は良かったが高校での成績が低かった生徒は、大学での成績も低く、卒業する可能性も低かった。[21]もうひとつは、アセスメント・センターである。アセスメント・センターは、第二次世界大戦中に米国の諜報機関がスパイを選抜するために設立された。今日でも、AT&Tやゼネラル・エレクトリックなどの企業では、企業のアセスメント・センターで候補者を評価している。候補者は、このようなセンターで数日過ごし、課題をこなしたり、面接を受けたり、グループ活動に参加したりする。このようなセンターでは、職務に特化したスキルだけでなく、モチベーション、チームワーク能力、感情的知性なども評価される。[22]

成績表やアセスメント・センターでは、長所をもとに評価し、標準以外の教育課程を受けてきたことや長所を複数もつことが悪い評価にならない[23]。つまり、個人や集団の多様性にペナルティを課さないのである。そして、多様性こそが、適応度地形の思考から見た創造性への最も基本的な処方箋なのである。人間の知識はあまりにも膨大であるため、20年間の学校教育を受けたとしても、ひとりの頭脳が理解できるのはそのごく一部であり、創造性を発揮するには、その限られた中から組合せをつくることになる。多様な教育によって、さまざまな頭脳にさまざまなスキルを身につけさせることで、その中の誰かが、明日の難問を解決するための適切な組合せを見つけ出すチャンスが広がるのだ。学校間で、数学や国語のような少数の主要科目以外はほとんど授業科目を共有せず、学校の生徒が科学的科目と芸術的科目、理論的科目と実用的科目、学問的科目と職業的科目など、さまざまな科目の組合せを自由に選べるほうが、社会の創造性は高くなる。標準テストに振り回される教育は、逆効果である。生徒に最高速度で坂を駆け上がることを強いるだけでなく、全員が同じ山を目指して駆け上ることになる[24]。

多様な教育のためには、教師に多様な内容を教える自由を与えることも重要である。生徒に独自の興味を追求する自由を与えることも同じくらい重要だ。その理由は、心理学者が内的モチベーションと呼ぶ、外発的な報酬がなくても物事をやり遂げたいという欲求にある。その対極にある外的モチベーションは、創造性を阻害する可能性がある。ハーバード大学の研究者テレサ・アマービルが作家を対象に行った研究で、外発的報酬について考えることさえ、創造性に悪影響を及ぼすことが示された[25]。実験で、アマービルは作家集団を2つのグループに分けた。最初のグループは、創作活動の内発的な喜びに関するアンケートに答え、2番目のグループは、教師からの評価、経済的安定、小説の売上などの外発的報酬に関するアンケートに答えた。その後、両グループのメンバーに短い詩を書いてもらい、それを12人の詩人が審査した。審査員は、外発的報酬を考えていた作家の詩に対して低い評価を与えた[26]。

10歳になる前にナチュラリストになったハーバード大学の生物学者E・O・ウィルソンや、13歳で最初の化学実験を始めたノーベル化学賞受賞者のライナス・ポーリング、10歳までに天文学への愛に目覚めた天文学者ベラ・ルービンなど、幼少期に天職を見つけた類まれなクリエイターたちも、内的モチベーションの力を語っている[27]。彼らの内なる衝動は、厳格なカリキュラムだけでなく、高圧的な教師、退屈な学校、息苦しい官僚組織、気の遠くなるような暗記、反復的な作業によって押しつぶされていたかもしれない[28]。アインシュタインの有名な言葉を引こう。「近代的な指導法が、神聖な好奇心の息の根を止めていないのは、奇跡と言うほかない[29]。」

しかし、内的モチベーションを維持する自律性を育てることは、言うは易く行うは難しである。創造的な生徒は、リスクがある行動を衝動的にとることも多い。これは、責任感や頼もしさという教師にとって好ましい性格とは正反対である。ほとんどの教師は、創造性豊かな子どもたちと働くのが好きだと主張するだろうが、一連の心理学的研究は、そうでないことを示している。教師は、時間を守り、礼儀正しく、順応性があり、教師の好みに合わせる成績のよい生徒を好み、エネルギッシュで、反抗的で、頑固で、創造的なタイプの子どもたちに問題児の烙印を押すことが多い[30]。しかし、内的な好奇心を育む責任を教師にだけ押しつけるわけにはいかない。30人のやんちゃな子どもを静めてくれる教師を誰が責めることができるだろう。ここは、親の出番である。重要なのは、適切な子育てスタイルを選択することである。情感的なサポートと教育的関わりの組合せだ。前者は子どもの自律性を促し、後者は最低限のことは行うよう促す。やらせるのではなく、むしろ自分から挑戦するように促すのだ[31]。

まとめると、適応度地形の思考からの子どもの教育に関する簡単で普遍的なメッセージは、多様性と自律性を育むことだ。このような教育で、個々の子どもの心に多様なスキルが身につき、さらに、多くの子どもの心にも異なる多様なスキルが身につく。組替えの準備完了だ。競争ばかりの学校でテスト勉強にあてる時間を、創造性の訓練や遊び心にあふれた学習に置き換えると、このようなスキルを身につけることができる。そして、この後に見るように、同じ原理が、明日の創造的エリートを教育するための大学にも当てはまるのだ。

❄ ❄ ❄

2009年はじめ、私はチューリッヒ大学の博士課程への入学願書一通を受け取った。応募者は一流大学の出身ではなく、大学初期の成績は中位で、数年間学業から離れていた。普通なら、私はそのような学生を引き受けない。しかし、その出願書類は明晰で、よく調べられ、注意深く練られており、情熱的なものであった。そこで私はこの応募者アミット・グプタにチャンスを与えた[32]。

後悔はしていない。私の研究室での4年間、何度も彼と議論を交わした。アミットからは研究に対するアイデアが泉のようにあふれ、その創造性で皆を元気づけてくれた。（彼は常に、一生懸命働くこととアマチュア・ロック・ミュージシャンとしての情熱のバランスをとっており、それが彼の以前の成績にも表れていた。）そして4年後、彼は他の若手科学者たちが憧れる*Nature*誌での研究成果の発表を成し遂げた。

創造的な才能を見出すことの難しさは、高校でも大学院でも変わらない。ＧＲＥ（大学院進学適性試験）のような標準テストはあまり役に立たないということは共通している。アミットは、テストの点での足切りやＧＰＡ（評点平均値）の最低基準を課す大学院プログラムでは、合格しなかっただろう。私自身、才能ある人材を選抜する長年の経験から学んできたことがなければ、彼の願書を脇に投げ捨てていたかもしれない。

私は、１９８０年代のゲルマン的な堅実だが堅苦しいドイツ式教育を受けた後、母国オーストリアを離れ、米国の大学院に進学した。数年後、博士号を手にした私は、他の同僚たちと同様、博士号をもちながら定職に就かないポスドク研究員という旅人のような生活を始めた。その旅は、米国やヨーロッパでの途中下車を経て、米国の大学で教職に就いた後、ヨーロッパに戻って終わった。最終地はスイスのチューリッヒで、最初に旧世界を離れてから15年、大西洋を6回渡った[33]。

米国でもヨーロッパでも、私は修士課程や博士課程の入学試験の委員を何度も務め、数百人の出願者の選抜を行い、成績上位の受験者たちと面接した。多くは機械的な暗記とテストの点がすべてという国から来ていた。そして何度も何度もがっかりさせられた。確かに、彼らの暗記力は抜群であったが、それまでの学校生活の中で、科学者としての生き方に必要なことを身につけている受験生は少なかった。機械的な記憶では、優れた実験どころか、まあまあの実験すら編み出せない。悲しいことに、こうした機械暗記選手の中には、大学での通常の研究プロジェクトの背後にある問さえ理解していない者もいた。将軍に従う兵士のように、彼らはただ盲目的に教授の命令を実行していたのだ。

大学の教育者であり研究者であった私は、別の場面でも、暗記訓練と順応主義の危険性について思い知らされた。そのひとつは、シンガポールの政府系研究所に半年ほど滞在したときのことである。そこで出会った大学院生やポスドク研究者のほとんどは、アジアで評判の高いシンガポールの学校や大学の厳しい競争を勝ち抜いてきた人たちだった。非常に礼儀正しいだけでなく、非常に有能で、山のようなデータを分析することができた。しかし、彼らの訓練は、創造的なキャリアに不可欠な一歩を踏み出すための準備にはなっていなかった。教授の権威から離れ、自分の道を藪漕ぎしながら切り開き、ワクワクするような疑問だけを追いかけるための準備だ。聡明で勤勉な子どもたちがどうして、ロボットのように無味乾燥で、創造性の火花のない研究しかできないのか。火花を育む教育を受けていたら、どうなっていただろう。

しかし私は、アミットのような原石、つまりテストの点がそれほど高くなくても抜群に頭の良い受験生にもしばしば出会った。彼らのようなダイヤの原石は、科学研究を行ううちに磨き上げられ、実験や理論を通してさらに輝きを増し、国際的な注目を集めるようになった。このような学生は、一途でも、成績優秀でもなかった。バンド活動をしたり、競技スポーツに打ち込んだり、世界中を旅したりしていて、大学での成績はそれほどでもなかった。しかし、不思議なことに、そうした気晴らしがより情熱的で創造的な仕事に向かわせたのである。半世紀以上前、近代神経科学の父であるスペインのノーベル賞受賞者サンティアゴ・ラモン・イ・カハールは、学生を選抜するにあたって、「常に飛び跳ねているような豊かな想像力に恵まれ、文学、芸術、哲学、そして心と体のあらゆる気晴らしにエネルギーを費やす生徒」を選ぶよう勧めていた。「遠くから彼らを観察していると、彼らがエネルギーを放散し、浪費しているように見えるが、実際には、彼らはエネルギーを集中させ、強めているのである。[34]」

このような科学者たちを観察する中で、進化の適応度地形を研究する創造的な研究者チーム（現在20人ほどの強力なメンバー）の構築と運営についても、少しばかり学ぶことができた。

ルール1はすでに述べた。採用する前に、その人のことをよく知ることだ。どんなテストの点数も、長時間の面接、文章、プレゼンテーション、推薦者との会話には代えられない。

ルール2は自律性についてである。研究者にスキルと情熱があれば、それを追求する自由を与える。そのため、私のチームでは、メンバーは通常、自分で研究プロジェクトを立ち上げる。彼らは通常、複数の選択肢を考えるが、その中から最も独創的であり、実現可能で、エキサイティングなものに絞り込む。

そして忍耐強くなければならない。重要なプロジェクトは容易には成し遂げられない。複雑な地形を旅しなければならない。ダンテのように、天国へ至る道は、何か月もの試行錯誤と実験の失敗という地獄を通り抜けたあとに開ける。もし、すべての失敗の背後に失業の恐怖が潜んでいるとしたら、研究者の想像力は跳躍することをやめ、近くの丘を必死に登り、そこにとどまるだろう。

最後のルールは、何度も見てきたことだ、多様性が大切だ。多様性とは、1人がもつスキルの多様性という意味だけではなく（それもあるが）、さまざまな背景をもつメンバーを抱えるチーム内の多様性でもある。私のチームのメンバーは皆、生物の進化に興味をもっているが、生物学者だけでなく、コンピュータ科学者、化学者、物理学者、数学者もいる。それぞれが、人類の知識の地形図において、独自の位置にいる。

このような多様性は、共同研究を成功させるうえで不可欠だ。チームのメンバーの数だけ成功の母がいるようなものである。これは単なる1人の意見ではない。半世紀にわたって発表された約2000万件の科学論文を分析した2007年の研究では、単独の研究と比べて、チームで行われる共同研究の重要性が確実に高まっていることが示された。科学と工学の分野では、研究経費が高騰し、複数の研究室の機材を用いた研究が必要になっていることも理由のひとつである。社会科学、芸術、人文科学の分野でも、チーム研究は重要になっている。そして、歴史的に孤高の天才の領域であった数学でさえも、現在では重要な成果の多くがチーム研究からもたらされている。実際、最も影響力のある研究論文、つまり千回以上引用された論文は、1人の科学者よりもチームによって書かれたもののほうが6倍も多い[35]。

まとめると、学術研究は幼児教育と同様、自律性、多様性、失敗の許容、知識の組替えによって促進される。このような適応度地形的な思考によって、今日の基礎研究に立ちはだかる2つの脅威への対抗策も展望できる。

脅威のひとつは、伝統的な大学の組織形態に起因するもので、そこでは研究者は経済学、物理学、美術史、生物学といった学科にきれいに囲い込まれているという点だ。異なる学科にまたがる共同研究をしたくても、このような囲いがあるため、スキルやアイデアの組替えがスムーズに起こらない。幸いなことに、アカデミアの閉塞感にうんざりしている大学の研究者たちには、ベルリンの高等研究所やニューメキシコ州のサンタフェ研究所のような小さな組織という選択肢がある。これらの研究所は、知の組替えというひとつのミッションをもっている。終身職の研究者は数人いるかいないかで、あらゆる分野から数多くの客員研究員を受け入れている。彼らは数日から数年の間、アイデアを交換するために滞在する。

私がサンタフェ研究所を定期的に訪れるようになって20年以上になるが、そこでは、誰に出会うかまったく予想できない。作家、物理学者、教育者、考古学者、生物学者など多様な人材が集う。彼らと一緒にアイデアを出し合うことは、子どもにとってのレゴと同じくらい、私にとって刺激的だ。彼らのアイデアの多くは何週間も私の頭の中に残り、やがて新しい研究プロジェクトや、本書のような分野を超えた本へと結実する。

小さな研究所でアイデアの組替えが促進されるコツを、大規模な大学でまねすることは簡単ではない。まず、知らない人がいないという小規模さが大切だからである。常に互いに顔を合わせることで、訪問者は気心が知れてくる。そして、できれば町から少し離れた半分隔離されたような場所にあると、会話が弾む。その場で提供される食事を共にとるのでもよい。そして最後に、物理的なスペースが必要だ。広くて快適な共同スペースでは、科学者たちのアイデアの交換が促される。著名な研究者に小さなオフィスを提供するのとは対照的だ。（大学でも試してみてほしい。）

このような研究所は、教育機関としての大学やその10億ドル規模のインフラに取って代わるものではないが、将来的にアイデアの組替えを促進するためのモデルにはなる。すでにその規模をはるかに超えた功績を上げ、社会学や生物学など異なる分野の間で優れた共同研究を生み出している。[36]

しかし、このような研究所は学問の閉鎖性を打破することはできても、西洋の科学にとって第二の脅威、つまり第二次世界大戦後の華々しい成功の裏側で大切なものを破壊することになった脅威に対しては太刀打ちできない。

米国では、フランクリン・デラノ・ルーズベルト大統領の科学顧問であったヴァネヴァー・ブッシュのような先見の明のある人物によって、成功の基礎が築かれた。ブッシュは1945年に「科学：終わりのないフロンティア」と題する文書で、米国を科学の僻地から世界的な研究開発エンジンに変えると主張した。この文書の中でブッシュは、抗生物質の発見につながったような、すぐには実用に結びつかない基礎研究に政府が資金を提供すべきだと主張した。ブッシュは、研究者の研究の自由を確保するために十分な資金提供を構想していた。[37]

彼の構想は、国家科学財団（NSF）のような資金提供機関の創設につながり、200人以上のノーベル賞受賞者を含む、数え切れないほどの米国の研究者の研究を支援してきた。[38] しかし、彼は、思い描いた自由が失われつつある現状を目の当たりにすると、落胆してしまうのではないだろうか。

教育と同じように、科学研究も超競争的になっている。競争第一主義のうぶな社会ダーウィン主義なら、このような発展を歓迎するだろう。しかし、適応度地形の視点からは脅威が見えてくる。今日の米国の大学では、10万人以上の生物学や医学の教授が、1万6000人もの博士号取得者を送り出している。これらの研究者は、3万人を超えるポスドク研究員の軍勢に加わり、皆、数少ない研究職を求めて奔走する。[39] そして、選ばれた数少ないポスドクにとっても、苦難は始まったばかりである。資金獲得競争があまりにも激しいため、自分が得意とする研究に費やす時間はほとんどない。その代わりに、彼らは何ページにもわたる申請書を書き、全米科学財団のような資金提供機関で何百もの他の提案書と競争する。そこでの採択率は5％を下回る。言い換えれば、アカデミックな仕事に就いた数少ない選ばれたひとりであるにもかかわらず、若い大学の研究者は、自分の得意な研究をするためには平均20もの提案書を書かなければならないのである。そしてその資金がなければ、彼のキャリアは始まる前に終わってしまう。[40]

申請書を審査する専門家たちもうんざりしており、申請書を却下する口実を探している。若い科学者はそのことをよく知っているし、審査員が保守的な傾向のある年配の科学者で占められていることも知っている。独創的で一風変わった提案は、保守的な審査員の格好の口実になる。すると自然な反応として、安全な研究を選べ、となってしまう。このような研究は、シドニーオペラハウスのような先鋭的で革新的な建物と、誰でも建てられる型で抜いたクッキーのような郊外住宅を比べるようなものだ。そのような研究は成功することは保証されているが、ブレイクスルーを生み出すことはない。超競争は、先見の明のある建築家を、さびついた職人に変えてしまうのだ。

審査員が研究費の申請を評価する際、申請した科学者の実績も判断材料となる。その実績を評価するためには、申請者の論文を読まなければならないが、申請書の数を考えると、それはまったく現実的ではない。だから、学生のテストの点数のような単一の数字を使う誘惑には抗しがたい。科学では、その数字は研究者の論文が引用された数である。被引用数は、歴史的なパターンを幅広く研究するには最適だが、若手科学者の研究を評価する指標としては危険である。特に、画期的な研究ほど、認知され引用されるまでに何年もかかることも考える必要がある。[41]そうすると、被引用数は誤解を招く指標となる可能性がある。世界が追いついた頃には、この若い研究者はタクシー運転手になっているかもしれない。

これらは学問における超競争がもたらす悪い徴候であり、学校の生徒と同様、科学者の間でも多様性を減少させている。その結果生じる均質化は、英国の経済学研究において定量的に現れている。英国政府は大学の学科の研究成果のインパクトの総計に基づいて、研究資金を配分しており、1992年から2014年にかけて、経済学の研究資金は一部の大学に集中するようになった。その結果、その大学に行く学生が増えた。これらの大学は、少数の雑誌で成果を発表し、主流なテーマを研究し、オーソドックスで主流な経済学を教えている。[42]

ほとんどの科学革命は主流から遠く離れたところから生まれていることを考えると、この傾向は大きな問題だ。皆が同じ山に登ろうとすると、知識の地形図の多くは未開拓のままとなり、抗生物質やDNAの二重らせんのような発見はなされないままとなる。超競争は、学校のテストと同じように、科学のモノカルチャーを生み出す。

では、どうすればよいだろう。

戦後の研究費増加の黄金時代は遠い記憶となった今、大学は輩出する研究者の数を抑制する必要があるだろう。[43]それは、必要な策だ。しかし、適応度地形の視点から、もうひとつの策を編み出すことができる。それは、時には失敗を許容することだ。若く有望な学術研究者に、業績とは無関係に、少額ではあるが、独創的なアイデアを追求するのに十分な研究資金を与えることである。[44]失敗しても資金を取り上げてはいけない。別のアイデアを試させよう。もし彼らが成功したら、より多くの資金を得るために競争させ、さらに研究を進めさせよう。

少額の安全な資金提供は、失敗への恐怖を和らげ、若手研究者が画期的発見の前に経験する地獄を乗り越える支えとなるだけでない。良い雑誌に掲載するために、流行の研究を追いかけるなどということもしなくてすむ。ディスカバリー・チャンネルに出演しなくても、若い科学者が探検家であり続けることができるのだ。

このような試みは、ヨーロッパのいくつかの国で進行中である。スイスは小国であるため、米国と同じ量の研究成果を生み出すことはできない[45]。しかし、驚くべきことに、国民1人あたりの研究成果を集計すると、スイスは、論文発表数、影響力を示す指標（すべての分野ではないが）、ノーベル賞受賞者数において、米国を含む主要国と同等か、それ以上である。その理由は複数あるが、スイスの優秀な大学は、研究者に少額だが安全な資金を提供して、最高峰のピークにつながる谷を越える手段を提供していることの影響は小さくない。このメッセージは、すべての国の政治家に聞いてほしい。容赦ない競争を抑制することは、税金の無駄遣いではない。正しく行えば、それはイノベーションを生み出すのだ[46]。

❄　❄　❄

新商品を開発する企業の多くは、スイスの学術界のように長い目で創造的な適応度地形を探索することはできない。彼らは数か月からせいぜい数年のうちにアイデアを製品化する必要がある。そのため、彼らの多くは、商品化に数十年かかるような基礎的な新技術の開発はしない。むしろ、彼らの研究開発は既存の製品に手を加えたり、最適化したりするものだ。言い換えれば、彼らの研究開発の大半は開発であり、研究が占める部分ははるかに小さい。遠くの山を登るよりも近くの丘を登るのである[47]。

このような理由からか、ビジネスリーダーは、大学の研究を高く評価している。それは、将来の従業員を育成するためだけでなく、大学研究が生み出す多様な知識に対する期待も高いからである。適応度地形の観点から見ると、大学と産業界は共生関係にある。一方は遠くへ飛び、もう一方はそこから小さなステップを踏みながら昇っていく[48]。

しかし、この伝統的な関係を打ち破った企業もある。グラフェン、遺伝子工学、コンピュータ制御の機械などの分野では、アカデミアで発見されたものを何十年もかけて商品化している。自ら発見しようとしている企業もある[49]。これらの企業は、創造的なビジネスを行ううえで特に貴重な教訓を与えてくれる。

歴史的に見れば、AT&Tとその研究所であるベル研究所は、トランジスタ、太陽電池、レーザー、光ファイバーといった画期的な技術革新を生み出した。半世紀前、ベル研究所が絶好調だったとき、適応度地形の思考はまだ生物学にとどまっていたが、ベル研究所の主任設計者のひとりであるマーヴィン・ケリーがベル研究所を運営していた際の理念は、適応度地形入門講座からそのまま引用できる。

第一は多様性である。ケリーは、物理学者と電気技師、設計者と実行者、科学界の有名人と新人を同じ空間で組ませて、最高の創造性を発揮するために必要不可欠である遠隔知を結びつけた。2番目は、自由と多くの時間である。プロジェクトが実を結ぶまでに何年もかかることもあったが、急いで製品を市場に出す必要がなかったからこそ可能だった。時間があれば、失敗も許される。

この原則はシンプルなのに、なぜ誰もがそれに従わないのだろうか？　ベル研究所での成果によってノーベル賞を受賞した物理学者フィル・アンダーソンは、「お金の重要性を過小評価してはならない」と言っている。ベル研究所は、巨大な電話の独占企業がスポンサーだった。[50]今日でもイノベーションに必要な忍耐力をもてるのは、グーグルのような裕福な企業だけだ。[51]

企業の研究が新境地を開くかどうかを決めるのはこうした忍耐である。テレサ・アマービルと彼女のチームは、創造性が収益に影響する複数の企業を研究し、貴重な教訓を得た。その教訓のひとつが、忍耐についてだ。私たちの多くは、厳しい締切が創造性を刺激すると感じているが、アマービルの研究によれば、極度のプレッシャーは創造的思考にブレーキをかける。問題を解決するのに十分な時間がある労働者のほうが、アドレナリンが出るようなプレッシャーにさらされている労働者よりも、より独創的な解決策を見出す。さらに、ストレスに耐えてなんとか期限を守った後は、創造性の「二日酔い」となり、ろくなアイデアが浮かばないという。[52]

創造性を高めるには、休憩や休暇も必要だ。今から2000年以上前、ソクラテスが「多忙な生活は不毛である」と警告している。彼はすでに重要なアイデアにはインキュベーションのための時間が必要であることに気づいていたのかもしれない。そして最近の心理学研究によれば、創造的な人たちは、時には疲労困憊するほど働き詰めであるにもかかわらず、他の人たちよりも休暇を多くとっている。[53]心を休める休暇の効果は定量化もできる。例えば、会計会社のアーンスト・アンド・ヤングでは、休暇が10時間増えるごとに、従業員の業績評価が8％向上するという。[54]

第三の教訓は、創造的であるには、チームのメンバーは、スキル、興味、視点が異なっていなければならないということだ。その理由は、適応度地形の思考から明らかだ。多様性があるからこそ、遠隔地との組替えが可能になるのである。残念ながら、多くのマネジャーはこの教訓を理解していない。おそらく、教師が反抗的な生徒よりもおとなしい生徒を好むのと同じ理由だろう。彼らは、同じ志をもち、一緒に働きたいメンバーだけで構成される均質なチームを編成する。したがって士気も高い。しかし、アマービルの研究によると、均質性の高いチームは創造力を発揮できない。[55]彼らは中途半端な丘に登り、平凡な解決策しか生み出せない。

創造的な大人たちのチームをつくることは、創造的な子どもたちを集めることに比べれば、決して簡単なことではない。そのためには、ビジョン、人を動かす直感、対立に直面したときの自信、そしてエゴに対する寛容さが必要だ。しかし、アップルの初代マウスで知られるデザイン会社ＩＤＥＯのように、それができた企業は創造的な大企業になることができる。ＩＤＥＯのリーダーは、多様性に富んだチームをつくることに長けており、こうしたチームは、体にフィットするオフィスチェアやウェアラブル搾乳器など、さまざまな製品を生み出しただけでなく、その過程で何百ものデザイン賞を受賞している。[56]

第四の教訓は、人間の創造性には、進化の適応度地形において遺伝的浮動が許容するような、自由な探索が必要だということである。あらゆるアイデアを何重にも検討したり、早い段階で批判したりすると、創造性は失われる。選択は重要だが、初期段階にやることではない。また、独創性をお金で評価する経営者も、間違った方向に進む可能性がある。褒めるのはよいが、賞金はよくない。賞金は、経営陣に操られていると従業員に感じさせるだけでなく、クリエイターを傭兵に変えてしまう。言い換えれば、探究心にとって非常に重要な、楽しいから創造するという内的モチベーションを排除してしまう[57]。

それと関連して、ベル研究所の先駆者であるマーヴィン・ケリーが気づいたように、ビジネスの創造性にも自律性が必要だ。開発者は戦略的目標を達成しなければならないかもしれないが、どうやってそこに到達するかは、開発者に任されていなければならない。このような自律性がなければ、ベル研究所の科学者たちは、失敗が生んだ画期的な技術革新であるトランジスタを発見することはできなかっただろう[58]。創造的な旅が必ずたどる谷からの脱出、すなわちミスを許すのも自律性があるからできることだ。伝統的な企業は、このようなミスを防ぐために多額の資金を投じているが、組織を研究する心理学者は、その投資は無駄であると断言している。むしろ、ミスから生じる負の結果を最小化し、正の結果を最大化するようにすべきである。学習と革新だ[59]。結局のところ、ミスは避けられないだけでなく、テフロン、ペニシリン、加硫ゴムのようなセレンディピティな発見につながることもあるのだ[60]。

このように、創造的なビジネスは、創造的な市民の教育や、基礎研究の促進に使われるものと同じ燃料で動いている。それは当然のことだ。結局のところ、彼らもまた創造の地形図を探索しているのだ。そして、このような適応度地形の観点から考えると、創造的ビジネスの成功はひとつの枠組みで理解できる。

バラク・オバマが2010年に提唱したように、創造性が国家の資産であるならば、政府はこの資産を成長させることを目指すべきである。適応度地形的思考から、そのための適切な法律や規制がどのようなものであるか考えてみよう。

❄　❄　❄

まず多様性について考えよう。ひとつは数の問題だ。地形図を探索する人々の数が多ければ多いほど、そして彼らのスキルが多様であればあるほど、より多くの人々が新たなピークを見つけることに成功する。例えば産業革命は、科学と工学が、一部の貴族的科学者が独占するものではなくなり、多くの職人たちが生計を立てるために行うようになって初めて実現した。彼らの試行錯誤が、技術革新の大きな爆発を生み出した[61]。

しかし、数がすべてではない。社会のスキルを集結させてできる花束は、野の花の乱舞となることもあれば、チューリップの花束になることもある。学校や大学を規制する法律は、社会のあり方を左右する。例えば、中国のほとんどの学校や大学は、政府の単なる支部ではないが、私立学校ですら、カリキュラムは政府によって管理されている。唯一、インターナショナルスクールだけは政府の手が届かず、文化的な組替えの機会となりうる。残念なことに、そこに中国国民は入ることができない[62]。（欧米の教育はより多様であるが、テストに向けた教育を続ける限り、その未来もまたモノカルチャーとなる。）

国内で十分な多様性が育たない場合でも、熟練した移民労働者を通じて多様性を取り込むことは可能である。移民を抑制する国は、危機と隣り合わせである。外国人が人口のわずか1・5％（訳注：

2023年では2・5%）しかいない日本は、残念ながら均一性の高い社会である。日本企業は、国際経験のない大卒者について不平を言うが、ユニークな訓練や海外経験のない自国出身者を好んで採用する。さらには、日本は外国人の才能を歓迎する国ではない。日本の大学に在籍する学生のうち外国人はわずか3%で、その数はさらに減少している（訳注：2023年時点では約4・6%）。大学教授についても外国人の割合は4%にも満たない。多くの日本企業が海外での競争に苦戦し、日本の大学が世界のトップ100にわずか2校しかランクインしていないのは、やむをえないことといえる。[63]

他の国はもっとうまくやっている。米国では理工系大学院生の25%が外国人であり、英国やスイスなどでは40%にも達する。この多様性は重要である。創造性テストというミクロコスムでも、異なる国に住んだことのある参加者のほうが良い結果を残す。創造的業績についていえば、科学や社会への卓越した貢献をした米国人の44%が最近の移民である。[64]

しかし、移民に寛容な国にも改善の余地はある。例えば、米国の大学院生の研究資金の主要な供給源である国立衛生研究所（National Institutes of Health）などの政府機関からの助成金は、留学生を対象から除外している。学界のリーダーたちは外国人学生の受け入れを提唱している。[65]また、マイクロソフトのビル・ゲイツやフェイスブック（訳注：現在はMeta）のマーク・ザッカーバーグのような産業界のリーダーたちは、米国の大学が数え切れないほどの外国人を受け入れ、数学や科学の博士号取得者を養成しているにもかかわらず、厳格なビザ政策のためにその40%を本国に送り返すことになっていると、長年にわたって不満を漏らしてきた。米国のテクノロジー企業は彼らのスキルを求め続けている。[66]

移民が生み出す多様性の恩恵を受けるのは、テック業界だけではない。ファッション業界の売上と利益は、ファッション・コレクションという創造的な商品によって左右される。一個人がその製品に、そしてそのファッション業界の経済的な収益に多大な影響を与えているのだ。カール・ラガーフェルド、ジョルジオ・アルマーニ、トム・フォードのようなクリエイティブ・ディレクターが、コレクションのビジョンを決定する。彼らの多くは、豊富な国際経験や異文化的な背景をもっている。例えば、カール・ラガーフェルドはスウェーデン人の父とドイツ人の母をもち、フランスとイタリアを行き来しながら仕事をしている。毎シーズン、彼らのようなクリエイティブ・ディレクターが手がけるコレクションはその創造性が評価される。評価者は、コレクションが店頭に並ぶかどうかを決定する、まさに業界のバイヤーである。著名な業界誌 *Journal du Textile* に掲載される評価から、ディレクターの国際的な経験と、創造性と収益性との相関がわかる。２０１５年に行われた調査では、21シーズンの間に60人以上のバイヤーによって評価された２７０のファッション業界のコレクションが調べられ、そこで明確な答えが導き出された。ディレクターが母国以外の国で暮らした年数が長ければ長いほど、彼らのコレクションはより創造的であるというのだ。この研究は、シャネルとフェンディという二社も世界のラグジュアリー・ブランドのトップ10に押し上げたラガーフェルドの手腕に新たな光を当てる。[67] それ以上に重要なメッセージは、熟練の労働者には国境を開くべきだ、ということだ。

厳格な移民政策へのメッセージは、このような現代の事例からだけではなく、歴史からも聞こえてくる。私が考えているのは、国境を越えて新しい絵画を生み出したと紹介したポール・ゴーギャンやラファエロのような偉大な芸術家たちのことだけではない。紀元前７００年から紀元後１８００年までの2万5000年の間に、西洋の作家、哲学者、科学者、作曲家5000人の創作活動がどのように変動したかを分析した創造性研究者、ディーン・サイモントンの研究を見てみよう。彼の文明全体の創造的な波と流れについての研究は大いなる教訓を提示してくれる。

サイモントンの研究は、多くの独立国家が共存していたルネサンス期のイタリアや古代ギリシャのような政治的分断の時代に、最も優れた創造的な人材が出現したことを明らかにした。[68] これは他の研究者も唱えているとおりだ。分断により、文化の多様性が広がり、アイデアの組替えにつながった。

分断された社会とは対照的に、ローマ帝国やオスマン帝国のような大帝国では、影響力のある思想家が生まれることは少なかった。しかし、そのような帝国においても、利害の異なる多様な少数民族文化は存続していた。反乱や暴動のような政治的動乱を通じて、彼らは定期的にその存在を示した。そして、砂漠で雨の後に野草の花が咲くように、そのような動乱の後、1世代ほどで創造的な作品の花が咲き乱れることが多かった。[69]

サイモントンはまた、西暦580年から西暦1939年までの日本の創造性の歴史についても研究した。この1000年以上の間、日本は外国の影響を受け入れる開放的な時期と、ほぼ完全に鎖国した時期を交互に繰り返した。サイモントンは、文学、彫刻、医学、哲学などさまざまな分野の著名なクリエイターに関する歴史的記録を調べ、ある時期にか何人クリエイターがいたかを集計した。彼はまた、何人の移民が高位に抜擢されたか、何人のクリエイターが外国に留学したか、何人が外国の思想を賞賛したかなど、日本文化に与えた外国の影響についても調べた。そして予想通り、外国からの影響が強まった時期の直後に、日本文化の発展に大きく貢献した人物が輩出していた。[70]

日本の歴史から得たこれらの教訓は、少なくとも科学に関しては、世界的に、そして今日でも当てはまる。２０１７年に行われた２５０万件の科学論文に関する調査では、最も影響力のある論文を発表している国は、移民の科学者、自国の研究者の移動、国際的共同研究に対して最もオープンな国々であった[71]。

国や世界規模での多様性や組替えについては以上で十分だろう。では、失敗についてはどうだろう？

失敗に対する国の態度は、その国の慣習、規制、法律に表れており、それらが企業を統制している。そのひとつが破産法である。ほとんどのヨーロッパ諸国では、創造的な起業家が事業で失敗すると、厳格な破産法により罰せられ、経済的生活が破壊されてしまいかねない。さらに、事業失敗という社会的不名誉が加われば、ビジネス・イノベーションを阻害する格好のレシピができあがる。

処罰的な破産法の背景には、経営破綻の原因は、経営者の無能か無責任にあるという暗黙の仮定がある。しかし、新興企業が多い米国では、統計は別の物語を語っている。以前成功したことのある起業家でも、次のビジネスで成功する確率は3回に1回以下である[72]。生物の進化における成功のように、ビジネスの成功も宝くじのようなものである。それは優秀で有能な起業家にとっても同様である。1970年代に大成功を収めたアタリ・ブランドのビデオゲームの創設者、ノーラン・ブッシュネルのような起業家ですら大失敗を犯すのだ。ユーウィンクやプレイネットのような会社はすでに忘れ去られている[73]。これは創造性の、宝くじ的な性質を示す好例である。

創造性を抑制するのではなく、高めるためには、失敗への恐れを取り除く必要がある。シリコンバレーでは、「はやく、もっと失敗せよ」と言われる。また、起業家たちが失敗の経験を共有し、それを学習の機会として祝う社会的イベントも増えている。大成功を収めたFailConカンファレンスや、メキシコ・シティ発祥のファックアップ・ナイトというイベントなどがそうだ。数年のうちに、ファックアップ・ナイトは75か国、200都市以上に広がった。[74]

このようなイベントは、失敗による社会的な痛みを和らげる。一方、経済的な痛みは、政府による寛大な破産法によって対処することができる。米国は、破産法第7章でうまく対処している。失敗した起業家をほとんどの負債の返済から保護し、住宅などの資産を保持することを認めるものである。[75]サン・ディエゴの経済学者マイケル・J・ホワイトは、2003年の研究で、このような法的寛容がはたして起業家精神を高揚させるのかについて調べた。この研究では、全米9万8000世帯の起業家を調査した。米国では州によって破産者の扱いが異なるため、この研究が可能になった。テキサス州のように、弁護士が「家産差押え免除」と呼ぶ手厚い保護を認めている州もある。このような州では、破産した起業家は自宅の大部分を保持することができるが、メリーランド州のように、ほとんど保持することができない州もある。理論的には、多額の家産差押え免除はビジネスにとって好都合である。失敗による家族の資産の喪失を避けることができ、起業のリスクを軽減できるからだ。

実際に、家産差押え免除の制度がある州に住んでいる場合、持ち家がある家庭で、ビジネス経営をしている割合が35%高くなる。

残念ながら、差押え免除はタダではない。2004年に米国で破産申請した人の数は、英国の9倍であり、貸し手にとっては悩ましいことだが、1981年以来その数は5倍に増えている。その悩ましさから、2005年に米国の債務者に対する法的な締め付けが強化された。第7章のセーフティ・ネットは実質的に縮小され、破産法第7章の適用資格をもつ人は少なくなった。適応度地形的思考から、この長期的な実験がビジネス革新にどのような影響を与えるか予想できる。[76]

国家の創造性にとって、失敗の許容や知の組替えと同様に不可欠なのは、個人の自律性である。これは創造性がダーウィン進化的な側面をもっていることの、単純明快な帰結である。困難な問題に対して最善の解決策がどこにあるのか見つけられない場合、多くの人に問題に取り組んでもらうのが得策である。研究機関、企業、個人が異なる方向から地形図の解決策を探索できれば、良い解決策に巡り合う可能性が高まる。

法的免責の程度は、法律家が破産法を書き換えることで調整できるが、探索者の自律性を高めるには、困難を伴うかもしれないが、より深遠な社会変革が必要である。

第一に、個人の自律は、ある種の政府形態と真っ向から対立する。ほとんどの権威主義的な政府にとって、少しでもそれを認めることは自殺行為であり、自由の危険な香りから国民を遠ざけようとしている。経済学者のダロン・アセモグルとジェームズ・ロビンソンは、その著書『なぜ国家は衰退するのか』の中で、新石器時代から現代に至るまで、うまく機能した国家を統合してきたものは何かを論じている。そこでは、王や封建領主や独裁者のなすがままではなく、個人が自ら運命を切り開くことができる政府と制度こそがその答えであると論じている。同じ自律性は創造性にも役立つため、社会の創造力は、人々の数が増えるほど成長する。（そしてその創造力は、例えば所得格差によって社会の中産階級が縮小すると、縮小する。）[77]

自律性に対する第二の障害は、政府の形態よりもさらに手強い。それは、未踏の道を進むことを躊躇させる社会的価値基盤である。

文明学では、長い間、東洋文化と西洋文化で、人間は2つの異なる自己概念を発達させてきたと論じられてきた。西洋は、独立性を重んじ、自らの欲求を表現し、自らの潜在力を伸ばすことを重視してきた。対照的に、東洋は、相互依存を重視し、家族、地域社会、国家といったより大きな全体のためにいかに奉仕するかに重点を置く。「出る杭は打たれる」という言葉によく表れている[78]。西洋の自己概念は、市民の自由、個人の自由を守り通した18世紀のリベラリズムにルーツがある[79]。その一方で、東洋の自己概念は古い歴史をもち、2000年以上前、社会の調和を説いた儒教にまで遡る。

学校はこうした違いを子どもたちに刷り込む。西洋の学校は個人を成長させ、個人の力をつけることを目的としているのに対し、東洋の教育は社会性を重視しており、集団への適応と奉仕を教える。したがって、科挙は皇帝への挑戦を去勢するためだけでもなく、高考は能力主義のためだけのものではないのだ。人々が同じような考えをもつと、社会的調和を維持することも容易なのだ[80]。

印刷機、羅針盤、火薬など、よく知られた中国の発明が西洋の社会を一変させたが、東洋の社会に対してほとんど影響を与えなかったのは、こうした数千年来の文化の違いによるものと考えることもできる。安定、秩序、調和が大切にされるところでは、破壊的なイノベーションは起こりえないのである[81]。

言い換えれば、先に述べたイェール大学と北京大学の比較研究で示されたような、中国の学生が創造性の低い作品しか生み出せないことの原因が、標準化された教育にあるとすると、その教育自体が病気の原因というよりむしろ症状なのである。[82]そしてその病気は中国にとどまっていない。イェール大学と北京大学の研究より20年も前に、テルアビブ大学の研究者たちは、米国とソビエト連邦の子どもたち90人の創造性を評価し、ソ連の子どもは創造性テストのスコアが低かったと報告した。[83]ソ連の学校は中国ほど超競争ではなかったが、ソビエト社会は極東の国々とある特徴を共有していた。その背景には共産主義があったが、集団主義で秩序を重んじるという点が共通していたのだ。

集団主義の大きな利点としてチームワークの良さがある。しかし、創造的チームは単に働き蜂に分業させるだけでは機能しない。チームはアイデアを組み合わせる必要があり、そこでは多様性が極めて重要なのである。チームのメンバーの中で多様な考えが現れてこなければ、組み合わせることもできない。[84]

集団主義の副産物は均質性だけではない。もうひとつ、香港大学のカイミン・チェンが、「学生の学習における外的モチベーションの強い作用」と呼ぶものがある。[85]集団主義社会における学生の学修成果は、内なる意欲というよりはむしろ、他者からの評価や承認によって達成されることが多い。

残念ながら、先に述べたように、外的モチベーションは創造的な成果を生み出す原動力にはならない。原動力となりうるのは、内的モチベーションだけだ。[86]適応度地形的な視点から、その理由を説明できる。探検家は自分で道を切り開かなければならない。困難な問題に対する解決策がどこにあるかは誰にもわからないからだ。相互依存的な自己が、人と異なる道を行くことを抑圧するのに対して、自律的な自己は、むしろそこに向かう勇気を与えてくれる。だからこそ、創造性を発揮するためには自律性が重要なのだ。

子どもの心というミクロコスムから文明というマクロコスムまで、同じ原理がさまざまな形で現れる。遠隔にあるアイデアを組み替え、関連づけるために、ひとりの頭脳に対して多様な教育を提供できる。一方、国家は自律的な学校のネットワークを構築し、熟練した人材の移住を促進することができる。失敗を許容し、選択の圧力を弱め、選択や判断を棚上げするために、自然は人の心に、遊んだり夢を見たりするかけがえのない能力を授けた。そして、政府は寛容な破産法を制定できる。表面的には、破産法第7章と子どもの遊びには何の共通点もないが、適応度地形の視点から見ると、両者には深い共通点があることがわかる。多様性を重んじ、失敗を許容し、個人の自律性を保護する。それが創造的社会への道だ。

エピローグ　メタファーを超えて

マックス・プランクやルイ・ド・ブロイのような物理学者は量子論を発展させる中で、原子は振動する紐という表現には、表層的なメタファー以上のものがあることに気づいていた。それから100年、分子生物学や心理学といった異なる学問分野の小川が合流して、新しい種類の科学が生まれつつある。それは、化学から文化に至るまで、私たちの身のまわりで繰り広げられる創造的なプロセスの科学である。振動という考え方が、量子力学と音響学、光学と宇宙論を結びつけているように、適応度地形の概念は、化学から文化に至る創造的プロセスを結びつけているのである。

適応度地形の探索は、創造についてのメタファーを超えたものである。その理由は2つある。

第一に、生物学の分野では、このような適応度地形を分子レベルで詳細にマッピングできるようになった。それにより、β-ラクタマーゼのようなタンパク質が抗生物質耐性へと進化していく過程を理解できるようになった。そして、このようにマッピングされた適応度地形は、創造的な進化を説明するだけではない。詳細な地図が登山家にピークの場所と行き方を示すように、適応度地形は、将来の科学者が創造的な進化を予測できるようにしてくれるかもしれない[1]。

第二の理由は、創造をするという行為が問題解決行為だからである。光り輝く水晶は、ケイ素原子と酸素原子の安定した配置を見つけるという問題に対する解決策を具現化したものである。グルコースを分解する代謝酵素は、炭素結合からエネルギーを得るという問題を解決したものだ。アンモナイトは、物理的に可能な渦巻き構造の範囲内で最小限の抵抗で泳ぐという問題を解決した。そして創造マシンは、進化の問題解決戦略を利用して新しいテクノロジーを発明し、楽しい音楽を作曲することを可能にした。

すでに私たちは、自然選択に従うロボットで山を登るという戦略だけでは、困難な問題を解決できないことを理解している。複雑な適応度地形を征服するには、自律的な探検家が必要である。DNAの突然変異を起こした生物であれ、人間の開拓者であれ、さまざまな方向に向かって多様な解決策を生み出す。遠く離れたピークへの到達には、遺伝物質の交換や遠隔のものに関連性を見つけるようなメカニズムが必要なのだ。そして、遊びや遺伝的浮動のような、適応度地形の多くの谷を下り、劣った解決策を通過して、それを足がかりにして、より良いものへ向かうメカニズムも必要である。

このようなメカニズムは分子から人間に至るまで機能している。適応度地形的な思考をすると、強い遺伝的浮動や寛大な破産法といった異なる現象が、創造的プロセスにおいて同じような役割を果たしていることがわかる。それだけでなく、適応度地形的な思考は人間の創造性を高める指針も与えてくれる。それは個人にも国家全体にも適用できる。

鍵はバランスだ。厳しい選択と失敗への寛容さ、厳格さと遊び心、収束思考と発散思考、権威と自律性、マインドフルネスと心の迷走、教育の深さと広さ、小さな一歩と大きな跳躍。ダーウィニズム1・0に比べれば、この洞察は革命的といえるだろう。

残念ながら、適切なバランスがどこにあるのか、私たちはまだほとんど理解していない。私が

チューリッヒの研究室で行っているバクテリアの進化のように、観察も制御も容易な創造性において
さえ十分に理解できていない。例えば、DNAの突然変異という小さなステップと、DNAの交換と
いう跳躍とのバランスをどこに置けば、毒性分子やウイルスから生き延びる最適な戦略になるのかさ
えもまだ解明できていない。コンピュータ科学者が、突然変異と遺伝物質の交換の量を調整しながら
進化する集団をシミュレートする遺伝的アルゴリズムの研究からは、一般的な答えが存在しない可能
性が示唆されている。適切なバランスは、解決すべき問題によって異なるのだ。

人間の創造性におけるバランスを見つけることは、将来の世代の課題であるが、競争に大きく傾い
た世界では、いくつかの処方は簡単である。創造性プログラムは、超競争下にある学校システムの子
どもたちを正しい方向に導くだろう。破綻した起業家を退場させている国々では、より寛大な破産法
がビジネス革新のために役立つだろうし、多様性に乏しい国では移民の受け入れが同じ効果をもたら
すだろう。短絡的なダーウィニズムの影響が1世紀以上続いた後では、天秤の支点を戻すのに長い時
間が必要かもしれない。

適応度地形的思考には、つらい真実も隠されている。最も明白なのは、失敗は避けられないという
ことだ。生物の進化は盲目であり、それは私たちも同じである。言い換えれば、創造性は常に非効率
的なのである。生物の進化が非効率的なのは、新しい突然変異体の大部分を排除してしまうからであ
る。基礎研究が非効率的なのは、数個の甘美な果実を収穫するために数多くの苗を植えなければなら
ないからである。ビジネスのイノベーションは非効率的で、失敗した新興企業であふれかえっている。
失敗が不可避であることは、無駄な研究をすべて排除しようとする政治家に対してのメッセージでも

ある。そのようなことをすると、創造力は破壊されてしまう。

悲しいことに、失敗が避けられないということは、子どもたちが創造的な旅路で立ち往生するのではないかと心配する親たちにとって、安心材料がないということでもある。だから、セカンドチャンスが重要である。子どもの遊びだけでなく、科学者の重要な実験、企業の戦略、国家の政策など、失敗を許容できるようになればなるほど、私たちは自ら望む世界を創造する可能性を最大限に発揮できるようになる。13世紀の神学者トマス・アクィナスは、すでに見抜いていた。こう述べている。

神は遊びの中で世界を創造した。

謝辞

チューリッヒ大学の研究チームのメンバーには、多くの科学的議論を共にしてくれたことに感謝したい。長年にわたるこのような議論から、適応度地形に関する私の考えが形づくられた。また、サンタフェ研究所の継続的な支援にも感謝している。サンタフェ研究所での共同研究者たちや、長年にわたる常勤研究者、客員研究者との数え切れないほどの会話は、私の視野を生物学の領域から社会科学、工学、芸術の領域へと広げてくれた。本書は、こうした会話なしには成立しなかっただろう。Jeff Alexander には、初期段階から原稿の構成にアドバイスをいただき、大変感謝している。また、T. J. Kelleher と Melissa Veronesi の鋭い編集にも感謝する。David Young Kim は、芸術の旅に関する有益な情報源を提供してくれた。Lucas Keller、Melanie Mitchell、Carel van Shaik、Dean Simonton からは、原稿にフィードバックをいただいた。私は彼らの提案にほとんど従った。ただ、すべてではなかったので、その部分を直せばこの本はもっと良くなったかもしれない。エージェントの Lisa Adams は、契約上の質問だけでなく、戦略的な質問や編集上の質問にもプロフェッショナルかつ忍耐強く対応してくれた。最後になったが、最終的な制作物を生み出してくれた Basic Books の編集チームにも感謝したい。

訳者あとがき

本書は、ワグナー博士によって2019年に出版された“(原題) *Life Finds a Way* (生命は道を見出す)”の翻訳である。ワグナー博士は、チューリッヒ大学の進化生物学者で、その研究成果のいくつかは本書でも紹介されている。また現在も、進化可能性(evolvability)がダーウィン的適応進化として進化するのかという問題などに関して影響力の高い研究成果を発表している。著者による書籍はすでに2編翻訳出版されている。1つは『パラドクスだらけの生命』(青土社、2010)であり、この著書では、生命に限らず多くの事象には、「全体と部分」、「物と心(物質と意味)」、「自己と他者」などの二面性があることが述べられる。この二面性をパラドクスと捉え、その間での綱引き関係をさまざまな生命現象を例に挙げて説いている。ポイントは、この二面性を同時に捉えることは難しいため、我々はどちらかを軸にして捉えてしまうところにある。大切なのは、どちらか一方からしか捉えていない、つまり一方を選択していることを自覚すること、もうひとつの見方もできることを自覚することであると述べている。このような俯瞰的、哲学的な視点で生命を捉えた著者が、進化の創造性について述べたのが、2つ目の著書『進化の謎を数学で解く』(文藝春秋、2015)である。そこでは、自然選択は進化の新機軸を生み出すことができるのか、自然選択は創造的な力をもつことができるか、という問が設定される。原題の“*Arrival of the Fittest*”は、自然選択は新しい適応的な形質の保存

(preservation)は説明できても、それがどう創出されるか、すなわち最適者(the fittest)がどうやって出現するか(arrival)は説明できないのではないかという問題意識から来ている。自然選択に創造的な力があるかどうかは、最近翻訳されたS・J・グールドによる『進化理論の構造』(工作舎、2021)でも共有されている問題意識で、グールドは「効験(efficacy)」という言葉を用いて、やはり否定的に論じている。ワグナーはこの著書で、その鍵が進化の過程で変化を受けながらも機能を維持し続けることができる中立的な進化にある、変異を積み重ねても機能が維持される頑健性にあると説く。機能を維持しながら変化を続ける様子はネットワークとして記述され、これは本書で述べられる適応度地形において、適応的な状態の稜線が広がっている地形に対応している。頑健性というと変化が起こることを拒むようにも思えるが、頑健性が革新的な進化を促すというパラドクスが説かれる。この内容は専門家向けの著書として"*Robustness and Evolvability in Living Systems*"(2005)や"*The Origin of Evolutionary Innovations*"(2011)(いずれも未邦訳)でも詳細に述べられている。

この内容を受け、適応度地形を視覚的に印象づけながら、進化の創造性において、自然選択とは別の力が働くことを述べたのが本書である。自然選択により、適応度を上げるような変化だけを続けていると適応度の小高い丘に捕まってしまい、身動きがとれなくなる。しかし、我々を取り巻く生命は、小高い丘を乗り越えて、もっと高いピークに登っているように見える。だからこそ我々は生命に魅了される。そうであれば、生命の進化には、丘を下るような仕組みが備わっているに違いない。それが前書で述べられた中立的な進化であり、本書では遺伝的浮動と呼ばれている現象にも焦点が当てられている。さらに、性に伴うより大規模な遺伝物質の交換もその役割の一端を担っている。

	上向きの力	下向きの力	
		ゆらぎ	瞬間移動
生命進化	自然選択	遺伝的浮動	性などの遺伝物質の交換 組換え
化学現象	重力 イオン間の引力	熱	
コンピュータ アルゴリズム	貪欲な アルゴリズム	疑似アニーリング法など	
心	アイデアの選択、 批判	遊び、夢、 心の迷走	内なる旅、知の融合、 アナロジー、メタファー、 遠隔連想、同一空間思考
教育	標準的なテスト、 競争	失敗の許容、 自律性	多様性、知識の組替え

後半では、このような適応度地形のピークを目指すという創造性は、生命に限らず広く見られることが説かれ、「創造性の科学」が提唱される。「創造性の科学」では2つの力のバランスが説かれる。自然選択のように適応度地形を登らせる原動力となる力と、小高い丘からの解放を許容する、つまり坂を下ることを許す力としてのゆらぎや瞬間移動である。この2つの力は、さまざまな場面で上の表のように現れる。

瞬間移動では、組替え（recombination）という言葉で表現される現象がとても重要である。このrecombination の翻訳について、一言付記しておきたい。生物学的には「組換え」という言葉に翻訳されることが多いだろう。しかし、「組換え」には「DNAの切断と再結合を伴う2つのDNA分子の入替え反応の総称」（『生物学辞典』東京化学同人）という説明がある。しかし、本書では recombination にもう少し広い意味をもたせている。受精に伴って、父方と母方から染色体を1組ずつ受け取ることにより、子が新しい組合せの染色体構成になる現象に対して「組換え」という言葉を使うのは適切ではない。ましてや、2つの文化の交流の中で建築様式が混じり合うことなどに「組換え」はふさわしくないだろう。したがってここでは、recombination の訳語として、文脈に応じて、「組換え」「遺伝物質の交換」「組替え」と訳し分けた。これに伴って混乱が生まれたとすると、それは偏に訳者の責任である。

本書のクライマックス、社会における創造性を述べた部分では、適応度地形のメタファーがもたらす説得力が強い印象を残す。受験、大学等の場面で競争だけを重視した施策がうまく機能せず、社会から活力が失われている現状を見ると、一度丘を下る勇気と自律的により高いピークを目指す力を社会に取り戻したいと強く思わされる。その点から、著者の東洋社会へ向ける視点は厳しい。ブルシットジョブズに翻弄され、じっくりと研究や教育に取り組む時間を奪われつつある大学にいると首肯するところも多いが、読者の中には不快に感じた人もいるかもしれない。しかし、必要以上に自虐的になる必要はないだろう。東洋社会も長い歴史を経て、独自のピークに到達しているのは間違いない。西洋社会のピークの高さと比較する必要もないだろう。昨今の大量消費社会、社会の分断などの問題を前にすると、我々は、西洋と東洋の壁を乗り越え、未だ到達していないさらなる高みに向かい、地球との共存を図る必要があるだろう。その問題解決、すなわち創造性には多様性が必要だ。「もったいない」という言葉が一時期もてはやされたように、東洋社会には、自然とうまく共存してきた文化がある。世界の人々が手を携えて組替えを起こし、新たなピークを目指すべきなのだろう。世界の人々と「遊ぶ」ことが大切なのだ。

2024年夏、芸術の都パリでは、世界のトップアスリートが集う祭典オリンピックが行われた。

競争も大切である。その一方で、オリンピック憲章ではオリンピック精神として、友愛、連帯、フェアプレーの精神、相互理解が唱えられている。

最後に、本書の翻訳にあたって、新道真代氏、鈴木大地氏、遠藤一佳氏、工藤光子氏、川島武士氏、矢田哲士氏、市瀬夏洋氏、Matthew Wood 氏、Louis Irving 氏よりご助言をいただいた。この場を借りて感謝を申し上げる。入江直樹氏、更科功氏には出版を進めるにあたり貴重なコメントをいただいた。また、翻訳の提案を快く受けていただき、最後まで伴走していただいた米田裕美氏のサポートなしにはここまでいたることはできませんでした。深謝いたします。

和田　洋

(2014)、Stewart (2015)、McArdle (2014) p. 48-51 参照。Fuck Up Nights については Birrane (2017) 参照。

[9-75] 合衆国法典 11 編、7 章。13 章のような他の破産形態では、債務者はより多くの債務を返済する必要がある。この債務救済の仕組みは、政治的な先見の明というよりは、歴史的な偶然の産物である。その偶然とは、100 年以上前、負債を抱えた農民たちによる上院への債務救済の陳情である。McArdle (2014) p. 249 参照。

[9-76] “Morally bankrupt” (2005) 参照。

[9-77] Piketty (2014) 参照。

[9-78] 相互依存的な自己はアジア社会だけでなく、アフリカやラテンアメリカでも強い (Markus and Kitayama 1991 p. 228)。西洋社会でも独立した自己は米国人で最も強い (Henrich et al. 2010 p. 74-75)。日本のことわざは Markus and Kitayama (1991) より。

[9-79] また、小麦や稲作との関連性など、他の深いルーツも存在するかもしれない。Talhelm et al. (2014) 参照。

[9-80] Cheng (1998) p. 15-16 参照。

[9-81] 中国の発明が中国社会で大きな影響を及ぼさなかったことについては、Zhao (2014) p. 77-80、Runco (2014) p. 252-253 参照。19 世紀に英国の砲艦の脅威にさらされたとき、中国は自国の文化を西洋の価値観で「汚染」することなく、西洋の武器技術を購入することを目指した。残念なことに、歴史家の John King Fairbank と Merle Goldman が言うように、「砲艦と製鉄所は独自の哲学を持ち込む」のである。Zhao (2014) p. 80 に引用されている。

[9-82] イェール大と北京大の学生の比較は、中国の大学院生の創造性テストの低い点数とも共鳴している。Zha et al. (2006)、Niu and Sternberg (2001、2003) 参照。

[9-83] Aviram and Milgram (1977) 参照。

[9-84] Amabile (1998) 参照。

[9-85] Cheng (1998) p. 16 参照。

[9-86] Hennessey and Amabile (2010) 参照。

エピローグ

[10-1] de Visser and Krug (2014) 参照。

[9-53] また、クリエイティブな人たちは忙しくなると、複数のプロジェクトに取り組むのが普通で、これも異なる分野の知識を結びつける方法のひとつである。Schwartz (2013)、Sawyer (2013) p. 113 参照。

[9-54] Schwartz (2013) 参照。

[9-55] Amabile (1998) 参照。

[9-56] IDEO について Kelley (2001) 参照。心理学的研究からも、多様なチームメンバーでどう活動すると効果的かについて驚くような教訓が得られている。そのひとつが、昔から行われてきたブレインストーミングという方法についてである。これは、多様な考えを集める最良の方法ではない。その理由は単純で、グループ内でアイデアの評価を完全に遮断するのは非常に難しいからである。評価はグループの中で非常に繊細な形で表出する。問題についてグループメンバーが個々に考え、その解決策の候補についてのメモを比較し、議論するほうが良い場合もある。Runco (2014) p. 158-159、188-189 参照。

[9-57] Amabile (1998) 参照。

[9-58] Amabile et al. (2002) 参照。

[9-59] Frese and Keith (2015) 参照。

[9-60] Slack (2002)、Osepchuk (1984) 参照。

[9-61] このようなイノベーターが出現した理由は複雑だが、参加型の政府形態や強力な財産権などが挙げられる。Acemoglu and Robinson (2012)、Rosen (2010) 参照。

[9-62] Zhao (2014) p. 161 参照。

[9-63] Normile (2015) 参照。

[9-64] その他の関連統計は Bruni (2017) 参照。創造性に関する移動と異文化の経験の関係性については Maddux et al. (2010)、Maddux and Galinsky (2009)、Leung et al. (2008) 参照。関連して、人種的な多様性と創造性の関係性については Velasquez-Manoff (2017) 参照。移民との関連は、Simonton (1999) p. 122-125 参照。

[9-65] Alberts et al. (2014) 参照。

[9-66] Gustin (2013) 参照。このようなビザ政策は、残念ながら悪用される可能性もあり、それを防ぐ必要がある。例えば、ウォルト・ディズニー・ワールドでは、熟練したIT 労働者が解雇され、同程度のスキルをもつ安価な外国人移民に置き換えられた。Preston (2015a)、Preston (2015b) 参照。

[9-67] Godart et al. (2015) 参照。

[9-68] このパターンは西洋だけでなく、イスラム文明やインド文明にも当てはまる。Simonton (1975、1990) 参照。

[9-69] Simonton (1975、1990) 参照。ここでは、中国は文化的に均一なため、例外かもしれないと述べられている。心理学の実験でも、少数意見が発散的思考を高めるということが示されていることは興味深い。Nemeth and Kwan (1987) 参照。

[9-70] Simonton (1997) 参照。

[9-71] Wagner and Jonkers (2017)、Sugimoto et al. (2017) 参照。

[9-72] McArdle (2014) p. 48 参照。

[9-73] McArdle (2014) p. 251 参照。

[9-74] 2009 年の設立から 6 年で、FailCon は発祥の地であるサンフランシスコから数か国に広がった。明らかに、どこの国でも起業家たちは継続を強く求めている。Martin

参照。

[9-37] Bush (1945) p. 238 参照。米国政府の出版物の別刷。

[9-38] NSF ウェブサイト "The Nobel Prizes" 参照。https://www.nsf.gov/news/special_reports/nobelprizes/

[9-39] National Institutes of Health (2012) 図 1、5、13、Alberts et al. (2014) も参照。

[9-40] 申請書の採択率は 20% 前後であるが、NSF 生物科学部門のいくつかのプログラムでは、申請書の提出に先立ち、事前申請の提出が義務づけられており、その採択率も同様に低いため、全体的な資金調達率は非常に低くなっている。National Science Foundation (2014) Appendix 2 参照。

[9-41] Adler et al. (2009) 参照。

[9-42] Lee et al. (2013) 参照。

[9-43] Alberts et al. (2014) 参照。

[9-44] このような研究者は、学部の教員選考委員会で、多くの応募者の記録の調査、比較、議論、手間のかかるプロセスを経て選抜された数少ない研究者である。また、米国の若手研究者は通常、大学から非競争的な「スタートアップ」資金を受け取るが、その資金は研究室の設備や立ち上げを目的としたものである。この資金は数年で使い切るため、超競争を避けるための長期的な解決策にはならない。

[9-45] 確かに、ハワード・ヒューズ医学研究所 (HHMI) のような米国の研究機関の中には、プロジェクトではなく個人に資金を提供することで、同様の戦略を効果的に行っているところもある。HHMI と NIH が資金提供した研究者を比較するとわかるように、創造性についてのダーウィン的視点に合致するこの戦略は、失敗も多いが、大きなブレイクスルーももたらす (Azoulay et al. 2011)。ただし、生物医学のような限られた分野の少数精鋭のエリートしか利用できないため、このような資金はバケツの 1 滴のようなものだ。

[9-46] 研究成果の比較は State Secretariat for Education and Research (2011) 参照。注意点として、影響力の統計は年々変動しているが、その変動を考慮してもスイスの科学は依然として強い。その他の理由としては、公立学校が充実していること、研究開発への投資が高いことなどが挙げられる (2015 年の OECD 統計によると、スイスは GDP の 3.4% を研究開発に投資しており、米国の 2.7% を上回っている。https://data.oecd.org/rd/gross-domestic-spending-on-r-d.htm)。また、一部の先進国の学術界を悩ませている汚職の少なさや、学術界の雇用における縁故採用の少なさも重要である。

[9-47] Zappe (2013)、Rosenberg and Nelson (1994)、Porter (2015) 参照。

[9-48] 大学が提供する利点として、労働力の訓練だけでなく、最新の科学を活用するために必要な知識を提供することもある。Pavitt (2001)、Callon (1994)、Salter and Martin (2001)、Rosenberg and Nelson (1994) 参照。

[9-49] 基礎的な研究成果を商業化するために必要な息の長い研究として、Rosenberg and Nelson (1994)、Pavitt (2001)、Zappe (2013) 参照。

[9-50] Gertner (2012a)、Gertner (2012b) 参照。

[9-51] 非常に目立つが、大企業による研究からの撤退の例外といえるかもしれない。Arora et al. (2015) 参照。

[9-52] Amabile et al. (2002) 参照。

[9-21] Hiss and Franks (2014)、National Association for College Admission Counseling (2008) 参照。

[9-22] Gaugler et al. (1987)、Grant (2014) 参照。

[9-23] ここでは大学入試に焦点を当てたが、それと同じくらい問題なのが、教師の効果を判定するためなど、年間を通じて行われるテストであり、より広範な教育目標から絶えず逸脱している。

[9-24] フィンランドの教育制度が、標準化されたテストに左右されることなく、教員と学校の自主性を尊重し、世界でもトップクラスの実績をあげているのは偶然ではない。その成功には、教師の社会的地位の高さや質の高い教員研修の影響も大きい。Sahlberg (2015) 参照。

[9-25] Amabile (1985)、Hennessey and Amabile (1998) 参照。

[9-26] その逆もまた真なりで、ある活動を追求する内発的な理由を考えるだけで、その活動における創造性を高めるのに十分な場合がある。より一般的には、創造性にとって有害なのはある種の外発的動機付けだけであり、特に、ある課題を遂行する際に、人が支配されていると感じたり、自主性を失っていると感じたりするような動機付けは有害である。Collins and Amabile (1999) 参照。

[9-27] Csikszentmihalyi (1996) p. 328 参照。

[9-28] Csikszentmihalyi (1996) p. 335 参照。

[9-29] Simonton (1994) p. 158 に引用されている。

[9-30] Kim (2006)、Westby and Dawson (1995)、Torrance (1972)、Runco (2014) p. 173 参照。両親ですら、創造的な性質を示す子どもを好まないという古い研究もある。Raina (1975) 参照。

[9-31] Pomerantz et al. (2014) 参照。

[9-32] 仮名。

[9-33] また、私が教えた米国人の生物学の学生の生物学的知識が、ヨーロッパ人の学生に比べて乏しいことに、最初は衝撃を受けたことを覚えている。この知識格差は、中欧と米国の高校の違いを反映しており、米国衰退の兆しともいわれていた。驚くべきことに、米国が科学技術の分野で世界的なリーダーになるはるか以前、1916 年に米国を訪れたフランス人が、すでにこのことを指摘していた。Rosenberg and Nelson (1994) 参照。若者の頭の中に詰め込まれる情報量を最大化することが教育の最大の目的ではないのは明らかだ。

[9-34] Ramon y Cajal (1951) p. 170-171 参照。

[9-35] Wuchty et al. (2007) 参照。影響力と質を同一視しないことが重要である。というのも、優れた研究の中には、長い間知られないままの研究もあるからだ。最もよく知られている例は、19 世紀のグレゴール・メンデルの研究で、この研究は半世紀にわたって全く影響力がなかったが、最終的には 20 世紀の遺伝学革命の引き金となった。さらに、科学者の出版物の引用がすべて知的恩恵を反映しているわけではない。例えば、物議を醸すような出版物の中には、その出版物を中傷するような否定的な引用もある。このような理由から、引用のパターンは大まかな歴史的傾向を特定するのに役立つことはあっても、引用だけに基づいて個々の科学者の業績を評価するのは得策ではない。Adler et al. (2009) 参照。

[9-36] 2 つの影響力の大きい出版物として Newman et al. (2001) と West et al. (1997)

ハーバード大学の学部生 80 人を対象とした別の研究では、創造性テストでも高得点を取っている学生は、過去の知識を無視している度合いが大きいことが示された。さらに、そのような学生は賞を受賞するような芸術作品など、より創造的な作品を生み出した。Carson et al.（2003）参照。この研究では、潜在抑制機能の個体差を定量化している。潜在抑制機能とは、古典的条件付けの用語で、新しい刺激よりも慣れ親しんだ刺激のほうが、新しい連合を学習するのが難しいという意味である。潜在抑制機能は、ラット、イヌ、金魚など多くの動物で検出されている。Lubow（1973）参照。潜在抑制機能が低い人は、他の人が目の前の問題とは無関係である可能性が高いという理由で無視する情報を、無視できない。潜在抑制機能はネガティブ・プライミング現象と密接な関係がある。Eysenck（1993）参照。

第 9 章

[9-1] "Test-taking"（2013）、Lee（2013）、Koo（2014）参照。試験は再受験が可能だが、1 回目で不合格になった者は、2 回目の良い成績をそのまま使うことができないため、汚点は残る。

[9-2] Walworth（2015）参照。

[9-3] Larmer（2014）、Zhao（2014）、Walworth（2015）、Bruni（2015）参照。

[9-4] "PISA 2012 results in focus" 参照。http://www.oecd.org/pisa/keyfindings/pisa-2012-results.htm

[9-5] 好事例が 2010-2014 の英国教育大臣マイケル・ゴーブである。Gove（2010）参照。

[9-6] IBM の調査 "Capitalizing on Complexity" 参照。https://www.ibm.com/downloads/cas/1VZV5X8J。Pappano（2014）も参照。

[9-7] Runco（2014）p. 305 参照。

[9-8] Bassok and Rorem（2014）表 5 参照。

[9-9] Zhao（2014）2 章参照。

[9-10] Zhao（2014）p. 40-41 参照。

[9-11] Zhao（2014）p. 139、Koo（2014）、Zhao and Gearin（2016）参照。

[9-12] Kim（2011）、Bronson and Merryman（2010）参照。

[9-13] Niu and Sternberg（2001、2003）参照。

[9-14] Marcon（2002）参照。

[9-15] Kohn（2015）、Rich（2015）、Marcon（2002）参照。

[9-16] Ruef（2005）、The Private Eye のウェブサイト http://www.the-private-eye.com/ 参照。

[9-17] Arieff（2015）、Project H のウェブサイト http://www.projecthdesign.org/ 参照。

[9-18] Garaigordobil（2006）参照。この研究に参加した子どもたちは 10 歳と 11 歳だったが、遊びの利点はもっと早い時期から明らかになっている。例えば、校庭で定期的に奔放に遊んでいる小学生男子は、社会的な問題解決能力が高く、（テレビを見る代わりに）おもちゃのブロックで遊ぶ機会を与えられた幼児は、言語能力の発達が優れている。Pellegrini（1988）、Christakis et al.（2007）参照。

[9-19] Scott et al.（2004）、Runco（2001）、Niu and Sternberg（2003）参照。

[9-20] Kamenetz（2015）、Grant（2014）など参照。生徒の評価に別の方法があるのと同様、教師の評価にも別の方法がある。Nocera（2015）参照。

る。1つ目は、知能や創造性といった複雑な量（心理学用語では構成概念）を、時間を超えて（テスト反復信頼性）、異なる判定者間で（評価者間信頼性）、あるいは他のさまざまな文脈で、同様の結果が得られるテストであるか、すなわち信頼性である。2つ目の基準は、テストの妥当性、特に「構成概念妥当性」、つまりテストが測定しようとするものを測定できている度合いである。構成概念妥当性は、創造的な製品のようなものの創造性について、テストの結果を他の独立した評価の結果と比較することで評価される。創造性テストの信頼性と妥当性に関しては、Zeng et al.（2011）、Kim（2006）、Runco（1992）、Torrance（1988）、Upmanyu et al.（1996）、Mednick（1962）、Gough（1976）参照。

[8-69] Amabile（1982）参照。

[8-70] すべての創造性は最終的に人によって評価されるという考えは、創造性が、専門家の採点による合意評価技法によって行われることに表れている。Amabile（1982）参照。

[8-71] Bronson and Merryman（2010）参照。

[8-72] Torrance（1988）、Plucker（1999）参照。

[8-73] このため「創造性テスト」ではなく、「観念化テスト（ideation test）」という呼称を好む研究者もいる。

[8-74] このような距離の測定や推定は、ここで述べたものよりずっと高度なものであり、あまりに専門的であり、距離の普遍的な推定方法も確立されていないため、深くは触れない。現実的な距離の測定法そのものは、本文で述べたものよりも複雑であり、意味空間は我々の3次元連続空間のような低次元のものではない。Landauer and Dumais（1997）参照。概念の距離を低次元空間に適用すると、2つのオブジェクト A と B の間の距離 $d(A, B)$ が対称（$d(A, B) = d(B, A)$）であり、いわゆる三角不等式 $d(A, B) \leqq d(A, C) + d(C, B)$ を満たすことなど、距離尺度が満たすべき数学的公理から逸脱することが多い。また、空間は連続的である必要はなく、先に述べた遺伝子型の空間のように離散的であってもよい。例えば、単語の意味のネットワークをグラフとして研究している研究者も多い。グラフは、ノード（概念）から構成されるもので、意味が密接に関連している場合はエッジで接続される。このようなグラフは、エッジによって与えられるパスに沿って移動することができる。このような理由から、私は暗黙のうちに最も一般的な意味での地形図という概念を使っている。つまり、オブジェクトと、特定の目的に対するオブジェクト（概念の組合せなど）の適切性を示す正の実数として数学的関数として表すものとして述べている。第7章で述べたように、私たちの心がこのようなオブジェクトの集合をどのように表現し、どのように探索するのかについては、まだほとんど理解されていない。Jones et al.（2011）、Griffiths et al.（2007）、Landauer and Dumais（1997）、Bengio et al.（2003）、Gärdenfors（2000）参照。

[8-75] Sobel and Rothenberg（1980）、Rothenberg（1986）参照。

[8-76] Rothenberg（1976）、Rothenberg（1980）、Rothenberg（2015）参照。

[8-77] Rothenberg（1995）参照。

[8-78] Norton（2012）、Rothenberg（2015）10章参照。

[8-79] Ansburg and Hill（2003）参照。

[8-80] IEEE Professional Communication Society（1985）の p. 14 Szent-Györgyi による。

[8-45] Root-Bernstein et al. (2008) 参照。
[8-46] Simonton (1994)、Csikszentmihalyi (1996) 参照。
[8-47] これは小説家のグラント・アレンによるものとされることもある。
[8-48] ケストラーはこの過程をバイソシエーションと呼ぶ。Koestler (1964) 参照。
[8-49] Koestler (1964) 6章 p. 121 参照。
[8-50] Root-Bernstein and Root-Bernstein (1999) 8章、Schiappa and Van Hee (2012) 参照。
[8-51] Arthur (2009) p. 19 参照。
[8-52] Padel (2008) p. 34 参照。
[8-53] アリストテレスによって述べられるメタファーの一部は、今日使われるメタファーの意味からは外れている。Levin (1982) 参照。
[8-54] Root-Bernstein and Root-Bernstein (1999) p. 145-146 参照。
[8-55] Pinker (2007) p. 6 参照。
[8-56] Tourangeau and Rips (1991) 参照。
[8-57] Padel (2008) p. 35 参照。
[8-58] Csikszentmihalyi (1996) p. 93 参照。
[8-59] Simonton (1999) 参照。
[8-60] Guilford (1959)、Guilford (1967) 参照。
[8-61] このようなテストはGuilfordよりも前から行われていたが、創造性のテストとしてではなかった。Kent and Rosanoff (1910) 参照。
[8-62] 単語連想テストの解答で識別できるのは、この2つの側面だけではない。例えば、マッチを使って物体をつくったり、火をつけたりするような、異なる概念カテゴリーに属する反応をつくり出す柔軟性の能力なども含まれる。Simonton (1999) p. 85、Kim (2006) 参照。
[8-63] Mednick (1962) 参照。
[8-64] このテストは、3単語に対して1つの解答を求めるものだが、創造的思考の重要な部分である遠い概念を結びつける能力に関わっている。このテストの有用性は、検証研究でも裏づけられている。Simonton (1999) p. 81、Mednick (1962) 参照。
[8-65] Zeng et al. (2011)、Guilford (1967) 6章参照。
[8-66] Torrance (1966)、Kim (2006) 参照。ここでは述べていないが、問題を解決するのではなく、問題を発見する能力に関するテストや研究もある。Csikszentmihalyi and Getzels (1971) 参照。
[8-67] Kim (2006) p. 4 参照。
[8-68] 創造性テストの限界は、ここで述べた2つだけではない。創造性には複数の次元があり、単一の点数を算出することを目的としたテストもあるが、創造性を単一の量に還元することはできないのである。しかし、最も一般的な限界は、性質的特性としての創造性そのものを定義するのが難しいということである。おそらく最も広く使われている創造性テストの考案者であるE・ポール・トーランスの言葉を借りれば、「創造性は正確な定義を拒む。この結論は私を悩ませるものではない。むしろ私にはそのほうが好ましい。しかし、創造性を科学的に研究するのであれば、おおよその定義は必要である」。Torrance (1988) 参照。より一般的には、テスト理論では、心理テストが「機能する」かどうかという問題に対処するための2つの基本的な基準があ

al. (1992) 参照。より一般的には、創造性は精神病性（精神疾患の発症の原因となる気質的特徴）と関連している。Eysenck (1993) 参照。しかし、うつ病のような気分障害のほうが、おそらく頻度が高い (Runco 2014、4章)。傑出した創造性には狂気が伴うというのが、何世紀にもわたる常識だった。17世紀の詩人、ジョン・ドライデンは、「偉大な知性は狂気の近くに確実に存在し、薄い仕切りがその境界を分断する」と表現している。残念ながら、この名言は少し古くなってしまった。数え切れないほどの著名なクリエイターにインタビューしてきた心理学者ミハイ・チクセントミハイは「ゆがんだ天才というステレオタイプの多くは神話である」と言っている。Csikszentmihalyi (1996) p. 19 参照。Simonton (2014) も参照。人並み外れた創造力をもつ心も、精神的に健康で幸せであることはある。

[8-25] Bateson and Martin (2013) p. 2 参照。

[8-26] デザイン会社 IDEO の CEO である Tim Brown による TED トーク "Tales of Creativity and Play" より。http://www.ted.com/talks/tim_brown_on_creativity_and_play

[8-27] 創造的なチームには、メンバーが自由に自身を表現できる心理的安全性が重要である。Duhigg (2016) 参照。

[8-28] Martin (2002) p. 199-200、Sessa (2008) とその引用文献参照。Grim (2009)、Isaacson (2011) も参照。マッキントッシュ・コンピュータはニューヨーク近代美術館にも展示されている。https://www.moma.org/collection/works/142218 の "Apple, Inc." 参照。

[8-29] Harman et al. (1966) 参照。

[8-30] Sessa (2008) では、オウィディウスの言葉とされているが、おそらく間違い。オウィディウスと同時代のホラティウス（『書簡集』第1巻、書簡 XIX）にも関連した記述がある。「水飲みの書いた詩は、喜びをもたらさないし、長く残らない。」

[8-31] Jarosz et al. (2012) 参照。Bateson and Martin (2013) p. 116-117 にその他の研究について述べられている。

[8-32] Rees (2010) 参照。

[8-33] Holberton (2005) 参照。

[8-34] Bailey (2010) 参照。その他の融合芸術について Kaufmann (2004)、Burke (2000)、Bailey (2001) 参照。

[8-35] ゴシック建築については Scott (2003) 参照。尖塔の歴史に関しては Verde (2012) 参照。

[8-36] Csikszentmihalyi (1996) p. 160-161 参照。

[8-37] Csikszentmihalyi (1996) p. 194-295 参照。

[8-38] Simonton (1988) p. 127 参照。

[8-39] Hein (1966) 参照。

[8-40] ケストラーは、「科学的な概念の発展はすべて、異なる原理の精神的な交配として記述できる」と大胆に述べている。Koestler (1964) p. 230 参照。

[8-41] Simonton (1994) p. 163-165、p. 173 参照。

[8-42] Isaacson (2011)、Appelo (2011) 参照。

[8-43] Curtin (1980) p. 84 参照。

[8-44] Wilson (1992) 参照。

[7-33] Hadamard (1945) p. 14 参照。
[7-34] Campbell (1960) 参照。
[7-35] Wales (2003) 1 章参照。
[7-36] von Helmholtz (1908) p. 282 参照

第8章

[8-1] Bateson and Martin (2013) p. 16 参照。
[8-2] Bateson and Martin (2013) p. 17 参照。
[8-3] Caro (1995)、Henig (2008) 参照。
[8-4] Caro (1995) p. 342 の引用文献を参照。
[8-5] Harcourt (1991) 参照。
[8-6] Cameron et al. (2008) 参照。
[8-7] Fagen and Fagen (2009) 参照。
[8-8] この行動には、他にもメリットがある。例えば、非生殖性行動をするメスは、最初に産む卵により多くの投資をする。Pruitt and Riechert (2011) 参照。
[8-9] Spinka et al. (2001)、Henig (2008) 参照。いずれも、多様な形で見られる動物の遊びの目的として、そのほかさまざまな仮説を議論している。
[8-10] Wenner (2009) 参照。
[8-11] Bateson and Martin (2013) p. 31 参照。
[8-12] Root-Bernstein and Root-Bernstein (1999) p. 247 に引用。
[8-13] Bateson and Martin (2013) p. 58-61 参照。
[8-14] Jung (1971) p. 82 参照。
[8-15] Martin (2002) p. 198 参照。
[8-16] その他の事例も含めて Martin (2002) p. 198-204 参照。
[8-17] 反応時間も含めたさらに詳細な解析にデジタルアシスタントも利用できる。Jackson and Balota (2012) 参照。
[8-18] Kane et al. (2007)、Jackson and Balota (2012)、Killingsworth and Gilbert (2010)、Christoff (2012) 参照。
[8-19] Mooneyham and Schooler (2013) 参照。
[8-20] Hadamard (1945) p. 13-14 参照。
[8-21] Baird et al. (2012) 参照。
[8-22] Mrazek et al. (2013) 参照。
[8-23] Schooler et al. (2014) とその引用文献を参照。
[8-24] Schooler et al. (2014) 参照。この相反する 2 つの精神的プロセスは、選択と突然変異に似ていると思うかもしれない。しかし、私たちの心は絶え間なく自然発生的な関連性をつくり出しているようであり、心の迷走が行っているのは、近い関連性よりもむしろ遠い関連性を思い浮かべさせることにあるようだ。Baror and Bar (2016) 参照。相反する力のバランスの重要性は、バランスが崩れると、言葉のサラダとも表される言語失調のような症状の見られる統合失調症や精神疾患を発症することからも明らかである。潜在抑制機能やネガティブプライミングが低いことは、いくつかの実験において創造的な性格特性との関連が指摘される一方で、統合失調症との関連も指摘されている。Lubow and Gewirtz (1995)、Beech and Claridge (1987)、Lubow et

る盲目的な変異でさえも、以前の変異の上に成り立っているため、その意味では自由ではない。Wagner (2012) を参照。進化生物学においても同様で、発生学の研究者は、発生が DNA の突然変異が生み出しうる変異の種類を制約していることを指摘している。進化の制約については、Maynard-Smith et al. (1985) を参照。

[7-9] Weisberg and Hass (2007) 参照。

[7-10] Simonton (2007a) p. 331, 340 参照。

[7-11] John-Steiner (1997) 参照。

[7-12] Simonton (1999) p. 26-34 参照。

[7-13] Lohr (2007) より。

[7-14] Plunkett (1986)、Rosen (2010) 参照。その他の例について Wagner (2014)、Simonton (1999) p. 35-39 参照。

[7-15] Simonton (1988) p. 84 参照。言うまでもないが、被引用数だけで影響を判断するのは大きな間違いである。1 つの研究が受ける平均被引用数は、分野によって大きな差がある。例えば、生物学の研究は数学の研究よりも引用数が多い。新しい研究方法に対する引用は、他の種類の研究よりも多い傾向がある。また、研究がこのように行われるべきでないという、否定的な引用を多く受ける論文の著者も被引用数は多くなる。そのほか、被引用数の利用に関しては Simonton (1988) p. 85 参照。

[7-16] Simonton (1988) p. 84 参照。

[7-17] Lariviere et al. (2009) 参照。

[7-18] Simonton (1985) 参照。ゲシュタルト心理学の父のひとりであるケーラーが、チンパンジーの問題解決を試行錯誤で説明できるという考えに反対していたことは注目に値する。ダーウィン的な創造性に対する反論と他の人々の反論については、Campbell (1960) p. 389 を参照。重要な論点は、解決策の候補がゼロから創造されるのか、それともすでにあるもの、例えば解決すべき問題に対する既存の洞察の上に構築されるのかという点にある。

[7-19] Simonton (1977) 参照。

[7-20] Simonton (1988) p. 92 で他の例も含めて述べられている。

[7-21] Simonton (1988) p. 93 参照。

[7-22] Simonton (1999) p. 154-155 参照。

[7-23] Simonton (1994) p. 186 で引用されている。

[7-24] Stern (1978) 参照。

[7-25] Simonton (1994) p. 184-187、Stern (1978)、Sinatra et al. (2016) 参照。Sinatra et al. (2016) では人生のどの段階で重要な業績をあげるかは科学者によって異なることも述べられている。

[7-26] ここでは、ヤング・ヘルムホルツの理論として知られる、三色覚説について述べている。

[7-27] Palmer (1999) 3 章、Gärdenfors (2000) 1 章参照。

[7-28] Kandel et al. (2013) 31 章、Gärdenfors (2000) 2 章参照。

[7-29] Gärdenfors (2000) 参照。

[7-30] Simonton (2007a) 参照。

[7-31] Weisberg and Hass (2007) p. 356 参照。

[7-32] Padel (2008) p. 45-46 参照。

[6-28]（訳注）Taylor, R. P. 2021. *Sustainability* **13**(2), 823 など。

[6-29] Van Tonder et al. (2002)、Taylor et al. (2011)、Pachet (2012) 参照。

[6-30] Fernandez and Vico (2013) 参照。

[6-31] Muscutt (2007)、Cope (1991)、Adams (2010) 参照。

[6-32] Adams (2010) 参照。

[6-33] Muscutt (2007) 参照。

[6-34] Johnson (1997) 参照。

[6-35] Muscutt (2007) 参照。

[6-36] Cope (1991)、Adams (2010) 参照。

[6-37] Fernandez and Vico (2013)、http://www.geb.uma.es/melomics/melomics.html 参照。コンピュータアルゴリズムと作曲に関する報道記事は Smith (2013)、Ball (2012) 参照。

[6-38] Pachet (2008)、https://www.francoispachet.fr/continuator/参照。他の人のスタイルを改善するのは何もないところから作曲することに比べると容易である。例えば、Fernandez and Vico (2013) 参照。

[6-39] Levy (2012) 参照。

[6-40] Podolny (2015) 参照。

[6-41] Levy (2012) 参照。

[6-42] Clerwall (2014) 参照。

[6-43] Constine (2015) 参照。

第7章

[7-1] この絵画の歴史的な意義も含めた創作過程の詳細は Chipp (1988) 参照。

[7-2] Chipp (1988)、Weisberg and Hass (2007)、Weisberg (2004)、Simonton (2007a) 参照。

[7-3] Simonton (1999)、Simonton (2007a) 参照。

[7-4] ダーウィン的な創造性についてのベインや他の初期の思想家の考えは、Campbell (1960) に要約されている。ダーウィンの功績は、自然選択と共通祖先の存在を提案したところにあり、ランダムな突然変異により多様性が生まれることを指摘したことではない。ダーウィンは多様性がどこから来るのか知らなかったし、知らないことを認めていた。

[7-5] James (1880) 参照。

[7-6] Campbell (1960) 参照。キャンベルの言葉は人間の心の内部の働きを指しているが、人間の知識の成長にも同じように当てはまる。哲学者のカール・ポパーも同様に、「我々の知識の成長は、ダーウィンが自然選択と呼んだものに酷似したプロセスの結果である」と述べている (Simonton 1999, p. 26)。

[7-7] Dehaene (2014) p. 190 参照。

[7-8] サイモントンによるピカソの《ゲルニカ》の分析は、議論の余地がないものではなかった。論争の多くは、そのイメージやスケッチが、それ以前に描かれたものとどれほど関連性がなく、したがってピカソの連想のプロセスがどれほど自由であったかという問題を中心に展開した。Weisberg (2004)、Dasgupta (2004)、Simonton (2007b)、Weisberg and Hass (2007) を参照。しかし、本文で述べたように、生物進化におけ

客と、別の配達経路の後半の顧客を入れ替えるようなものだ。問題は、できあがった経路が、すべての顧客を訪問しなかったり、何人かの顧客を二度訪問したり、有効な経路にならない可能性があることだ。組替えをシミュレートするには、問題に応じてアルゴリズムのゲノムをどうコードするかが重要である。

[6-16] Koza et al. (2003) 参照。生物進化で適応地形図を探索する際に役立った3つ目の特徴、すなわち第4章に登場した、高度がほぼ等しい稜線の広大なネットワークについて触れていないことに気づいただろうか。その理由は、コンピュータ科学の解の地形図では、このようなネットワークがまだあまり探索されていないからであるが、難しい問題の解決に役立つ可能性を示すヒントも得られつつある。Raman and Wagner (2011)、Banzhaf and Leier (2006) 参照。

[6-17] Glover and Kochenberger (2003)、Moore and Mertens (2011) 参照。VRP や TSP のような問題では、多くの場合、アルゴリズムの組合せによって解かれる。貪欲なアルゴリズムから始めて、自己交差経路を避けるためにエッジを戦略的に入れ替えることによって結果の経路を変更し、解の厳密な上限と下限を得るために類似しているがより簡単な問題に問題の構造自体を変え、その後簡単な問題の解を難しい問題の適切な解に対応させ、それをさらに改善する、といった具合である (Moore and Mertens 2011 の 9 章)。このような多段階の方法は、解の地形図の構造を念頭に置いて考案されていないことが多いが、極小値にとらわれることを避けることができる。また、遺伝的アルゴリズムのような汎用アルゴリズムがどんな問題にも適用できるのに対し、このような手順は問題の構造に関する数学的洞察を利用することが多い。これは利点でもあり限界でもある。汎用アルゴリズムは通常、非常に特殊な問題のためのカスタムメイドのアルゴリズムほど効率的ではない。

[6-18] ここでの旅は、巡回セールスマン問題のことで、1 つのトラックで 1 つの集配所から配送する以外に制約のない経路探索問題と似た問題である。666 の都市については Holland (1987) 参照。その他の成果も含めて Cook (2012) 8 章参照。

[6-19] 適切な構成要素を選ぶと、遺伝的アルゴリズムを開発する技術者は、解の性能を評価するための適切な「適応関数」を選択することというもうひとつの重要で難しい問題に直面する。これは、経路探索問題のような問題では簡単だが、他の問題、特にエンジンや飛行機のような性能が多面的な技術に関わる問題では難しい。

[6-20] Koza et al. (1999) 参照。

[6-21] Keane et al. (2005)、Keats (2006)、Koza et al. (2003) 参照。創造マシンの特許や知財法に関しては Plotkin (2009) 参照。

[6-22] Wang et al. (2013) 参照。

[6-23] Keats (2006) 参照。

[6-24] Hornby et al. (2011) 参照。

[6-25] Schmidt and Lipson (2009) 参照。彼らは、記号回帰と呼ばれる進化的計算方法を用いた。これは、実験データを記述することを目的とした方程式に数学的構成要素を組み合わせたものである。

[6-26] Plotkin (2009) p. 1 参照。

[6-27] もちろん、そのすべてがユニークというわけではないが、それは生物学的進化も同様で、生物学者が収斂進化と呼ぶように、いくつかの問題に対して同じような解決策を何度も導き出してきた。

[6-5] 炭素排出量に特化したアルゴリズムとして Liu et al. (2014) 参照。

[6-6] これは、解の地形図で可能な複数種類のステップのうちの 1 つにすぎない。2-opt とも呼ばれるものもあり、互いに交差する経路の 2 つの部分をカットし、それらの部分を 2 つの顧客間で入れ替えるものである。2-opt は、非効率的な自己交差経路を避けることができる (Moore and Mertens 2011 の 9.10 節参照)。

[6-7] より正確には、貪欲なアルゴリズムとは、(限られた数の) 選択肢の中から常に最良のものを選択するものである。ここでいう 2 つの選択肢とは、元の順番と入れ替わった順番であり、アルゴリズムはより良い解を生み出すほうを選択する。地形図探索の文脈では、アルゴリズムが最も急な斜面を登ってピークに達する場合、しばしば貪欲と呼ばれるが、この定義は、アルゴリズムが次の可能なステップをすべて評価できることを前提としており、そのようなステップが多数ある場合、多くの計算を必要とする可能性がある。また、1 つの問題に対して複数の貪欲なアルゴリズムが存在する可能性があることにも注意したい。経路探索問題に対するよく知られた貪欲なアルゴリズムは、まず、集配所に最も近い顧客を訪問し、そこから最も近い顧客まで移動し、以下同様である。すべての可能性のある顧客までの距離を評価する必要がある。巡回セールスマン問題では、多くの経路を同時に成長させる特定のアルゴリズムが貪欲なアルゴリズムとして知られているが、他にも多くのアルゴリズムがある (Cook 2012、p. 67 参照)。

[6-8] 組合せ最適化問題は、半世紀以上前から知られている。例えば、巡回セールスマン問題は 19 世紀からある。しかし、コンピュータと効率的なアルゴリズムが登場する以前は、中程度の大きさの巡回セールスマン問題でさえ効率的に解くことはできなかった。1947 年のシンプレックス・アルゴリズムと呼ばれる技法の開発は記念碑的な成果で、真に困難なものを除いて、多くの組合せ最適化問題を解くことができるようになった。Dantzig (1963) 参照。

[6-9] 巡回セールスマン問題の極小値の数については、Sibani et al. (1993)、Hernando et al. (2013) 図 4、表 5 を参照。(同規模の経路探索問題ではさらに多くの極小値が存在しうる。)

[6-10] Glover and Kochenberger (2003) 10 章参照。

[6-11] 進化における「玉」の性質について、本物かシミュレートされたものかという 2 つの異なる視点をもつことができる。玉は、本文で私が使っているように、個体を表すことができる。また、集団全体の平均的な位置や重心を表すこともある。強い遺伝的浮動は、集団の重心にゆらぎをもたらすという点で、高温に似ている。

[6-12] Turing (2013) 参照。

[6-13] Holland (1975)、Mitchell (1998) 参照。このようなアルゴリズムを開発したのは Holland が最初ではなく、あまり知られていないが、ドイツ人科学者の Ingo Rechenberg の先駆的な業績もある (Rechenberg 1973)。さまざまなアルゴリズムが遺伝プログラミングや進化アルゴリズムなどと呼ばれて開発された (Koza 1992 など)。ここでは、「遺伝的アルゴリズム」と呼ぶ。

[6-14] 例えば、50 以下の人に対する配送の経路探索問題のアルゴリズムが Prins (2004) と Baker and Ayechew (2003) によって開発されている。

[6-15] たしかに、このような組替えは生物学とまったく同じようにはいかないかもしれない。たとえば、2 本の染色体 DNA を組み換えることは、ある配達経路の前半の顧

度に規則正しい分子から少しずつ組み立てられていくという観察から得られたものであり、集合の過程で、エネルギー地形を特定の方向に探索することの重要性を示している。Kroto (1988)、Smalley (1992) 参照。

[5-16] 物質の中には、異なる安定な構造をもつものがあり、複雑である。

[5-17] 多くの雪の結晶のうちの 1 つについてのものである (Libbrecht 2005)。集合動態の重要性の示すもうひとつの事例である。

[5-18] 不規則なバッキーボールの事例は Wales (2003) 8.6 節参照。

[5-19] ここでの炭素原子の大部分という記述は、大きなクラスター内の炭素原子の割合のことで、適切な条件下ではその 50%以上がバッキーボールになりうる (Kroto et al. 1985)。全体で 20%を超えると報告されている事例は顕著なものである。Smalley (1992) p. 108 参照。

第 6 章

[6-1] Biery (2014) 参照。

[6-2] n 人の顧客をもつ車両経路問題では、集配所は含まれないので、経路の基本数は $n! = 1 \times 2 \times \cdots \times n$ となる。一般に、ある経路と、そこから顧客の順序を逆にして得られる経路が同じ長さであるとは仮定できない。例えば、集配所から最初の顧客と、集配所から最後の顧客までの経路の長さは異なるかもしれないし、一方通行の道が存在するかもしれない。つまり、このような「対称性」を考慮して、経路の数 $n!$ をこれ以上減らすことはできない。巡回セールスマン問題では，n 個の都市のうちの 1 つ（例えば出発点）が任意に選ばれ（それは「集配所」に相当する)、残りの ($n-1$) 個の都市は自由に並べ替えられるので，経路の数は ($n-1$)! である。どちらの問題でも、解の数は指数関数的以上に速く大きくなる。

[6-3] この問題の歴史については、Cook (2012) 2 章参照。巡回セールスマン問題という呼び名は、20 世紀半ばまでは使われていなかった。この問題自体は、アイルランドの数学者ウィリアム・ローワン・ハミルトン卿に言及されることが多い。彼は、この問題の特殊な数学的事例として、正十二面体の辺に沿って連続した経路で 20 個の頂点をすべて訪れる方法を研究した。彼の名は、ハミルトン回路にも現れており、これは、ネットワーク（数学用語でグラフ）を通り、ネットワークの各ノードをちょうど 1 回訪れる回路を見つける問題である。巡回セールスマン問題を解くことは、このようなグラフを通る最短のハミルトン回路を見つけることに等しい。このような問題が難しいのは、解が多いことだけが理由ではない。多くの解をもちながら解くのが簡単な問題はある。これらの解を記述する地形図が単純だからである。このような簡単な問題に最小木問題がある (Moore and Mertens 2011、3 章)。一般に、コンピュータ科学では、難しい問題は NP (non-deterministic polynomial-time) と呼ばれ、これは問題を解くのに必要な時間が問題の大きさによってどのように変化するかを示す用語であり、問題の大きさに応じて多項式的に変化する時間で解ける簡単な問題とは区別される。より難しい問題とは、解の地形図がより険しい地形になる問題である。簡単な問題と難しい問題をどのように厳密に区別するかという問題自体が、コンピュータ科学と数学における最も深遠な未解決問題のひとつであることに注意したい。例えば、Moore and Mertens (2011) の 6 章参照。

[6-4] Matai et al. (2010)、Cook (2012) 3 章、Rhodes (1999) 4 章参照。

では、取りうる配置の数を最大化する傾向がある。言い換えれば、原子はポテンシャルエネルギーを最小にする一方で、エントロピーを最大にする傾向がある。この２つの原理が組み合わさることで、より複雑なエネルギー地形ができる。また、最も安定な配列は、すべての物質において非常に規則的であるわけではないことも指摘しておきたい。金などのように不規則になることもある（Michaelian et al. 1999）。高い規則性と対称性は、複数の極小値が個々の原子が入れ替わっても同じ安定な配置に対応することを意味する。力の強さ、エントロピー、対称性など、これらの要素はすべてエネルギー地形に影響を与えるが、ポテンシャルと自由エネルギーの地形図の複雑さが、原子の数が増えるにつれて指数関数的に増加するという中心的な原則は不変である。

[5-9] 例えば、わずか 32 個の塩化カリウム分子からなるクラスターには、アモルファス構造に対応する高ポテンシャルエネルギーの極小値が、岩塩のような立方配列に似た原子配置をもつ安定構造に対応する低ポテンシャルエネルギーの極小値よりも、少なくとも 100 億個以上多く存在する。Berry（1993）p. 2389 参照。

[5-10] Oliver-Meseguer et al.（2012）、Corma et al.（2013）、Michaelian et al.（1999）参照。分子とクラスターの違いは明確ではない。Wales（2003）1.2 節参照。ここで述べた金クラスターの大きさは、ナノメートル（10^{-9}）ではなく数百ピコメートル（10^{-12}）の桁である。ピコテクノロジーといってよい。Cartwright（2012）参照。

[5-11] Wales（2003）参照。

[5-12] 本文中では、やや簡便化して述べている。例えば、結晶化における冷却の重要性は、エネルギー地形図を効率的に探索するためだけでなく、多くの溶質の溶解度が温度の低下とともに低下し、結晶成長に利用できる溶質分子が多くなることも重要である。溶媒の体積を減少させ、溶質の濃度を増加させる溶媒の（ゆっくりとした）蒸発が、結晶化によく使われる戦略である理由もそのためである。冷却や蒸発が速すぎると、多くの溶質分子が非晶質の塊となって沈殿する。また、結晶が形成されるとき、結晶を構成するすべての原子や分子が同時に結晶のエネルギー地形を探索するわけではない。結晶化は、溶質の分子の一部が、それ自体で、あるいは溶媒中の塵のような不純物を介して、正しい（エネルギーが最小となる）配置で会合するプロセスである核形成から始まる。そして、より多くの分子が集合するにつれて、結晶はそのような核から成長する。これは、エネルギー地形が行き当たりばったりに探索されるのではなく、むしろ成長の仕方に応じて探索されることを意味する。これは、自己組織化する分子構造で一般的な現象で、動態によって結晶形成が影響を受ける例である。しかし、「玉」がある方向に沿ってエネルギー地形を探索するときでさえ、ピークのあいだの浅い谷――最適でない不完全な分子配置――に遭遇することがあり、熱による振動にはやはり重要な役割がある。

[5-13] 共有結合で結合した原子が含まれる場合には共有結合結晶と呼ばれる。その一例がダイヤモンドで、炭素原子が隣り合う 4 つの炭素原子と結合し、高度に規則的な八面体対称の配置をとる。

[5-14] バッキーボールが形成される温度とゆっくりとした冷却の重要性については Smalley（1992）参照。

[5-15] 短時間でのバッキーボールの形成については Wales（2003）p. 501 参照。これは、バッキーボールが一度にゼロから組み立てられるのではなく、より小さいがすでに高

[4-17] Gelvin (2003)、Robinson et al. (2013) 参照。

[4-18] 動物の中には光合成をできるものもあり、他の生物の共生によって可能になっている。また、その光合成で得た炭水化物からのみ栄養を得ているものはない。むしろ、なぜもっと多くの動物が共生しないかのほうが不思議だ。Smith (1991) 参照。

[4-19] Copley et al. (2012)、Russell et al. (2011)、Maeda et al. (2003)、Hiraishi (2008) 参照。

[4-20] 多くの場合、抗生物質への耐性は1つの遺伝子で起こっており、そのため広がりやすい。

[4-21] HIV などでは、感染した患者の体内でも組換えを起こすが、試験管内で起こる組換えの頻度や多様性には及ばない。

[4-22] 正確には、DNA シャッフリングでは PCR のために熱耐性ポリメラーゼが用いられている。PCR は特定の DNA 配列を増幅するための分子生物学では重要な技術である。Stemmer (1994) 参照。

[4-23] Crameri et al. (1998) 参照。ここでは、セフォタキシムと類似した moxalactame という別のセファロスポリン抗生物質を切断する酵素が開発された。

[4-24] Ness et al. (1999)、Raillard et al. (2001)、Crameri et al. (1997) 参照。

[4-25] 正確には、ここでは有性生殖しない生物のことを言っている。

[4-26] Judson and Normark (1996) 参照。

[4-27] Flot et al. (2013) 参照。

[4-28] しかし、実験的には組換えタンパク質をたくさん合成して、そのうちどのくらいが機能的なタンパク質となるかを調べることはできる。Drummond et al. (2005) 参照。

[4-29] Drummond et al. (2005)、Martin and Wagner (2009)、Hosseini et al. (2016) 参照。ここでは、DNA の組換えによる影響をシミュレートしているが、Drummond et al. (2005) による組換えタンパク質の小規模な実験でも同様な結果が得られている。

第5章

[5-1] Gerst (2013) p. 81-114 参照。

[5-2] Kroto (1988)、Kroto et al. (1987) 参照。

[5-3] Smalley (1992) 参照。

[5-4] 当初の発見は Kroto et al. (1985)。初期の総説は Smalley (1992)、Kroto (1988) 参照。バッキーボールはグラファイトやダイヤモンドと同様の炭素の同素体のひとつである。

[5-5] Cami et al. (2010)、Berne and Tielens (2012)、Garcia-Hernandez et al. (2010) 参照。

[5-6] Campbell et al. (2015) 参照。

[5-7] 正確には、ファン・デル・ワールスが最初にこのような力の存在を仮定した。

[5-8] 具体的には、4つの原子は四面体を形成し、5つの原子は双三角錐を形成する。この段落で引用した数字は、Meng et al. (2010) による実験観察と理論計算によるものである。谷の数と、それが原子の数に応じてどのように増えるかは、原子の種類と考慮すべき力に依存することに注意したい。Wales (2003) と Berry (1993) 参照。また、ここで述べた数値は、ポテンシャルエネルギーだけでなくエントロピーも考慮した自由エネルギー地形の計算によるものである。エントロピーとは、与えられた数の原子がとりうる配置の数のことであり、熱力学の法則によれば、原子は自由に動ける状況

（約 1120 km）。適応度地形の大きさを、2 つのゲノムの間の違いの最大値とすると、ヒトのゲノムの大きさである 3×10^9 になる。1 つの塩基の違いを 1 歩と換算すると 7.5×10^9 フィート、1.42×10^6 マイル、2.28×10^6 km になる。地球と月の距離が 384,400 km であることと比較すると、適応度地形の大きさがわかる。

[4-11] このような急速な雑種形成は、DNA 複製や細胞分裂のエラーで植物の染色体が倍化する際に起こることがある。Futuyma（2009）参照。母種よりも適応的でないことが多いが、新しい生活様式を見つけることもある。Arnold et al.（1999）、Arnold and Hodges（1995）参照。

[4-12] Pennisi（2016）参照。

[4-13] Futuyma（2009）p. 492-493、Rieseberg et al.（2007）参照。

[4-14] Lamichhaney et al.（2018）、Lamichhaney et al.（2015）、Grant and Grant（2009）、Pennisi（2016）参照。この大型の鳥の子孫は近親交配で成功した例であり、たった 2 羽で干ばつを生き延び、交尾し、そのメンバーが系統を築いている。ダーウィンフィンチは、交雑が広く行われていることが明らかになりつつある例のひとつで、そのような事例の報告は増えている。生物学的な種の定義である生殖的に隔離されていると考えられていた種でさえ、交雑と呼ばれる過程で遺伝物質を交換することがしばしば報告され、種の壁が厳密ではなくなりつつある。新種の形成にまでは至らないことが多いが、雑種個体がどちらかの親種のメンバーと何世代にもわたって繁殖が行われている。雑種が新しい生息地で生き残るのに役立つ対立遺伝子の組合せがあれば、ゲノムに保存される。このような現象は、チーズづくりに関与する酵母、マラリア蚊、アメリカハイイロオオカミなど、多様な生物で報告されている。Arnold and Kunte（2017）、Pennisi（2016）、Ropars et al.（2015）、Norris et al.（2015）、Anderson et al.（2009）参照。

[4-15] Bushman（2002）参照。このプロセスは通常、ゲノム内のすべての遺伝子が転移する規模にまではならない。バクテリアゲノムで近くにある遺伝子がまとまって転移することが多い。これに基づいて、大腸菌ゲノムの遺伝子がマッピングされている。転移された遺伝子には、性線毛をつくったり DNA を提供したりするための遺伝子が含まれていることが多いため、ゲノム転移装置はバクテリア間で「利己的に」広がっているのかもしれない。またそうすることで、受け手のバクテリアにとって有用な遺伝子も転移する。また、すべての遺伝子水平伝播がバクテリアの性（接合）を伴うわけではないことにも注意したい。その他の組換えメカニズムには、裸の DNA の取り込み（transformation：形質転換）や、感染性ウイルスによる細胞から細胞への DNA のシャトリング（transduction：形質導入）などがある。遺伝子の水平伝播は、バクテリアと植物、菌類、動物との間でも起こるし、後者の 3 つの生物間でも起こるが、そのメカニズムは必ずしも明らかにされていない。Arnold and Kunte（2017）参照。

[4-16] バクテリアでの遺伝物質の交換は、ゲノムに 10% もの違いがある場合でも起こる。ヒトの個人間のゲノムの違いは 0.1% 程度である。Fraser et al.（2007）参照。比較のために、ヒマワリの個体間の違いは 1% 程度である。Pegadaraju et al.（2013）参照。バクテリアは世代時間に違いが見られ、突然変異率は高く、ゲノムの遺伝子密度が高い。Lynch（2007）参照。そのため、バクテリア間のゲノムの違いと、高等生物のゲノムの違いを、同じように分岐後の時間と対応させることはできない。

[3-50] Lynch (2007) p. 178、Lynch (2006) 図5参照。

[3-51] Lynch (2007) p. 57 参照。

[3-52] Lynch (2007) p. 56-60 参照。私たちのゲノムの中にはSINE (short interspersed nuclear element) が非常に多く、150万以上ある。これは他の可動性DNAの転移酵素を使って転移する。究極の寄生性DNAだ。

[3-53] Lynch (2007) 参照。

[3-54] Gilbert (1978) 参照。

[3-55] Lynch and Conery (2003)、Lynch (2007) p. 256-261 参照。ここでのイントロンは真核生物のスプライソソーム型イントロンのことを言っており、原核生物には見られないものだ。原核生物のゲノムの単純さを反映している。ここでいう微生物は、酵母などの単細胞の菌類など、真核生物の微生物だ。

[3-56] Lynch (2007) 表3.2参照。

[3-57] Lynch (2007) p. 51、表3.2参照。バクテリアにとって単純なゲノム構造には有利な点もある。世代時間を短くでき、遺伝子の水平伝播もしやすくなる。

[3-58] Lynch (2007) 表3.1、3.2参照。

[3-59] Chimpanzee Sequencing and Analysis Consortium (2005) 参照。

[3-60] 自然選択が重要ではないということではない。選択は、適応度地形のピークを確実に登るためには必須である。

第4章

[4-1] Hardison (1999)、Aronson et al. (1994) 参照。アミノ酸配列が大きく異なるという意味で、異なる解決法であるといえる。異なる文字列で同じ「意味」を伝えているともいえる。

[4-2] Wagner (2014) 参照。

[4-3] Hayden et al. (2011) 参照。

[4-4] Bershtein et al. (2008) の図6参照。次元が増える中での進化の旅で適応進化が促進されることについてはWu et al. (2016) 参照。

[4-5] 生殖隔離による種分化の数学モデルでも、適応度地形に稜線のネットワークが広がっていることが示されている。数理生物学者のSergei Gavriletsは、穴ぼこ適応度地形と呼んでいる。Gavrilets (1997) 参照。

[4-6] このフレーズは、ウィキペディアにページがあるほどよく知られている (https://en.wikipedia.org/wiki/Beam_me_up,_Scotty) が、実際にWilliam Shatner演じるカークが正確にこのフレーズを使ったことはない。

[4-7] 血縁のない両親から生まれていることを前提としている。近親交配など、父母の染色体が似ている場合、染色体の違いはもっと小さくなる。また、染色体の領域ごとに違いの度合いも異なることになる。Jorde and Wooding (2004) 参照。

[4-8] 正確には、30万か所というのは23本の染色体セットの間のおおよその違いである。23対の染色体セットを2個体で比較した場合には、この2倍の違いになる。

[4-9] 私はここで、ヒトの一生の間に起こる約30〜40の (生殖細胞系列の) 突然変異は無視している。この数は、母親と父親の間の違いによってもたらされる違いに比べれば微々たるものだからである。Campbell and Eichler (2013) 参照。

[4-10] ここでの計算の根拠は、1.5×10^6 歩×2.5フィート (約30 cm)/歩で、710マイル

代の遺伝子プールに受け継がれる個体や遺伝子の割合を反映して、実際の集団サイズよりも小さくなる。繁殖様式や集団サイズの経時的な変化など影響を受ける。Hartl and Clark (2007) 参照。

[3-37] もうひとつの要因として、私たちの受ける選択圧が変化していることも挙げられる。2型糖尿病など近代的なライフスタイルに関連した疾患も増えている一方で、医学の進歩に助けられている面も大きい。

[3-38] もうひとつの真核生物との違いとして、大腸菌の制御タンパク質は遺伝子を転写するRNAポリメラーゼの一部であることも挙げられる。簡潔にするため、抗ウイルス防御やDNA複製開始の補助など非コードDNAの他の役割を少し省略した。いずれにせよ、遺伝子発現制御の機能が最重要である。

[3-39] 正確には、ヒトのゲノムで2つの遺伝子の間のタンパク質をコードしていない領域の長さの平均は、10万塩基以上であり、大腸菌と比べると1000倍になる。計算の元になった数字は、ヒトのゲノムの大きさ 2.9×10^9 塩基対に、平均して1330塩基の長さのタンパク質コード領域をもつ遺伝子が約2万4000個ある。Lynch (2007) の表3.2参照。ヒトの遺伝子の中には、数百万塩基離れているものもある。

[3-40] 脊椎動物の非コード領域のかなりの部分はRNAに転写されるが、タンパク質に翻訳されない。中には、遺伝子の制御に関わっているものもある。

[3-41] Lynch and Conery (2000) 参照。

[3-42] その他にも、新しい遺伝子をRNAに転写したり、比較的小さいが、DNAの材料を合成するコストも必要だ。RNAやタンパク質がどのくらいつくられるかによっても変わる。Wagner (2005、2007) 参照。

[3-43] もうひとつの違いとして、高等生物では、運動能力、認知能力、交尾相手への魅力など、他の多くの要因に比べ、遺伝子発現のエネルギーコストは繁殖の成功にほとんど影響しないかもしれない。

[3-44] Lynch (2007) p. 60-61参照。重複遺伝子を不活性化する突然変異だけが偽遺伝子の発生要因ではなく、最も重要な発生要因でもない。もうひとつ別の遺伝子重複を生み出すレトロポジションと呼ばれるメカニズムがあり、本文で述べたDNA組換えや修復とはまったく異なるものである。レトロポジションとは、遺伝子から転写されたRNAが逆転写酵素と呼ばれる酵素によってDNAに転写し直されるプロセスのことである。多くの場合、できたDNAは遺伝子の完全なコピーではなく、さらに遺伝子を転写するのに必要な調節DNA配列のないゲノムの領域に組み込まれる。このような遺伝子は事実上、組み込まれると同時に死滅しいわゆるレトロ偽遺伝子として私たちのゲノムの中のかなりの部分を占めることになる。

[3-45] Dawkins (1976) 参照。

[3-46] 可動性DNAは、転位因子とも呼ばれ、多くのタイプが知られている。トランスポゾン、LTR (long terminal repeat element)、LINE・SINE (long or short interspersed nuclear element) など。Lynch (2007) p. 56-60参照。

[3-47] ここでの選択は異なる形で起こる。可動性DNAが遺伝子のないところに挿入されるなど、比較的害にならない形で挿入された生物が選択的に有利になる。つまり可動性DNAを排除するのではなく飼い慣らすような現象が起こる。

[3-48] Lynch (2007) 7章p. 168参照。

[3-49] Lynch (2007) p. 174-179参照。

の方法での有性生殖でゲノムの一部で混ざり合いが起こる。毎世代起こるわけではない。細菌接合と呼ばれる。Griffiths et al.（2004）参照。

［3-22］簡略化のため、ここでは適応度地形の概念を柔軟に用いた。第一に、第1章では適応度地形の個体を単位として考えたが、ここでは集団を単位とする。単位は集団全体である。地形図の○は集団の中心を示していると考えてよく、自然選択はこれを登らせるように作用する。しかし遺伝的浮動の結果、集団のアレル頻度が変動するため、この○の位置は変動する。つまり、厳密に言えば、揺らいでいるのは景観そのものではなく、○である。集団の大きさの逆数に比例する拡散係数をもつブラウン運動下の粒子として考えてもよい。

［3-23］専門的に言えば、集団遺伝学から、遺伝的浮動が選択に打ち勝つためには、アレルの選択係数が集団サイズの逆数（これは中立アレルの頻度の世代間変動に比例する）よりも小さくなければならない。Hartl and Clark（2007）参照。正確な数値は、生物が一倍体か二倍体か（ここで集団サイズ N は $2N$ に置き換えなければならない）、適応度のどの側面を考慮するか、適応度を測定する単位をどう設定するかにも依存する。また、集団サイズは常に、集団遺伝学的に遺伝的浮動に影響する集団の有効サイズと呼ばれているものを指していることに留意してほしい。実際の集団のサイズよりも小さいことがある。

［3-24］Eyre-Walker and Keightley（2007）、Freeman and Herron（2007）の5章参照。

［3-25］通常バクテリアの〔有効〕集団サイズは 10^8 を超えるからである。Lynch（2007）4章参照。

［3-26］Sun et al.（2014）参照。

［3-27］Whittaker and Fernandez-Palacios（2007）p. 219の表1参照。

［3-28］Sulloway（1982）参照。

［3-29］Whittaker and Fernandez-Palacios（2007）p. 228-229、表9.3参照。

［3-30］ハワイ諸島の最古の島はカウアイ島で、ガラパゴス諸島の最古の島はエスパニョーラ島である。Geist et al.（2014）、Whittaker and Fernandez-Palacios（2007）p. 220参照。火山群島では、一度生まれた島が沈んでしまうこともあり、現在最古の島よりも群島自体は古くからある可能性もあることに留意する必要もある。しかし、群島の最古の生物の系統がいつまで遡れるか、分子時計を使って調べてみると、1000万年以上遡る系統はほとんどいないことがわかった。進化的にはごく最近のことだ。

［3-31］このパラグラフなどで紹介した事例はWhittaker and Fernandez-Palacios（2007）9章参照。

［3-32］特に島の生物では、植物や一部の動物における巨大化や、飛べなくなることなどで移動能が減退するなどが繰り返し起こっている。

［3-33］Montgomery（1983）参照。

［3-34］島での集団のびん首効果が適応放散に重要な役割を果たしていると多くの科学者は考えている。Whittaker and Fernandez-Palacios（2007）7章参照。しかしそれだけではない。島に移って、空の生態的ニッチに広がった際、競争が起こらなかったことも同じくらい重要だ。厳しい競争の元では選択も強く働く。競争の少ない島では選択も弱くなる。競争が弱くなるとイノベーションが起こりやすくなる。

［3-35］Lynch（2006）p. 453、Carbone and Gittleman（2002）参照。

［3-36］ここでも、それ以外の部分でも集団のサイズとは有効集団サイズのことで、次世

受け入れられている。Provine (1986) の9章参照。

[3-15] ここでは、遺伝的浮動の概念を説明するために、目の色の遺伝と進化を単純化して述べた。高校の生物の授業では、目の色を単一の遺伝子の影響を受けた形質の例として取り上げることがあるが、実際には複数の遺伝子の影響を受けており、そのうちのいくつかは他の遺伝子よりも重要である。特に重要な遺伝子は *OCA2* で、これは虹彩の褐色色素の合成に関与しており、この遺伝子の発現を変化させる突然変異を1つ起こすだけで、褐色の目を青色に変えることができる。Eiberg et al. (2008) 参照。目の色が中立的な形質、つまり自然選択の影響を受けないかどうかは明らかではない。なぜなら、青い目は約1万年前に誕生して以来、急速に広まったからである。また、目の色は黄斑変性症やぶどう膜黒色腫などの病気の発生にも影響する。Sun et al. (2014) 参照。遺伝的浮動の現象を説明するために（より明確な中立アレルではなく）目の色のアレルを例に挙げるのは、目の色のように外見からも明確にヒトの形質に影響を与える中立アレルはほとんどないからである。

[3-16] 長いDNA文字にランダムに1文字変異が入った場合、以前あったアレルに戻る変異よりも、まったく新しい変異になる可能性がはるかに高いからである。

[3-17] 自然選択が影響しなければそうなる。たとえば、利己的な遺伝子のあるタイプのものは、それをもつ生物の遺伝に影響して分離のひずみと呼ばれる現象を引き起こす。Futuyma (2009) p. 290参照。

[3-18] 目の色は厳密には複数の遺伝子の影響を受ける多遺伝子形質であるにもかかわらず、通常、茶色の目は青い目よりも顕性である。つまり、虹彩が茶色であるためには、ある個体の遺伝子にあるアレルの片方が「茶色」であればよいが、青い目であるためには両方のアレルが「青」でなければならない。それでも、50%の集団で青い対立遺伝子が固定されるので、そのような集団ではすべての個体が青い目をもつことになる。

[3-19] ここは、集団遺伝学の2つの基本的な洞察を用いている。第一は、遺伝的浮動の影響下でのみ進化する遺伝子は、ある世代での頻度を p とすると、次の世代では平均が p、分散が $p(1-p)/N$ でランダムにアレル頻度が変動するということである。N は集団の大きさ。もし分散の尺度として標準偏差を選ぶとすれば、対立遺伝子の頻度は N に反比例するのではなく、N の平方根に反比例する量だけ変動することになる。第二に、合祖理論から、集団中の2つの（あるいはすべての）アレルの共通祖先を見つけるために遡らなければならない時間は、おおよそ N 世代である。二倍体の場合は、N を $2N$ に置き換える必要があるが、本文の桁数の議論には影響しない。Hartl and Clark (2007) 参照。

[3-20] 疾患の原因となるアレルが顕性であれば、2つのコピーのうち1つだけが変異していれば発症し自然選択がかかるため、遺伝的浮動によって簡単に広まることはない。潜性アレルが遺伝的浮動によって広がることができるのは、2つのコピーをもつ場合にのみ負の影響が現れるからで、アレルの頻度が高まらなければ、2つのコピーをもつ個体が現れる可能性は低い。一般的に、ほとんどの遺伝病は複数の遺伝子の突然変異によって引き起こされる複合的な病気であり、どの突然変異も病気のリスクにはほとんど寄与しないため、遺伝的浮動だけで集団の中で広がる可能性がある。また、突然変異の多くは有害だが、その効果は非常に弱く、遺伝的浮動による拡散を自然選択によって遅らせることはできても防ぐことはできない。Hartl and Clark (2007) 参照。

[3-21] 正確にはバクテリアでは世代ごとのゲノムの混ざり合いが起こらない。しかし他

り起こらない。

[2-18] Hayden and Wagner (2012) 参照。

[2-19] Jimenez et al. (2013) 参照。この分子はもっとよく知られているATPと化学的によく似ている。ATPのアデニンの部位がグアニンになっている。

[2-20] Badis et al. (2009)、Mukherjee et al. (2004)、Weirauch et al. (2014) 参照。実際のマイクロアレイはもう少し複雑で、転写因子が認識しない配列部分にギャップを挿入したりもできる。

[2-21] Weirauch et al. (2014) 参照。

[2-22] Aguilar-Rodriguez et al. (2017) 参照。

第3章

[3-1] Hawass et al. (2010) 参照。

[3-2] Alvarez et al. (2009) 参照。

[3-3] Alvarez et al. (2009) 参照。

[3-4] ここでは、多くの遺伝病が該当する潜性遺伝病について述べる。二倍体ゲノムをもつ生物の両方のアレルが変異型である場合に発症する。一方のアレルだけで発症する顕性の遺伝病は、近親婚でなくても発症する。また、体細胞の組織で突然変異が起こる場合と、次世代に受け継がれる生殖細胞で突然変異が起こることの違いを区別することも重要だ。生殖細胞で生じた変異だけが次世代以降に受け継がれる。

[3-5] つまり、系統を維持するには、青い目のネコと目の青くないネコを交配するのがよい。50%の確率で青い目のネコが生まれてくる。

[3-6] Pusey and Packer (1987) 参照。

[3-7] Pusey and Wolf (1996) 参照。

[3-8] ヴェステルマルク効果の証拠として、Shepher (1971)、Lieberman et al. (2003) 参照。

[3-9] Futuyma (2009) 15章、Charlesworth and Willis (2009) 参照。植物など自家受精ができるため小さな集団のびん首効果を経て生き残った集団では、潜性の有害なアレルが集団から排除されたため、近交弱性が見られないこともある。

[3-10] ここは重要で、自然界で近親交配が避けられているのは、近交弱性だけが原因ではないかもしれない。例えばヒトでは、近親相姦のタブーは家族の結束を強めるのに役立っているかもしれない。Charlesworth and Willis (2009)、Pusey and Wolf (1996)、Szulkin et al. (2013) 参照。

[3-11] 数学的な背景は集団遺伝学からきており、より具体的には、ある数の個体の共通の祖先に行き当たるまでに何世代遡らなければならないかを説明する合祖理論からきている。詳細は、対象が一倍体生物か二倍体生物か、また対象が全遺伝子かゲノム中の1遺伝子かによって異なるが、この時間が集団の個体数に線形に依存するという原理は変わらない。

[3-12] Coltman et al. (1999) 参照。

[3-13] Keller (1998)、Keller et al. (1994) 参照。

[3-14] ライトは有名な平衡推移理論として、集団が適応度地形のピークから谷を経て別のピークへ移動する過程を述べている。この理論の詳細は複雑で議論の余地もあるが、遺伝的浮動で集団が適応度の谷を越えていくという理論の中心的な部分は単純で広く

［1-35］Wright（1932）参照。

第 2 章

［2-1］Watson and Crick（1953）参照。

［2-2］より正確には、ホルモンの多くはペプチドと呼ばれるアミノ酸が短い鎖状につながったものだ。

［2-3］この章の後半で述べるように、選択的スプライシングと呼ばれる方法で、1つの遺伝子から複数種類のタンパク質をつくることができる。そのためヒトの体のタンパク質の種類は遺伝子の数よりも多くなる。

［2-4］ショウジョウバエのゲノムには1つではなく数千、数万の塩基の違いがあるので、これでもショウジョウバエの進化が起こる適応度地形としては大幅な過小評価となる。さらに、遺伝子の多くは1000塩基以上の大きさがあり、突然変異の多くは遺伝子をコードしないゲノムの領域にも起こる。

［2-5］Mackenzie et al.（1999）参照。

［2-6］Kauffman and Levin（1987）参照。

［2-7］70億人×100年×365日/年×8.6×10^5秒/日＝2.2×10^{20}。400遺伝子座の2アレルの適応度地形には$2^{400}=2.6\times10^{120}$の遺伝子型がある、つまり$2.2\times10^{20}$の$1.2\times10^{100}$倍。

［2-8］Kauffman and Levin（1987）の$N=15{,}000$の式(2)参照。

［2-9］Kauffman and Levin（1987）の式(4)参照。

［2-10］15,000の二進対数 Kauffman and Levin（1987）p. 23参照。

［2-11］進化がタンパク質の配列空間を探索するという考えは、John Maynard-Smithにまで遡る。Maynard-Smith（1970）参照。

［2-12］Weinreich et al.（2006）参照。β-ラクタマーゼとここで呼ぶ酵素はTEM β-ラクタマーゼと呼ばれる大きなファミリーのメンバーである。β-ラクタマーゼはレファレンス配列と呼ばれるこの遺伝子ファミリーのプロトタイプである。ここで問題としている5つの突然変異のうち4つはアミノ酸配列を変更するもので、5つ目はタンパク質をコードしない制御領域のものだ。

［2-13］4つのアミノ酸置換（と4つの制御領域の変異）といっても、その数は効いてくる。TEM-1は263アミノ酸の長さがあり、4つの異なるアミノ酸座位を選ぶとしても1.94×10^8通りがあるそれぞれが19種類の他のアミノ酸に変化できるため、2.5×10^{13}種類の配列になりうる。制御領域の変化も考えるとさらに3倍する必要がある。

［2-14］ワインライヒの実験の条件では、より良い変異に対する強い選択をかけているため適応度に影響しない水平方向への移動も許されていない。第4章で述べるように、自然界では、この遺伝的浮動が大きな役割を果たしている。

［2-15］Szendro et al.（2013）に実験の概要が述べられている。このような実験では、遺伝的な変異はタンパク質のアミノ酸置換をもたらすものである必要はなく、制御領域の変異でもよい。ゲノムへの短い塩基の挿入や欠失でもよい。それでも、アミノ酸置換だけに限定した研究と同じ原理が適用される。変異型アレルはどの順で生じてもよいが、適応度の上がるような変異だけが許容される。

［2-16］ただし、異なる周波数の音を聞くための最重要なメカニズムではないかもしれない。Miranda-Rottmann et al.（2010）、Graveley（2001）参照。

［2-17］スプライシングは、私たちを含む真核生物で一般的であり、バクテリアではあま

[1-12] Provine (1986) の 5 章、9 章、Wright (1978) 参照。ここでの複雑な相互作用とは、遺伝子間の相互作用が、相加的でも線形的でもなく遺伝学用語ではエピスタティックに表現型に影響することをいう。

[1-13] Wright (1932) 参照。フランスの科学者 Armand Janet も 1895 年に提案していたが、そこでは進化を理解するうえで不可欠の遺伝的な要素が盛り込まれていなかった。Dietrich and Skipper (2012) 参照。

[1-14] Dietrich and Skipper (2012)、Skipper and Dietrich (2012) 参照。Pigliucci (2012) はさまざまな適応度地形の違いについて述べている。

[1-15] Simpson (1944) 参照。

[1-16] MacFadden (2005)、Simpson (1944)、Bell (2012) 参照。

[1-17] 生物学的には頭足類のアンモナイト亜綱に属する動物をいうが、ここでは一般的にアンモナイトと呼ばれる動物のことをいう。

[1-18] ジェット噴射による移動はオウムガイだけでなく、クラゲなど他の水棲動物でも見られる。

[1-19] 正確には 2 つ目の値はへその直径で、殻の中心軸と開口部の内側の壁との間の距離だが、開口部の直径と相関している。Raup (1967) と McGhee (2007) 4 章参照。

[1-20] 中央と右のアンモナイトの図は Saunders et al. (2004) の図 6 より。

[1-21] Chamberlain (1976, 1981) 参照。

[1-22] McGhee (2007) p. 73 参照。

[1-23] Chamberlain (1976) p. 360、Chamberlain (1981) 参照。

[1-24] McGhee (2007) p. 75、Chamberlain (1981)、McGhee (2007)、Saunders et al. (2004) 参照。

[1-25] Saunders et al. (2004)、McGhee (2007) 参照。遊泳効率のほか、浮力制御や平衡制御も関与するかもしれない。アンモナイトの適応度地形はもっと複雑かもしれない。McGhee (2007)、Chamberlain (1981) 参照。

[1-26] Hay-Roe and Nation (2007) 参照。

[1-27] Benson (1972) 参照。

[1-28] Brown (1981) 参照。

[1-29] Brown (1981)、Brower (1994, 2013) 参照。

[1-30] Haffer (1969)、Knapp and Mallet (2003) 参照。

[1-31] 古生物学者 Stephen Jay Gould による仮想実験のように、進化の歴史のテープを巻き戻すと、まったく異なる警告模様が同じ効果をもつことを目にするだろう。適応度地形のピークはまったく異なる位置になるはずだ。

[1-32] Majerus (1998)、特に 6 章参照。

[1-33] オオシモフリエダシャクが集団遺伝学の初期の研究者たちの想像力をかき立てた理由のひとつは、この集団では、顕性（メンデルによって最初に記述された現象）が変化することである。ある集団では、明るい型が黒の型よりも顕性であり、白と黒の交配からはほとんど、あるいはすべて白の蛾しか生まれないが、別の集団では黒の型が白の型よりも顕性である。この顕性化現象の原因については、フィッシャーとライトの間で何年にもわたる論争になった。Provine (1986) 参照。

[1-34] モーガンの *white* アレルはメスとオスで異なる遺伝様式が見られる性連鎖アレルの最初の例としても歴史的に重要であった。これは性染色体の発見につながった。

補　注

本文中の[　]で囲んだ数字に対応している。章ごとに番号を通しており、プロローグの[1]は[0-1]、1章の[1]は[1-1]として示す。

プロローグ

[0-1] 適切さは独創性に劣らず重要である。「2＋2＝?」という質問に対する「41」という解答は非常に独創的であるが、適切ではない。心理学者はまた、作品の創造性（モナ・リザ、ベートーヴェンの交響曲、マッカーサー元帥の戦闘計画）と、モーツァルトやアインシュタインのような創造的な作品を生み出す創造性の高い人に見られる性格的特徴としての創造性、まさに気質とを区別している。Eysenck (1993) p. 152 参照。本書の目的には、作品としての創造性の定義が最も適当である。

[0-2] Kubler (1962) p. 33 参照。

[0-3] 第1章で述べる通り、ライトの実験ではモルモットが使われている。

[0-4] 生物学では、自然選択は競争と同義でないことには留意したい。例えば、集団内の生物が、資源の制約によってではなく、遺伝的な影響によって子孫を残す数に差があるような繁殖力選択の下では、競争を必要とせずに、より繁殖力の強い系統が集団で優勢になるかもしれない。競争と選択を並べたのは、人間社会では、おそらく競争が選択に最も近いからである。

[0-5] von Helmholtz (1908) p. 282 参照。1908年に編集された文献からとったが、1891年の講演で述べられたものである。

第1章

[1-1] Clark (2013) p. 38 参照。

[1-2] Clark (2013) 1〜3章参照。

[1-3] Clark (2013) p. 100 参照。

[1-4] Clark (2013) p. 70 参照。

[1-5] Darwin (1859) 参照。

[1-6] Darwin (1868) Vol. 1, Chapter IX 参照。

[1-7] 適切な証拠の簡潔な要約と、ダーウィンの理論に対する擁護はCoyne (2005) 参照。

[1-8]「適者生存」という言葉は、1864年ハーバート・スペンサーが最初に用い、『種の起源』の5版以降でダーウィンも用いるようになった。

[1-9] Kettlewell (1973) と Majerus (1998) 参照。これらの実験はダーウィンの時代からかなり時を経て行われていることに留意。進化生物学者Jerry Coyneの "Why Evolution Is True" というブログの "The Peppered Moth Story Is Solid" も参照。http://whyevolutionistrue.com/2012/02/10/the-peppered-moth-story-is-solid/

[1-10] Haldane (1924) 参照。

[1-11] ホールデンは2つの生物間の適応度の差を、「淘汰係数 (selection coefficient)」と呼んだ。この用語は100年以上経った現在でも教科書で使われている。

Zha, P., Walezyk, J.J., Griffith-Ross, D.A., Tobacyk, J.J., and Walczyk, D.F. 2006. "The impact of culture and individualism-collectivism on the creative potential and achievement of American and Chinese adults." *Creativity Research Journal* **18**, 355.

Zhao, Y. 2014. *Who's Afraid of the Big Bad Dragon? Why China Has the Best (and Worst) Education System in the World.* Jossey-Bass, San Francisco.

Zhao, Y., and Gearin, B. 2016. "Squeezed out." In *Creative Intelligence in the 21st Century,* eds. D. Ambrose and R.J. Sternberg, p. 121. Sense Publications, Rotterdam.

Wales, D.J. 2003. *Energy Landscapes*. Cambridge University Press, Cambridge, UK.

Walworth, C. 2015. "Paly school board rep: 'The sorrows of young Palo Altans.' " *Palo Alto Online*. https://www.paloaltoonline.com/news/2015/03/25/guest-opinion-the-sorrows-of-young-palo-altans/.

Wang, C., Yu, S.C., Chen, W., and Sun, C. 2013. "Highly efficient light-trapping structure design inspired by natural evolution." *Scientific Reports* 3.

Watson, J.D., and Crick, F.H. 1953. "A structure for deoxyribose nucleic acids." *Nature* **171**, 737.

Weinreich, D.M., Delaney, N.F., DePristo, M.A., and Hartl, D.L. 2006. "Darwinian evolution can follow only very few mutational paths to fitter proteins." *Science* **312**, 111.

Weirauch, M.T., Yang, A., Albu, M., Cote, A.G., Montenegro-Montero, A., Drewe, P., Najafabadi, H.S., Lambert, S.A., Mann, I., Cook, K., Zheng, H., Goity, A., van Bakel, H., Lozano, J.-C., Galli, M., Lewsey, M.G., Huang, E., Mukherjee, T., Chen, X., Reece-Hoyes, J.S., Govindarajan, S., Shaulsky, G., Walhout, A.J.M., Bouget, F.-Y., Ratsch, G., Larrondo, L.F., Ecker, J.R., and Hughes, T.R. 2014. "Determination and inference of eukaryotic transcription factor sequence specificity." *Cell* **158**, 1431.

Weisberg, R.W. 2004. "On structure in the creative process: A quantitative case-study of the creation of Picasso's Guernica." *Empirical Studies of the Arts* **22**, 23.

Weisberg, R.W., and Hass, R. 2007. "We are all partly right: Comment on Simonton." *Creativity Research Journal* **19**, 345.

Wenner, M. 2009. "The serious need for play." *Scientific American Mind*. January 28.

West, G.B., Brown, J.H., and Enquist, B.J. 1997. "A general model for the origin of allometric scaling laws in biology." *Science* **276**, 122.

Westby, E.L., and Dawson, V.L. 1995. "Creativity: Asset or burden in the classroom?" *Creativity Research Journal* **8**, 1.

Whittaker, R.J., and Fernandez-Palacios, J.M. 2007. *Island Biogeography*. Oxford University Press, Oxford, UK.

Wilson, R.R. 1992. "Starting Fermilab." Fermilab. Retrieved August 20, 2014, from http://history.fnal.gov/goldenbooks/gb_wilson2.html.

Wright, S. 1932. "The roles of mutation, inbreeding, crossbreeding, and selection in evolution." *Proceedings of the Sixth International Congress of Genetics in Ithaca, New York* **1**, 356.

Wright, S. 1978. "The relation of livestock breeding to theories of evolution." *Journal of Animal Science* **46**, 1192.

Wu, N.C., Dai, L., Olson, C.A., Lloyd-Smith, J.O., and Sun, R. 2016. "Adaptation in protein fitness landscapes is facilitated by indirect paths." *Elife* **5**, e16965.

Wuchty, S., Jones, B.F., and Uzzi, B. 2007. "The increasing dominance of teams in production of knowledge." *Science* **316**, 1036.

Zappe, H. 2013. "Bridging the market gap." *Nature* **501**, 483.

Zeng, L.A., Proctor, R.W., and Salvendy, G. 2011. "Can traditional divergent thinking tests be trusted in measuring and predicting real-world creativity?" *Creativity Research Journal* **23**, 24.

7, 872.
Szendro, I.G., Schenk, M.F., Franke, J., Krug, J., and de Visser, J.A.G.M. 2013. "Quantitative analyses of empirical fitness landscapes." *Journal of Statistical Mechanics: Theory and Experiment* **2013**, P01005.
Szulkin, M., Stopher, K.V., Pemberton, J.M., and Reid, J.M. 2013. "Inbreeding avoidance, tolerance, or preference in animals?" *Trends in Ecology & Evolution* **28**, 205.
Talhelm, T., Zhang, X., Oishi, S., Shimin, C., Duan, D., Lan, X., and Kitayama, S. 2014. "Large-scale psychological differences within China explained by rice versus wheat agriculture." *Science* **344**, 603.
Taylor, R.P., Spehar, B., Donkelaar, P.V., and Hagerhall, C.M. 2011. "Perceptual and physiological responses to Jackson Pollock's fractals." *Frontiers in Human Neuroscience* **5**, 1.
"Test-taking in South Korea: Point me at the SKY." 2013. *Economist*. November 8.
Torrance, E.P. 1966. *The Torrance Tests of Creative Thinking—Norms—Technical Manual Research Edition—Verbal Tests, Forms A and B—Figural Tests, Forms A and B*. Personnel Press, Princeton, NJ.
Torrance, E.P. 1972. "Can we teach children to think creatively?" *Journal of Creative Behavior* **6**, 114.
Torrance, E.P. 1988. "The nature of creativity as manifest in its testing." In *The Nature of Creativity*, ed. R.J. Sternberg, p. 43. Cambridge University Press, Cambridge, UK.
Tourangeau, R., and Rips, L. 1991. "Interpreting and evaluating metaphors." *Journal of Memory and Language* **30**, 452.
Turing, A.M. 2013. "Computing machinery and intelligence." *Mind* **LIX**, 433.
Upmanyu, V.V., Bhardwaj, S., and Singh, S. 1996. "Word-association emotional indicators: Associations with anxiety, psychoticism, neuroticism, extraversion, and creativity." *Journal of Social Psychology* **136**, 521.
Van Tonder, G.J., Lyons, M.J., and Ejima, Y. 2002. "Perception psychology: Visual structure of a Japanese Zen garden." *Nature* **419**, 359.
Velasquez-Manoff, M. 2017. "What biracial people know." *New York Times*. March 4.
Verde, T. 2012. "The point of the arch." *Aramco World*. May/June, http://archive.aramcoworld.com/issue/201203/the.point.of.the.arch.htm.
von Helmholtz, H. 1908. "An autobiographical sketch." In *Popular Lectures on Scientific Subjects, Second Series* (translated by E.Atkinson), p. 266. Longmans, Green, and Co., London.
Wagner, A. 2005. "Energy constraints on the evolution of gene expression." *Molecular Biology and Evolution* **22**, 1365.
Wagner, A. 2007. "Energy costs constrain the evolution of gene expression." *Journal of Experimental Zoology Part B-Molecular and Developmental Evolution* **308B**, 322.
Wagner, A. 2012. "The role of randomness in Darwinian Evolution." *Philosophy of Science* **79**, 95.
Wagner, A. 2014. *Arrival of the Fittest: Solving Evolution's Greatest Puzzle*. Current, New York.
Wagner, C.S., and Jonkers, K. 2017. "Open countries have strong science." *Nature* **550**, 32.

improvements versus nonmonotonic variants." *Creativity Research Journal* **19**, 329.
Simonton, D.K. 2007b. "Picasso's Guernica creativity as a Darwinian process: Definitions, clarifications, misconceptions, and applications." *Creativity Research Journal* **19**, 381.
Simonton, D.K. 2014. "The mad-genius paradox: Can creative people be more mentally healthy but highly creative people more mentally ill?" *Perspectives on Psychological Science* **9**, 470.
Simpson, G.G. 1944. *Tempo and Mode in Evolution*. Hafner, New York.
Sinatra, R., Wang, D., Deville, P., Song, C., and Barabasi, A.L. 2016. "Quantifying the evolution of individual scientific impact." *Science* **354**, 596.
Skipper Jr., R.A., and Dietrich, M.R. 2012. "Sewall Wright's adaptive landscape: Philosophical reflections on heuristic value." In *The Adaptive Landscape in Evolutionary Biology*, eds. E.I. Svensson and R. Calsbeek, p. 16. Oxford University Press, Oxford, UK.
Slack, C. 2002. *Noble Obsession: Charles Goodyear, Thomas Hancock, and the Race to Unlock the Greatest Industrial Secret of the Nineteenth Century*. Hyperion, New York.
Smalley, R.E. 1992. "Self-assembly of the fullerenes." *Accounts of Chemical Research* **25**, 98.
Smith, D.C. 1991. "Why do so few animals form endosymbiotic associations with photosynthetic microbes?" *Philosophical Transactions of the Royal Society of London Series B-Biological Sciences* **333**, 225.
Smith, S. 2013. "Iamus: Is this the 21st century's answer to Mozart?" *BBC News Technology*. January 3.
Sobel, R.S., and Rothenberg, A. 1980. "Artistic creation as stimulated by superimposed versus separated visual images." *Journal of Personality and Social Psychology* **39**, 953.
Spinka, M., Newberry, R.C., and Bekoff, M. 2001. "Mammalian play: Training for the unexpected." *Quarterly Review of Biology* **76**, 141.
State Secretariat for Education and Research. 2011. "Higher education and research in Switzerland." Bern, Switzerland. Available at: https://www.sbfi.admin.ch/dam/sbfi/en/dokumente/hochschulen_und_forschunginderschweiz.pdf.download.pdf/higher_educationandresearchinswitzerland.pdf.
Stemmer, W. 1994. "DNA shuffling by random fragmentation and reassembly—in-vitro recombination for molecular evolution." *Proceedings of the National Academy of Sciences of the U.S.A.* **91**, 10747.
Stern, N. 1978. "Age and achievement in mathematics: A case study in the sociology of science." *Social Studies of Science* **8**, 127.
Stewart, J.B. 2015. "A fearless culture fuels U.S. tech giants." *New York Times*. June 18.
Sugimoto, C.R., Robinson-Garcia, N., Murray, D.S., Yegros-Yegros, A., Costas, R., and Lariviere, V. 2017. "Scientists have most impact when they're free to move." *Nature News* **550**, 29.
Sulloway, F.J. 1982. "Darwin and his finches: The evolution of a legend." *Journal of the History of Biology* **15**, 1.
Sun, H.P., Lin, Y., and Pan, C.W. 2014. "Iris color and associated pathological ocular complications: A review of epidemiologic studies." *International Journal of Ophthalmology*

from xenobiotic metabolizing bacteria versus insecticide-resistant insects." *Evolutionary Applications* 4, 225.
Sahlberg, P. 2015. *Finnish Lessons 2.0.* Teachers College Press, New York.
Salter, A.J., and Martin, B.R. 2001. "The economic benefits of publicly funded basic research: A critical review." *Research Policy* **30**, 509.
Saunders, W.B., Work, D.M., and Nikolaeva, S.V. 2004. "The evolutionary history of shell geometry in Paleozoic ammonoids." *Paleobiology* **30**, 19.
Sawyer, K. 2013. *Zig-zag: The Surprising Path to Greater Creativity.* Jossey-Bass, San Francisco.
Schiappa, J., and Van Hee, R. 2012. "From ants to staples: History and ideas concerning suturing techniques." *Acta Chirurgica Belgica* **112**, 395.
Schmidt, M., and Lipson, H. 2009. "Distilling free-form natural laws from experimental data." *Science* **324**, 81.
Schooler, J.W., Mrazek, M.D., Franklin, M.S., Baird, B., Mooneyham, B.W., Zedelius, C., and Broadway, J.M. 2014. "The middle way: Finding the balance between mindfulness and mind-wandering." *Psychology of Learning and Motivation* **60**, 1.
Schwartz, T. 2013. "Relax! You'll be more productive." *New York Times.* February 9.
Scott, G., Leritz, L.E., and Mumford, M.D. 2004. "The effectiveness of creativity training: A quantitative review." *Creativity Research Journal* **16**, 361.
Scott, R.A. 2003. *The Gothic Enterprise.* University of California Press, Berkeley.
Sessa, B. 2008. "Is it time to revisit the role of psychedelic drugs in enhancing human creativity?" *Journal of Psychopharmacology* **22**, 821.
Shepher, J. 1971. "Mate selection among second generation Kibbutz adolescents and adults—incest avoidance and negative imprinting." *Archives of Sexual Behavior* **1**, 293.
Sibani, P., Schon, J.C., Salamon, P., and Andersson, J.O. 1993. "Emergent hierarchical structures in complex-system dynamics." *Europhysics Letters* **22**, 479.
Simonton, D.K. 1975. "Age and literary creativity—cross-cultural and transhistorical survey." *Journal of Cross- Cultural Psychology* **6**, 259.
Simonton, D.K. 1977. "Creative productivity, age, and stress—biographical time-series analysis of 10 classical composers." *Journal of Personality and Social Psychology* **35**, 791.
Simonton, D.K. 1985. "Quality, quantity, and age—the careers of ten distinguished psychologists." *International Journal of Aging & Human Development* **21**, 241.
Simonton, D.K. 1988. *Scientific Genius.* Cambridge University Press, New York.
Simonton, D.K. 1990. "Political pathology and societal creativity." *Creativity Research Journal* **3**, 85.
Simonton, D.K. 1994. *Greatness: Who Makes History and Why.* Guilford Press, New York.
Simonton, D.K. 1997. "Foreign influence and national achievement: The impact of open milieus on Japanese civilization." *Journal of Personality and Social Psychology* **72**, 86.
Simonton, D.K. 1999. *Origins of Genius: Darwinian Perspectives on Creativity.* Oxford University Press, New York.
Simonton, D.K. 2007a. "The creative process in Picasso's Guernica sketches: Monotonic

Rees, J. 2010. *Kunstler auf Reisen.* Wissenschaftliche Buchgesellschaft, Darmstadt, Germany.

Rhodes, G. 1999. *Crystallography Made Crystal Clear.* Academic Press, San Diego, CA.

Rich, M. 2015. "Out of the books in kindergarten, and into the sandbox." *New York Times.* June 9.

Rieseberg, L.H., Kim, S.C., Randell, R.A., Whitney, K.D., Gross, B.L., Lexer, C., and Clay, K. 2007. "Hybridization and the colonization of novel habitats by annual sunflowers." *Genetica* **129**, 149.

Robinson, K.M., Sieber, K.B., and Hotopp, J.C.D. 2013. "A review of bacteria-animal lateral gene transfer may inform our understanding of diseases like cancer." *PLoS Genetics* **9**.

Root-Bernstein, R., Allen, L., Beach, L., Bhadula, R., Fast, J., Hosey, C., Kremkow, B., Lapp, J., Lonc, K., Pawelec, K., Podufaly, A., Russ, C., Tennant, L., Vrtis, E., and Weinlander, S. 2008. "Arts foster scientific success: Avocations of Nobel, National Academy, Royal Society, and Sigma Xi members." *Journal of Psychology of Science and Technology* **1**, 51.

Root-Bernstein, R.S., and Root-Bernstein, M. 1999. *Sparks of Genius.* Houghton Mifflin, New York. Ropars, J., de la Vega, R.C.R., Lopez-Villavicencio, M., Gouzy, J., Sallet, E., Dumas, E., Lacoste, S., Debuchy, R., Dupont, J., Branca, A., and Giraud, T. 2015. "Adaptive horizontal gene transfers between multiple cheese-associated fungi." *Current Biology* **25**, 2562.

Rosen, W. 2010. *The Most Powerful Idea in the World.* University of Chicago Press, Chicago.

Rosenberg, N., and Nelson, R.R. 1994. "American universities and technical advance in industry." *Research Policy* **23**, 323.

Rothenberg, A. 1976. "Homospatial thinking in creativity." *Archives of General Psychiatry* **33**, 17.

Rothenberg, A. 1980. "Visual art—homospatial thinking in the creative process." *Leonardo* **13**, 17.

Rothenberg, A. 1986. "Artistic creation as stimulated by superimposed versus combined composite visual images." *Journal of Personality and Social Psychology* **50**, 370.

Rothenberg, A. 1995. "Creative cognitive-processes in Kekule's discovery of the structure of the benzene molecule." *American Journal of Psychology* **108**, 419.

Rothenberg, A. 2015. *Flight from Wonder.* Oxford University Press, Oxford, UK.

Ruef, K. 2005. "Research basis of the Private Eye." http://www.the-private-eye.com/pdfs/ResearchBasis.pdf.

Runco, M.A. 1992. "Children's divergent thinking and creative ideation." *Developmental Review* **12**, 233.

Runco, M.A. 2001. "Creativity training." In *International Encyclopedia of the Social & Behavioral Sciences,* eds. N.J. Smelser and P.B. Baltes, p. 2900. Elsevier, Oxford, UK.

Runco, M.A. 2014. *Creativity: Theories and Themes: Research, Development, and Practice.* Academic Press, London.

Russell, R.J., Scott, C., Jackson, C.J., Pandey, R., Pandey, G., Taylor, M.C., Coppin, C.W., Liu, J.W., and Oakeshott, J.G. 2011. "The evolution of new enzyme function: Lessons

Plotkin, R. 2009. *The Genie in the Machine*. Stanford University Press, Stanford, CA.

Plucker, J.A. 1999. "Is the proof in the pudding? Reanalyses of Torrance's (1958 to present) longitudinal data." *Creativity Research Journal* **12**, 103.

Plunkett, R.J. 1986. "The history of polytetrafluoroethylene: Discovery and development." In *High Performance Polymers: Their Origin and Development. Proceedings of the Symposium on the History of High Performance Polymers at the American Chemical Society Meeting*, eds. R.B. Seymour and G.S. Kirshenbaum, p. 261. Elsevier, New York.

Podolny, S. 2015. "If an algorithm wrote this, how would you even know?" *New York Times*. March 8.

Pomerantz, E.M., Ng, F.F.Y., Cheung, C.S.S., and Qu, Y. 2014. "Raising happy children who succeed in school: Lessons from China and the United States." *Child Development Perspectives* **8**, 71.

Porter, E. 2015. "American innovation lies on a weak foundation." *New York Times*. May 19.

Preston, J. 2015a. "In turnabout, Disney cancels tech worker layoffs." *New York Times*. June 16.

Preston, J. 2015b. "Last task after layoff at Disney: Train foreign replacements." *New York Times*. June 3.

Prins, C. 2004. "A simple and effective evolutionary algorithm for the vehicle routing problem." *Computers & Operations Research* **31**, 1985.

Provine, W.B. 1986. *Sewall Wright and Evolutionary Biology*. University of Chicago Press, Chicago.

Pruitt, J.N., and Riechert, S.E. 2011. "Nonconceptive sexual experience diminishes individuals' latency to mate and increases maternal investment." *Animal Behaviour* **81**, 789.

Pusey, A., and Wolf, M. 1996. "Inbreeding avoidance in animals." *Trends in Ecology & Evolution* **11**, 201.

Pusey, A.E., and Packer, C. 1987. "The evolution of sex-biased dispersal in lions." *Behaviour* **101**, 275.

Raillard, S., Krebber, A., Chen, Y.C., Ness, J.E., Bermudez, E., Trinidad, R., Fullem, R., Davis, C., Welch, M., Seffernick, J., Wackett, L.P., Stemmer, W.P.C., and Minshull, J. 2001. "Novel enzyme activities and functional plasticity revealed by recombining highly homologous enzymes." *Chemistry & Biology* **8**, 891.

Raina, M. 1975. "Parental perception about ideal child: A cross-cultural study." *Journal of Marriage and the Family* **37**, 229.

Raman, K., and Wagner, A. 2011. "The evolvability of programmable hardware." *Journal of the Royal Society Interface* **8**, 269.

Ramon y Cajal, S. 1951. *Precepts and Counsels on Scientific Investigation: Stimulants of the Spirit.* (*Translated by Sanchez-Perez, J.S.*). Pacific Press Publishing Association, Mountain View, CA.

Raup, D.M. 1967. "Geometric analysis of shell coiling: Coiling in ammonoids." *Journal of Paleontology* **41**, 43.

Rechenberg, I. 1973. *Evolutionsstrategie*. Frommann-Holzboog, Stuttgart, Germany.

Newman, M.E.J., Strogatz, S.H., and Watts, D.J. 2001. "Random graphs with arbitrary degree distributions and their applications." *Physical Review E* **64**.

Niu, W.H., and Sternberg, R.J. 2001. "Cultural influences on artistic creativity and its evaluation." *International Journal of Psychology* **36**, 225.

Niu, W.H., and Sternberg, R.J. 2003. "Societal and school influences on student creativity: The case of China." *Psychology in the Schools* **40**, 103.

Nocera, J. 2015. "How to grade a teacher." *New York Times*. June 16.

Normile, D. 2015. "Japan looks to instill global mindset in grads." *Science* **347**, 937.

Norris, L.C., Main, B.J., Lee, Y., Collier, T.C., Fofana, A., Cornel, A.J., and Lanzaro, G.C. 2015. "Adaptive introgression in an African malaria mosquito coincident with the increased usage of insecticide-treated bed nets." *Proceedings of the National Academy of Sciences of the United States of America* **112**, 815.

Norton, J.D. 2012. "Chasing the light. Einstein's most famous thought experiment." In *Thought Experiments in Philosophy, Science, and the Arts*, eds. J.R. Brown, M. Frappier, and L. Meynell, p. 123. Routledge, New York.

Oliver-Meseguer, J., Cabrero-Antonino, J.R., Dominguez, I., Leyva-Perez, A., and Corma, A. 2012. "Small gold clusters formed in solution give reaction turnover numbers of 107 at room temperature." *Science* **338**, 1452.

Osepchuk, J.M. 1984. "A history of microwave heating applications." *IEEE Transactions on Microwave Theory and Techniques* **32**, 1200.

Pachet, F. 2008. "The future of content is in ourselves." *ACM Journal of Computers in Entertainment* **6**, 1.

Pachet, F. 2012. "Musical virtuosity and creativity." In *Computers and Creativity*, eds. J. McCormack and M. d'Inverno, p. 115. Springer, Berlin, Germany.

Padel, R. 2008. *The Poem and the Journey: 60 Poems for the Journey of Life*. Vintage Books, New York.

Palmer, S.E. 1999. *Vision Science*. MIT Press, Cambridge, MA.

Pappano, L. 2014. "Learning to think outside the box." *New York Times*. February 5.

Pavitt, K. 2001. "Public policies to support basic research: What can the rest of the world learn from US theory and practice? (And what they should not learn)." *Industrial and Corporate Change* **10**, 761.

Pegadaraju, V., Nipper, R., Hulke, B., Qi, L.L., and Schultz, Q. 2013. "De novo sequencing of sunflower genome for SNP discovery using RAD (Restriction site Associated DNA) approach." *BMC Genomics* **14**.

Pellegrini, A.D. 1988. "Elementary school childrens' rough-and-tumble play and social competence." *Developmental Psychology* **24**, 802.

Pennisi, E. 2016. "Shaking up the tree of life." *Science* **354**, 817.

Pigliucci, M. 2012. "Landscapes, surfaces, and morphospaces: What are they good for?" In *The Adaptive Landscape in Evolutionary Biology*, eds. E.I. Svensson and R. Calsbeek, p. 26. Oxford University Press, Oxford, UK.

Piketty, T. 2014. *Capital in the Twenty-first Century*. Belknap Press, Cambridge, MA.

Pinker, S. 2007. *The Stuff of Thought*. Penguin, New York.

Morphospaces. Cambridge University Press, Cambridge, UK.

Mednick, S.A. 1962. "The associative basis of the creative process." *Psychological Review* **69**, 220.

Meng, G.N., Arkus, N., Brenner, M.P., and Manoharan, V.N. 2010. "The free-energy landscape of clusters of attractive hard spheres." *Science* **327**, 560.

Michaelian, K., Rendon, N., and Garzon, I.L. 1999. "Structure and energetics of Ni, Ag, and Au nanoclusters." *Physical Review B* **60**, 2000.

Miranda-Rottmann, S., Kozlov, A.S., and Hudspeth, A.J. 2010. "Highly specific alternative splicing of transcripts encoding BK channels in the chicken's cochlea is a minor determinant of the tonotopic gradient." *Molecular and Cellular Biology* **30**, 3646.

Mitchell, M. 1998. *An Introduction to Genetic Algorithms.* MIT Press, Cambridge, MA.

Montgomery, S.L. 1983. "Carnivorous caterpillars: The behavior, biogeography and conservation of Eupithecia (Lepidoptera: Geometridae) in the Hawaiian islands." *GeoJournal* **7**, 549.

Mooneyham, B.W., and Schooler, J.W. 2013. "The costs and benefits of mind-wandering: A review." *Canadian Journal of Experimental Psychology—Revue Canadienne De Psychologie Experimentale* **67**, 11.

Moore, C., and Mertens, S. 2011. *The Nature of Computation.* Oxford University Press, Oxford, UK.

"Morally bankrupt." 2005. *Economist.* April 15.

Mrazek, M.D., Franklin, M.S., Phillips, D.T., Baird, B., and Schooler, J.W. 2013. "Mindfulness training improves working memory capacity and GRE performance while reducing mind wandering." *Psychological Science* **24**, 776.

Mukherjee, S., Berger, M.F., Jona, G., Wang, X.S., Muzzey, D., Snyder, M., Young, R.A., and Bulyk, M.L. 2004. "Rapid analysis of the DNA-binding specificities of transcription factors with DNA microarrays." *Nature Genetics* **36**, 1331.

Muscutt, K. 2007. "Composing with algorithms: An interview with David Cope." *Computer Music Journal* **31**, 10.

National Association for College Admission Counseling. 2008. "Report of the commission on the use of standardized tests in undergraduate admissions." Available at: http://www.nacacnet.org/research/PublicationsResources/Marketplace/research/Pages/TestingCommissionReport.aspx.（訳注：https://files.eric.ed.gov/fulltext/ED502721.pdf にて 2024/10/16 アクセス確認）

National Institutes of Health. 2012. "Biomedical research workforce working group report." Bethesda, MD.

National Science Foundation. 2014. "Report to the National Science Board on the National Science Foundation's merit review process. Fiscal Year 2013." Washington, DC.

Nemeth, C.J., and Kwan, J.L. 1987. "Minority influence, divergent thinking, and detection of correct solutions." *Journal of Applied Social Psychology* **17**, 788.

Ness, J., Welch, M., Giver, L., Bueno, M., Cherry, J., Borchert, T., Stemmer, W., and Minshull, J. 1999. "DNA shuffling of subgenomic sequences of subtilisin." *Nature Biotechnology* **17**, 893.

lution **23**, 450.

Lynch, M. 2007. *The origins of genome architecture.* Sinauer Associates, Sunderland, MA.

Lynch, M., and Conery, J.S. 2000. "The evolutionary fate and consequences of duplicate genes." *Science* **290**, 1151.

Lynch, M., and Conery, J.S. 2003. "The origins of genome complexity." *Science* **302**.

MacFadden, B.J. 2005. "Fossil horses—evidence for evolution." *Science* **307**, 1728.

Mackenzie, S.M., Brooker, M.R., Gill, T.R., Cox, G.B., Howells, A.J., and Ewart, G.D. 1999. "Mutations in the white gene of Drosophila melanogaster affecting ABC transporters that determine eye colouration." *Biochimica et Biophysica Acta-Biomembranes* **1419**, 173.

Maddux, W.W., Adam, H., and Galinsky, A.D. 2010. "When in Rome . . . Learn why the Romans do what they do: How multicultural learning experiences facilitate creativity." *Personality and Social Psychology Bulletin* **36**, 731.

Maddux, W.W., and Galinsky, A.D. 2009. "Cultural borders and mental barriers: The relationship between living abroad and creativity." *Journal of Personality and Social Psychology* **96**, 1047.

Maeda, K., Nojiri, H., Shintani, M., Yoshida, T., Habe, H., and Omori, T. 2003. "Complete nucleotide sequence of carbazole/dioxin-degrading plasmid pCAR1 in Pseudomonas resinovorans strain CA10 indicates its mosaicity and the presence of large catabolic transposon Tn4676." *Journal of Molecular Biology* **326**, 21.

Majerus, M.E.N. 1998. *Melanism: Evolution in Action.* Oxford University Press, Oxford, UK.

Marcon, R.A. 2002. "Moving up the grades: Relationship between preschool model and later school success." *Early Childhood Research & Practice* **4**, 1.

Markus, H.R., and Kitayama, S. 1991. "Culture and the self—implications for cognition, emotion, and motivation." *Psychological Review* **98**, 224.

Martin, C. 2014. "Wearing your failures on your sleeve." *New York Times.* November 8.

Martin, O.C., and Wagner, A. 2009. "Effects of recombination on complex regulatory circuits." *Genetics* **183**, 673.

Martin, P. 2002. *Counting Sheep: The Science and Pleasures of Sleep and Dreams.* Harper Collins, London, UK.

Matai, R., Singh, S.P., and Mittal, M.L. 2010. "Traveling salesman problem: An overview of applications, formulations, and solution approaches." In *Traveling Salesman Problem, Theory, and Applications,* ed. D. Davendra. InTech, Rijeka, Croatia.

Maynard-Smith, J. 1970. "Natural selection and the concept of a protein space." *Nature* **255**, 563.

Maynard-Smith, J., Burian, R., Kauffman, S., Alberch, P., Campbell, J., Goodwin, B., Lande, R., Raup, D., and Wolpert, L. 1985. "Developmental constraints and evolution." *Quarterly Review of Biology* **60**, 265.

McArdle, M. 2014. *The Up Side of Down: Why Failing Well Is the Key to Success.* Penguin, New York.

McGhee, G.R. 2007. *The Geometry of Evolution: Adaptive Landscapes and Theoretical*

sterfullerene." *Nature* 318, 162.

Kroto, H., Heath, J., O'Brien, S., Curl, R., and Smalley, R. 1987. "Long carbon chain molecules in circumstellar shells." *The Astrophysical Journal* 314, 352.

Kubler, G. 1962. *The Shape of Time*. Yale University Press, New Haven, CT.

Lamichhaney, S., Berglund, J., Almen, M.S., Maqbool, K., Grabherr, M., Martinez-Barrio, A., Promerova, M., Rubin, C.J., Wang, C., Zamani, N., Grant, B.R., Grant, P.R., Webster, M.T., and Andersson, L. 2015. "Evolution of Darwin's finches and their beaks revealed by genome sequencing." *Nature* 518, 371.

Lamichhaney, S., Han, F., Webster, M.T., Andersson, L., Grant, B.R., and Grant, P.R. 2018. "Rapid hybrid speciation in Darwin's finches." *Science* 359, 224.

Landauer, T.K., and Dumais, S.T. 1997. "A solution to Plato's problem: The latent semantic analysis theory of acquisition, induction, and representation of knowledge." *Psychological Review* 104, 211.

Lariviere, V., Gingras, Y., and Archambault, E. 2009. "The decline in the concentration of citations, 1900–2007." *Journal of the American Society for Information Science and Technology* 60, 858.

Larmer, B. 2014. "Inside a Chinese test-prep factory." *New York Times*. December 31.

Lee, F.S., Pham, X., and Gu, G. 2013. "The UK research assessment exercise and the narrowing of UK economics." *Cambridge Journal of Economics* 37, 693.

Lee, S.S. 2013. "South Korea's dreaded college entrance is the stuff of high school nightmares, but is it producing 'robots'?" *CBS News*. November 7.

Leung, A.K.-Y., Maddux, W.W., Galinsky, A.D., and Chiu, C.-Y. 2008. "Multicultural experience enhances creativity: The when and how." *American Psychologist* 63, 169.

Levin, S.R. 1982. "Aristotle's theory of metaphor." *Philosophy and Rhetoric* 15, 24.

Levy, S. 2012. "Can an algorithm write a better news story than a human reporter?" *WIRED*. April 24.

Libbrecht, K.G. 2005. "The physics of snow crystals." *Reports on Progress in Physics* 68, 855.

Lieberman, D., Tooby, J., and Cosmides, L. 2003. "Does morality have a biological basis? An empirical test of the factors governing moral sentiments relating to incest." *Proceedings of the Royal Society B-Biological Sciences* 270, 819.

Liu, W.Y., Lin, C.C., Chiu, C.R., Tsao, Y.S., and Wang, Q.W. 2014. "Minimizing the carbon footprint for the time-dependent heterogeneous-fleet vehicle routing problem with alternative paths." *Sustainability* 6, 4658.

Lohr, S. 2007. "John W. Backus, 82, Fortran developer, dies." *New York Times*. March 20.

Lubow, R.E. 1973. "Latent inhibition." *Psychological Bulletin* 79, 398.

Lubow, R.E., and Gewirtz, J.C. 1995. "Latent inhibition in humans—data, theory, and implications for schizophrenia." *Psychological Bulletin* 117, 87.

Lubow, R.E., Ingbergsachs, Y., Zalsteinorda, N., and Gewirtz, J.C. 1992. "Latent inhibition in low and high psychotic-prone normal subjects." *Personality and Individual Differences* 13, 563.

Lynch, M. 2006. "The origins of eukaryotic gene structure." *Molecular Biology and Evo-*

ing—But You Don't Have to Be. PublicAffairs, New York.

Kandel, E.R., Schwartz, J.H., and Jessell, T.M. 2013. *Principles of Neural Science*. McGraw-Hill, New York.

Kane, M.J., Brown, L.H., McVay, J.C., Silvia, P.J., Myin-Germeys, I., and Kwapil, T.R. 2007. "For whom the mind wanders, and when—An experience-sampling study of working memory and executive control in daily life." *Psychological Science* **18**, 614.

Kauffman, S., and Levin, S. 1987. "Towards a general theory of adaptive walks on rugged landscapes." *Journal of Theoretical Biology* **128**, 11.

Kaufmann, T.D. 2004. *Toward a Geography of Art*. University of Chicago Press, Chicago.

Keane, M.A., Koza, J.R., and Streeter, M.J. 2005. "Apparatus for improved general purpose PID and non-PID controllers." (U.S. patent 6,847,851).

Keats, J. 2006. "John Koza has built an invention machine." *Popular Science*. April. http://www.popsci.com/scitech/article/2006-04/john-koza-has-built-invention-machine.

Keller, L.F. 1998. "Inbreeding and its fitness effects in an insular population of song sparrows (Melospiza melodia)." *Evolution* **52**, 240.

Keller, L.F., Arcese, P., Smith, J.N.M., Hochachka, W.M., and Stearns, S.C. 1994. "Selection against inbred song sparrows during a natural population bottleneck." *Nature* **372**, 356.

Kelley, T. 2001. *The Art of Innovation: Lessons in Creativity from IDEO, America's Leading Design Firm*. Doubleday, New York.

Kent, G.H., and Rosanoff, A.J. 1910. "A study of association in insanity." *American Journal of Psychiatry* **67**, 317.

Kettlewell, H.B.D. 1973. *The Evolution of Melanism: The Study of a Recurring Necessity*. Blackwell, Oxford, UK.

Killingsworth, M.A., and Gilbert, D.T. 2010. "A wandering mind is an unhappy mind." *Science* **330**, 932.

Kim, K.H. 2006. "Can we trust creativity tests? A review of the Torrance tests of Creative Thinking (TTCT)." *Creativity Research Journal* **18**, 3.

Kim, K.H. 2011. "The creativity crisis: The decrease in creative thinking scores on the Torrance tests of creative thinking." *Creativity Research Journal* **23**, 285.

Knapp, S., and Mallet, J. 2003. "Refuting refugia?" *Science* **300**, 71.

Koestler, A. 1964. *The Act of Creation*. MacMillan, New York.

Kohn, D. 2015. "Let the kids learn through play." *New York Times*. May 16.

Koo, S.-W. 2014. "An assault upon our children." *New York Times*. August 1.

Koza, J.R. 1992. *Genetic Programming: On the Programming of Computers by Means of Natural Selection*. MIT Press, Cambridge, MA.

Koza, J.R., Bennett III, F.H., Andre, D., and Keane, M.A. 1999. "The design of analog circuits by means of genetic programming." In *Evolutionary Design by Computers*, ed. P.J. Bentley, p. 365. Morgan Kaufman, San Francisco.

Koza, J.R., Keane, M.A., and Streeter, M.J. 2003. "Evolving inventions." *Scientific American* **288**, 52.

Kroto, H. 1988. "Space, stars, C-60, and soot." *Science* **242**, 1139.

Kroto, H.W., Heath, J.R., O'Brien, S.C., Curl, R.F., and Smalley, R.E. 1985. "C-60—Buckmin-

luminafoundation.org/files/resources/definingpromise.pdf にて 2024/10/16 アクセス確認)
Holberton, P. 2005. "Bellini and the East." National Gallery Company Limited, London.
Holland, J.H. 1975. *Adaptation in Natural and Artificial Systems.* University of Michigan Press, Ann Arbor.
Holland, O.A. 1987. "Schnittebenenverfahren fur travelling-salesman und verwandte Probleme." Universitat Bonn, Bonn, Germany.
Hornby, G.S., Lohn, J.D., and Linden, D.S. 2011. "Computer-automated evolution of an X-band antenna for NASA's space technology 5 mission." *Evolutionary Computation* **19**, 1.
Hosseini, S.-R., Martin, O.C., and Wagner, A. 2016. "Phenotypic innovation through recombination in genome-scale metabolic networks." *Proceedings of the Royal Society B-Biological Sciences* **283**, 2016. 1536.
IEEE Professional Communication Society. 1985. "Bridging the present and the future: IEEE Professional Communication Society conference record, Williamsburg, Virginia, October 16–18, 1985." Institute of Electrical and Electronics Engineers, New York.
Isaacson, W. 2011. *Steve Jobs.* Simon and Schuster, New York.
Jackson, J.D., and Balota, D.A. 2012. "Mind-wandering in younger and older adults: Converging evidence from the Sustained Attention to Response Task and reading for comprehension." *Psychology and Aging* **27**, 106.
James, W. 1880. "Great men, great thoughts, and the environment." *Atlantic Monthly* **46**, 441.
Jarosz, A.F., Colflesh, G.J.H., and Wiley, J. 2012. "Uncorking the muse: Alcohol intoxication facilitates creative problem solving." *Consciousness and Cognition* **21**, 487.
Jimenez, J.I., Xulvi-Brunet, R., Campbell, G.W., Turk-MacLeod, R., and Chen, I.A. 2013."Comprehensive experimental fitness landscape and evolutionary network for small RNA." *Proceedings of the National Academy of Sciences of the United States of America* **110**, 14984.
John-Steiner, V. 1997. *Notebooks of the Mind: Explorations of Thinking.* Oxford University Press, Oxford, UK.
Johnson, G. 1997. "Undiscovered Bach? No, a computer wrote it." *New York Times.* November 11.
Jones, M.N., Gruenenfelder, T.M., and Recchia, G. 2011. "In defense of spatial models of lexical semantics." In *Proceedings of the 33rd Annual Conference of the Cognitive Science Society*, eds. L. Carlson, C. Holscher, and T. Shipley, p. 3444. Cognitive Science Society Austin, TX.
Jorde, L.B., and Wooding, S.P. 2004. "Genetic variation, classification and 'race.' " *Nature Genetics* **36**, S28.
Judson, O.P., and Normark, B.B. 1996. "Ancient asexual scandals." *Trends in Ecology & Evolution* **11**, A41.
Jung, C.G. 1971. *Psychological Types. Volume 6 of the Collected Works of C.G. Jung.* Princeton University Press, Princeton, NJ.
Kamenetz, A. 2015. *The Test: Why Our Schools Are Obsessed with Standardized Test-*

13.
Hadamard, J. 1945. *The Psychology of Invention in the Mathematical Field*. Dover, New York.
Haffer, J. 1969. "Speciation in Amazonian forest birds." *Science* **165**, 131.
Haldane, J.B.S. 1924. "A mathematical theory of natural and artificial selection. Part I." *Transactions of the Cambridge Philosophical Society* **23**, 19.
Harcourt, R. 1991. "Survivorship costs of play in the South-American fur seal." *Animal Behaviour* **42**, 509.
Hardison, R. 1999. "The evolution of hemoglobin." *American Scientist* **87**, 126.
Harman, W.W., McKim, R.H., Mogar, R.E., Fadiman, J., and Stolaroff, M.J. 1966. "Psychedelic agents in creative problem solving—a pilot study." *Psychological Reports* **19**, 211.
Hartl, D.L., and Clark, A.G. 2007. *Principles of Population Genetics*. Sinauer Associates, Sunderland, MA.
Hawass, Z., Gad, Y.Z., Ismail, S., Khairat, R., Fathalla, D., Hasan, N., Ahmed, A., Elleithy, H., Ball, M., Gaballah, F., Wasef, S., Fateen, M., Amer, H., Gostner, P., Selim, A., Zink, A., and Pusch, C.M. 2010. "Ancestry and pathology in King Tutankhamun's family." *Journal of the American Medical Association* **303**, 638.
Hay-Roe, M.M., and Nation, J. 2007. "Spectrum of cyanide toxicity and allocation in Heliconius erato and Passiflora host plants." *Journal of Chemical Ecology* **33**, 319.
Hayden, E., Ferrada, E., and Wagner, A. 2011. "Cryptic genetic variation promotes rapid evolutionary adaptation in an RNA enzyme." *Nature* **474**, 92.
Hayden, E.J., and Wagner, A. 2012. "Environmental change exposes beneficial epistatic interactions in a catalytic RNA." *Proceedings of the Royal Society B-Biological Sciences* **279**, 3418.
Hein, G.E. 1966. "Kekule and the architecture of molecules." *Advances in Chemistry Series* 1.
Henig, R.M. 2008. "Taking play seriously." *New York Times*. February 17.
Hennessey, B.A., and Amabile, T.M. 1998. "Reward, intrinsic motivation, and creativity." *American Psychologist* **53**, 674.
Hennessey, B.A., and Amabile, T.M. 2010. "Creativity." *Annual Review of Psychology* **61**, 569.
Henrich, J., Heine, S.J., and Norenzayan, A. 2010. "The weirdest people in the world?" *Behavioral and Brain Sciences* **33**, 61.
Hernando, L., Mendiburu, A., and Lozano, J.A. 2013. "An evaluation of methods for estimating the number of local optima in combinatorial optimization problems." *Evolutionary Computation* **21**, 625.
Hiraishi, A. 2008. "Biodiversity of dehalorespiring bacteria with special emphasis on polychlorinated biphenyl/dioxin dechlorinators." *Microbes and Environments* **23**, 1.
Hiss, W.C., and Franks, V.W. 2014. "Defining promise: Optional standardized testing policies in American college and university admissions." *Report of the National Association for College Admission Counseling* (*NACAC*). http://www.nacacnet.org/research/research-data/nacac-research/Documents/DefiningPromise.pdf.（訳注：https://www.

Gaugler, B.B., Rosenthal, D.B., Thornton III, G.C., and Bentson, C. 1987. "Meta-analysis of assessment center validity." *Journal of Applied Psychology* 72, 493.

Gavrilets, S. 1997. "Evolution and speciation on holey adaptive landscapes." *Trends in Ecology & Evolution* 12, 307.

Geist, D.J., Snell, H., Snell, H., Goddard, C., and Kurz, M.D. 2014. "A paleogeographic model of the Galapagos Islands and biogeographical and evolutionary implications." In *The Galápagos: A Natural Laboratory for the Earth Sciences,* eds. K.S. Harpp, E. Mittelstaedt, N. d'Ozouville, and D.W. Graham, p. 145. American Geophysical Union, Washington, DC.

Gelvin, S.B. 2003. "Agobacterium-mediated plant transformation: The biology behind the 'gene-jockeying' tool." *Microbiology and Molecular Biology Reviews* 67, 16.

Gerst, C. 2013. *Buckminster Fuller: Poet of Geometry.* Overcup Press, Portland, OR.

Gertner, J. 2012a. *The Idea Factory: Bell Labs and the Great Age of American Innovation.* Penguin, New York.

Gertner, J. 2012b. "True innovation." *New York Times.* February 25.

Gilbert, W. 1978. "Why genes in pieces?" *Nature* 271, 501.

Glover, F., and Kochenberger, G.A. 2003. *Handbook of Metaheuristics.* Kluwer Academic Publishers, New York.

Godart, F.C., Maddux, W.W., Shipilov, A.V., and Galinsky, A.D. 2015. "Fashion with a foreign flair: Professional experiences abroad facilitate the creative innovations of organizations." *Academy of Management Journal* 58, 195.

Gough, H.G. 1976. "Studying creativity by means of word-association tests." *Journal of Applied Psychology* 61, 348.

Gove, M. 2010. "Michael Gove: My revolution for culture in the classroom." *Telegraph.* December 28.

Grant, A. 2014. "Throw out the college application system." *New York Times.* October 4.

Grant, P.R. 1998. "Patterns on islands and microevolution." In *Evolution on Islands,* ed. P.R. Grant, p. 1. Oxford University Press, Oxford, UK.

Grant, P.R., and Grant, B.R. 2009. "The secondary contact phase of allopatric speciation in Darwin's finches." *Proceedings of the National Academy of Sciences of the United States of America* 106, 20141.

Graveley, B.R. 2001. "Alternative splicing: Increasing diversity in the proteomic world." *Trends in Genetics* 17, 100.

Griffiths, A., Wessler, S., Lewontin, R., Gelbart, W., Suzuki, D., and Miller, J. 2004. *An Introduction to Genetic Analysis.* Freeman, New York.

Griffiths, T.L., Steyvers, M., and Tenenbaum, J.B. 2007. "Topics in semantic representation." *Psychological Review* 114, 211.

Grim, R. 2009. "Read the never-before-published letter from LSD-inventor Albert Hofmann to Apple CEO Steve Jobs." *Huffington Post.* August 8.

Guilford, J.P. 1959. "Three faces of intellect." *American Psychologist* 14, 469.

Guilford, J.P. 1967. *The Nature of Human Intelligence.* McGraw-Hill, New York.

Gustin, S. 2013. "Why Mark Zuckerberg is pushing for immigration reform." *Time.* April

Dietrich, M.R., and Skipper Jr., R.A. 2012. "A shifting terrain: A brief history of the adaptive landscape." In *The Adaptive Landscape in Evolutionary Biology*, eds. E.I. Svensson and R. Calsbeek, p. 3. Oxford University Press, Oxford, UK.

Drummond, D.A., Silberg, J.J., Meyer, M.M., Wilke, C.O., and Arnold, F.H. 2005. "On the conservative nature of intragenic recombination." *Proceedings of the National Academy of Sciences of the United States of America* **102**, 5380.

Duhigg, C. 2016. "What Google learned from its quest to build the perfect team." *New York Times*. February 28.

Eiberg, H., Troelsen, J., Nielsen, M., Mikkelsen, A., Mengel-From, J., Kjaer, K.W., and Hansen, L. 2008. "Blue eye color in humans may be caused by a perfectly associated founder mutation in a regulatory element located within the HERC2 gene inhibiting OCA2 expression." *Human Genetics* **123**, 177.

Eyre-Walker, A., and Keightley, P.D. 2007. The distribution of fitness effects of new mutations. *Nature Reviews Genetics* **8**, 610.

Eysenck, H.J. 1993. "Creativity and personality: Suggestions for a theory." *Psychological Inquiry* **4**, 147.

Fagen, R., and Fagen, J. 2009. "Play behaviour and multi-year juvenile survival in free-ranging brown bears, Ursus arctos." *Evolutionary Ecology Research* **11**, 1.

Fernandez, J.D., and Vico, F. 2013. "AI methods in algorithmic composition: A comprehensive survey." *Journal of Artificial Intelligence Research* **48**, 513.

Flot, J.F., Hespeels, B., Li, X., Noel, B., Arkhipova, I., Danchin, E.G.J., Hejnol, A., Henrissat, B., Koszul, R., Aury, J.M., Barbe, V., Barthel-emy, R.M., Bast, J., Bazykin, G.A., Chabrol, O., Couloux, A., Da Rocha, M., Da Silva, C., Gladyshev, E., Gouret, P., Hallatschek, O., Hecox-Lea, B., Labadie, K., Lejeune, B., Piskurek, O., Poulain, J., Rodriguez, F., Ryan, J.F., Vakhrusheva, O.A., Wajnberg, E., Wirth, B., Yushenova, I., Kellis, M., Kondrashov, A.S., Welch, D.B.M., Pontarotti, P., Weissenbach, J., Wincker, P., Jaillon, O., and Van Doninck, K. 2013. "Genomic evidence for ameiotic evolution in the bdelloid rotifer Adineta vaga." *Nature* **500**, 453.

Fraser, C., Hanage, W.P., and Spratt, B.G. 2007. "Recombination and the nature of bacterial speciation." *Science* **315**, 476.

Freeman, S., and Herron, J.C. 2007. *Evolution* (*4th ed*). Pearson, San Francisco.

Frese, M., and Keith, N. 2015. "Action errors, error management, and learning in organizations." *Annual Review of Psychology* **66**, 661.

Futuyma, D.J. 2009. *Evolution*. Sinauer, Sunderland, MA.

Garaigordobil, M. 2006. "Intervention in creativity with children aged 10 and 11 years: Impact of a play program on verbal and graphic- figural creativity." *Creativity Research Journal* **18**, 329.

Garcia-Hernandez, D.A., Manchado, A., Garcia-Lario, P., Stanghellini, L., Villaver, E., Shaw, R.A., Szczerba, R., and Perea-Calderon, J.V. 2010. "Formation of fullerenes in H-containing planetary nebulae." *Astrophysical Journal Letters* **724**, L39.

Gärdenfors, P. 2000. *Conceptual Spaces: The Geometry of Thought*. MIT Press, Cambridge, MA.

tivity, ed. R.J. Sternberg, p. 297. Cambridge University Press, Cambridge, UK.
Coltman, D.W., Pilkington, J.G., Smith, J.A., and Pemberton, J.M. 1999. "Parasite-mediated selection against inbred Soay sheep in a free-living, island population." *Evolution* 53, 1259.
Constine, J. 2015. "Need music for a video? Jukedeck's AI composer makes cheap, custom soundtracks." *TechCrunch*. December 7. https://techcrunch.com/2015/12/07/jukedeck/.
Cook, W.J. 2012. *In Pursuit of the Traveling Salesman*. Princeton University Press, Princeton, NJ.
Cope, D. 1991. "Recombinant music—using the computer to explore musical style." *Computer* 24, 22.
Copley, S.D., Rokicki, J., Turner, P., Daligault, H., Nolan, M., and Land, M. 2012. "The whole genome sequence of *Sphingobium chlorophenolicum L-1*: Insights into the evolution of the pentachlorophenol degradation pathway." *Genome Biology and Evolution* 4, 184.
Corma, A., Concepcion, P., Boronat, M., Sabater, M.J., Navas, J., Yacaman, M.J., Larios, E., Posadas, A., Lopez-Quintela, M.A., Buceta, D., Mendoza, E., Guilera, G., and Mayoral, A. 2013. "Exceptional oxidation activity with size-controlled supported gold clusters of low atomicity." *Nature Chemistry* 5, 775.
Coyne, J. 2005. "The faith that dare not speak its name: The case against intelligent design." *New Republic*. August 22–29.
Crameri, A., Dawes, G., Rodriguez, E., Silver, S., and Stemmer, W. 1997. "Molecular evolution of an arsenate detoxification pathway DNA shuffling." *Nature Biotechnology* 15, 436.
Crameri, A., Raillard, S., Bermudez, E., and Stemmer, W. 1998. "DNA shuffling of a family of genes from diverse species accelerates directed evolution." *Nature* 391, 288.
Csikszentmihalyi, M. 1996. *Creativity: The Psychology of Discovery and Invention*. Harper Collins, New York.
Csikszentmihalyi, M., and Getzels, J.W. 1971. "Discovery-oriented behavior and the originality of creative products: A study with artists." *Journal of Personality and Social Psychology* 19, 47.
Curtin, D.W. 1980. *The Aesthetic Dimension of Science*. Philosophical Library, New York.
Dantzig, G.B. 1963. *Linear Programming and Extensions*. Princeton University Press, Princeton, NJ.
Darwin, C. 1859. *On the Origin of Species by Means of Natural Selection, or the Preservation of Favored Races in the Struggle for Life* (*1st ed.*). John Murray, London.
Darwin, C. 1868. *Animals and Plants Under Domestication*. John Murray, London.
Dasgupta, S. 2004. "Is creativity a Darwinian process?" *Creativity Research Journal* 16, 403.
Dawkins, R. 1976. *The Selfish Gene*. Oxford University Press, New York.
de Visser, J.A.G.M., and Krug, J. 2014. "Empirical fitness landscapes and the predictability of evolution." *Nature Reviews Genetics* 15, 480.
Dehaene, S. 2014. *Consciousness and the Brain*. Penguin, New York.

Behaviour **76**, 1511.

Cami, J., Bernard-Salas, J., Peeters, E., and Malek, S.E. 2010. "Detection of C-60 and C-70 in a young planetary nebula." *Science* **329**, 1180.

Campbell, C.D., and Eichler, E.E. 2013. "Properties and rates of germline mutations in humans." *Trends in Genetics* **29**, 575.

Campbell, D.T. 1960. "Blind variation and selective retention in creative thought as in other knowledge processes." *Psychological Review* **67**, 380.

Campbell, E., Holz, M., Gerlich, D., and Maier, J. 2015. "Laboratory confirmation of C60+ as the carrier of two diffuse interstellar bands." *Nature* **523**, 322.

Carbone, C., and Gittleman, J.L. 2002. "A common rule for the scaling of carnivore density." *Science* **295**, 2273.

Caro, T.M. 1995. "Short-term costs and correlates of play in Cheetahs." *Animal Behaviour* **49**, 333.

Carson, S.H., Peterson, J.B., and Higgins, D.M. 2003. "Decreased latent inhibition is associated with increased creative achievement in high-functioning individuals." *Journal of Personality and Social Psychology* **85**, 499.

Cartwright, J. 2012. "Pico-gold clusters break catalysis record." *Chemistry World*. December 14. http://www.rsc.org/chemistryworld/2012/12/nano-gold-catalyst-record-breaking.（訳注：https://www.chemistryworld.com/news/pico-gold-clusters-break-catalysis-record/5736.article にて 2024/10/16 アクセス確認）

Chamberlain, J.A. 1976. "Flow patterns and drag coefficients of cephalopod shells." *Palaeontology*（*Oxford*）**19**, 539.

Chamberlain, J.A. 1981. "Hydromechanical design of fossil cephalopods." In *The Ammonoidea: The evolution, classification, mode of life and geological usefulness of a major fossil group*, eds. M.R. House and J.R. Senior, p. 289. Academic Press, London.

Charlesworth, D., and Willis, J.H. 2009. "The genetics of inbreeding depression." *Nature Reviews Genetics* **10**, 783.

Cheng, K.-M. 1998. "Can education values be borrowed? Looking into cultural differences." *Peabody Journal of Education* **73**, 11.

Chimpanzee Sequencing and Analysis Consortium. 2005. "Initial sequence of the chimpanzee genome and comparison with the human genome." *Nature* **437**, 69.

Chipp, H.B. 1988. *Picasso's Guernica*. University of California Press, Berkeley, CA.

Christakis, D.A., Zimmerman, F.J., and Garrison, M.M. 2007. "Effect of block play on language acquisition and attention in toddlers—A pilot randomized controlled trial." *Archives of Pediatrics & Adolescent Medicine* **161**, 967.

Christoff, K. 2012. "Undirected thought: Neural determinants and correlates." *Brain Research* **1428**, 51.

Clark, R. 2013. *J.B.S. The Life and Work of J.B.S. Haldane*. Bloomsbury Reader, London, UK.

Clerwall, C. 2014. "Enter the robot journalist. Users' perceptions of automated content." *Journalism Practice* **8**, 519.

Collins, M.A., and Amabile, T.M. 1999. "Motivation and creativity." In *Handbook of crea-*

Bell, M.A. 2012. "Adaptive landscapes, evolution, and the fossil record." In *The Adaptive Landscape in Evolutionary Biology*, eds. E. I. Svensson and R. Calsbeek, p. 243. Oxford University Press, Oxford, UK.

Bengio, Y., Ducharme, R., Vincent, P., and Jauvin, C. 2003. "A neural probabilistic language model." *Journal of Machine Learning Research* **3**, 1137.

Benson, W.W. 1972. "Natural selection for Mullerian mimicry in Heliconius erato in Costa Rica." *Science* **176**, 936.

Berne, O., and Tielens, A. 2012. "Formation of buckminsterfullerene (C-60) in interstellar space." *Proceedings of the National Academy of Sciences of the United States of America* **109**, 401.

Berry, R.S. 1993. "Potential surfaces and dynamics—what clusters tell us." *Chemical Reviews* **93**, 2379.

Bershtein, S., Goldin, K., and Tawfik, D.S. 2008. "Intense neutral drifts yield robust and evolvable consensus proteins." *Journal of Molecular Biology* **379**, 1029.

Biery, M.E. 2014. "U.S. trucking companies deliver sales, profit gains." *Forbes*. February 20. http://www.forbes.com/sites/sageworks/2014/02/20/sales-profit-trends-trucking-companies/.

Birrane, A. 2017. "Yes, you should tell everyone about your failures." *BBC Capital*. March 13. http://www.bbc.com/capital/story/20170312-yes-you-should-tell-everyone-about-your-failures.

Bronson, P., and Merryman, A. 2010. "The creativity crisis." *Newsweek*. July 10. https://www.newsweek.com/creativity-crisis-74665.

Brower, A.V.Z. 1994. "Rapid morphological radiation and convergence among races of the butterfly *Heliconius erato* inferred from patterns of mitochondrial DNA evolution." *Proceedings of the National Academy of Sciences of the United States of America* **91**, 6491.

Brower, A.V.Z. 2013. "Introgression of wing pattern alleles and speciation via homoploid hybridization in Heliconius butterflies: A review of evidence from the genome." *Proceedings of the Royal Society B-Biological Sciences* **280**.

Brown, K.S.J. 1981. "The biology of Heliconius and related genera."*Annual Review of Entomology* **26**, 427.

Bruni, F. 2015. "Best, brightest—and saddest?" *New York Times*. April 11.

Bruni, F. 2017. "Want geniuses? Welcome immigrants." *New York Times*. September 23.

Burke, P. 2000. *Kultureller Austausch*. Suhrkamp, Frankfurt am Main.

Bush, V. 1945. "Science: The endless frontier." *Transactions of the Kansas Academy of Science* **48**, 231.

Bushman, F. 2002. *Lateral DNA Transfer: Mechanisms and Consequences*. Cold Spring Harbor University Press, Cold Spring Harbor, NY.

Callon, M. 1994. "Is science a public good—5th Mullin lecture, Virginia Polytechnic Institute, 23 March 1993." *Science Technology & Human Values* **19**, 395.

Cameron, E.Z., Linklater, W.L., Stafford, K.J., and Minot, E.O. 2008. "Maternal investment results in better foal condition through increased play behaviour in horses." *Animal* mixture and evolutionary innovation." *Trends in Ecology & Evolution* **32**, 601.

Aronson, H., Royer, W., and Hendrickson, W. 1994. "Quantification of tertiary structural conservation despite primary sequence drift in the globin fold." *Protein Science* **3**, 1706.

Arora, A., Belenzon, S., and Patacconi, A. 2015. "Killing the golden goose? The decline of science in corporate R&D." (NBER working paper no. 20902.) National Bureau of Economic Research, Cambridge, MA.

Arthur, W.B. 2009. *The Nature of Technology: What It Is and How It Evolves.* Free Press, New York.

Aviram, A., and Milgram, R.M. 1977. "Dogmatism, locus of control, and creativity in children educated in the Soviet Union, the United States, and Israel." *Psychological Reports* **40**, 27.

Azoulay, P., Graff Zivin, J.S., and Manso, G. 2011. "Incentives and creativity: Evidence from the academic life sciences." *The RAND Journal of Economics* **42**, 527.

Badis, G., Berger, M.F., Philippakis, A.A., Talukder, S., Gehrke, A.R., Jaeger, S.A., Chan, E.T., Metzler, G., Vedenko, A., Chen, X., Kuznetsov, H., Wang, C.-F., Coburn, D., Newburger, D.E., Morris,Q., Hughes, T.R., and Bulyk, M.L. 2009. "Diversity and complexity in DNA recognition by transcription factors." *Science* **324**, 1720.

Bailey, G.A. 2001. *Art on the Jesuit Missions in Asia and Latin America,1542–1773.* University of Toronto Press, Toronto.

Bailey, G.A. 2010. *The Andean Hybrid Baroque.* University of Notre Dame Press, Notre Dame, IN.

Baird, B., Smallwood, J., Mrazek, M.D., Kam, J.W.Y., Franklin, M.S., and Schooler, J.W. 2012. "Inspired by distraction: Mind wandering facilitates creative incubation." *Psychological Science* **23**, 1117.

Baker, B.M., and Ayechew, M.A. 2003. "A genetic algorithm for the vehicle routing problem." *Computers & Operations Research* **30**, 787.

Ball, P. 2012. "Iamus, classical music's computer composer, live from Malaga." *Guardian.* July 1.

Banzhaf, W., and Leier, A. 2006. "Evolution on neutral networks in genetic programming." In *Genetic Programming Theory, and Practice III, Genetic Programming Vol. 9*, eds. T. Yu, R. Riolo, and B. Worzel, p. 207. Springer, Boston, MA.

Baror, S., and Bar, M. 2016. "Associative activation and its relation to exploration and exploitation in the brain." *Psychological Science* **27**, 776.

Bassok, D., and Rorem, A. 2014. "Is kindergarten the new first grade? The changing nature of kindergarten in the age of accountability." *EdPolicyWorks Working Paper Series, No. 20.* http://curry.virginia.edu/uploads/resourceLibrary/20_Bassok_Is_Kindergarten_The_New_First_Grade.pdf.（訳注：https://www.cde.state.co.us/sites/default/files/20_Bassok_Is_Kindergarten_The_New_First_Grade.pdf にてアクセス確認 2024/10/16）

Bateson, P., and Martin, P. 2013. *Play, Playfulness, Creativity and Innovation.* Cambridge University Press, Cambridge, UK.

Beech, A., and Claridge, G. 1987. "Individual differences in negative priming—relations with schizotypal personality traits." *British Journal of Psychology* **78**, 349.

参考文献

Acemoglu, D., and Robinson, J.A. 2012. *Why Nations Fail.* Crown Publishers, New York.

Adams, T. 2010. "David Cope: 'You pushed the button and out came hundreds and thousands of sonatas.' " *Guardian.* July 7.

Adler, R., Ewing, J., Taylor, P., and Hall, P.G. 2009. "A report from the International Mathematical Union (IMU) in cooperation with the International Council of Industrial and Applied Mathematics (ICIAM) and the Institute of Mathematical Statistics (IMS)." *Statistical Science* **24**, 1.

Aguilar-Rodriguez, J., Payne, J.L., and Wagner, A. 2017. "1000 empirical adaptive landscapes and their navigability." *Nature Ecology and Evolution* **1**, 45.

Alberts, B., Kirschner, M.W., Tilghman, S., and Varmus, H. 2014. "Rescuing US biomedical research from its systemic flaws." *Proceedings of the National Academy of Sciences of the United States of America* **111**, 5773.

Alvarez, G., Ceballos, F.C., and Quinteiro, C. 2009. "The role of inbreeding in the extinction of a European royal dynasty." *PLoS ONE* **4**.

Amabile, T.M. 1982. "Social psychology of creativity—a consensual assessment technique." *Journal of Personality and Social Psychology* **43**, 997.

Amabile, T.M. 1985. "Motivation and creativity—effects of motivational orientation on creative writers." *Journal of Personality and Social Psychology* **48**, 393.

Amabile, T.M. 1998. "How to kill creativity." *Harvard Business Review* **76**, 76.

Amabile, T.M., Hadley, C.N., and Kramer, S.J. 2002. "Creativity underthe gun." *Harvard Business Review* **80**, 52.

Anderson, T.M., vonHoldt, B.M., Candille, S.I., Musiani, M., Greco, C., Stahler, D.R., Smith, D.W., Padhukasahasram, B., Randi, E., Leonard, J.A., Bustamante, C.D., Ostrander, E.A., Tang, H., Wayne, R.K., and Barsh, G.S. 2009. "Molecular and evolutionary history of melanism in North American gray wolves." *Science* **323**, 1339.

Ansburg, P.I., and Hill, K. 2003. "Creative and analytic thinkers differ in their use of attentional resources." *Personality and Individual Differences* **34**, 1141.

Appelo, T. 2011. "How a calligraphy pen rewrote Steve Jobs' life." *Hollywood Reporter.* www.hollywoodreporter.com (Retrieved on August 20, 2014).

Arieff, A. 2015. "Learning through tinkering." *New York Times.* April 3.

Arnold, M.L., Bulger, M.R., Burke, J.M., Hempel, A.L., and Williams, J.H. 1999. "Natural hybridization: How low can you go and still be important?" *Ecology* **80**, 371.

Arnold, M.L., and Hodges, S.A. 1995. "Are natural hybrids fit or unfit relative to their parents?" *Trends in Ecology & Evolution* **10**, 67.

Arnold, M.L., and Kunte, K. 2017. "Adaptive genetic exchange: A tangled history of ad-

図の出典

図 1　：Shutterstock

図 1.1：原著者による線画。"*Biston betularia* 7200" および "*Betularia f. carbonaria* 7209" の画像は Olaf Leillinger（CC BY-SA 2.5）による。

図 1.2：原著者による線画。"*Biston betularia* 7200" および "*Betularia f. carbonaria* 7209" の画像は Olaf Leillinger（CC BY-SA 2.5）による。

図 1.3："*Dichotomosphinctes* fossil ammonite"（アンモナイト化石）は James St. John（CC BY 2.0）による。線画は Saunders et al.（2004), *Paleobiology* 30, 19-43 の図 6 より。

図 1.4：原著者作成

図 1.5：原著者による線画。"*Biston betularia* 7200" および "*Betularia f. carbonaria* 7209" の画像は Olaf Leillinger（CC BY-SA 2.5）による。

図 3.1：原著者作成

図 3.2：原著者作成

図 4.1：原著者作成

図 5.1：Michael Ströck（CC BY-SA 3.0）による

図 5.2：原著者作成

図 6.1：原著者作成

著訳者紹介

［原著者］

アンドレアス・ワグナーはチューリッヒ大学進化生物学・環境学部の教授であり、サンタフェ研究所の外部教授でもある。本書も含め進化イノベーションに関する6冊の著書がある。スイス、チューリッヒ在住。

［写真提供：Sante Fe Institute (InSight)］

［訳者］

和田　洋（わだ ひろし）

筑波大学生命環境系 教授。

1991年　京都大学理学部卒。

1995年　京都大学理学研究科博士課程修了 博士（理学）。

京都大学理学研究科附属瀬戸臨海実験所助手等を経て、2008年より現職。

専門は進化発生生物学。

❄ た行

❄ **あ行**

事項索引

❄ さ行

❄ た行

❄ な行

❄ は行

索　引

人名索引

❊ あ行

❊ か行

廻り道の進化
—— 生命の問題解決にみる創造性のルール

令和 6 年 11 月 30 日　発　行

訳　者　和　田　　　洋

発行者　池　田　和　博

発行所　丸善出版株式会社
〒101-0051 東京都千代田区神田神保町二丁目17番
編集：電話 (03) 3512-3261／FAX (03) 3512-3272
営業：電話 (03) 3512-3256／FAX (03) 3512-3270
https://www.maruzen-publishing.co.jp

組版印刷・中央印刷株式会社／製本・株式会社 松岳社

ISBN 978-4-621-31040-3　C 3045　Printed in Japan